受污染耕地安全利用
——理论、技术与实践

高尚宾　骆永明　郑顺安　等 / 著

中国环境出版集团·北京

图书在版编目（CIP）数据

受污染耕地安全利用：理论、技术与实践/高尚宾等著.
—北京：中国环境出版集团，2021.12
ISBN 978-7-5111-4659-5

Ⅰ．①受… Ⅱ．①高… Ⅲ．①土壤污染—污染防治
Ⅳ．①X53

中国版本图书馆 CIP 数据核字（2021）第 264865 号

出 版 人　武德凯
责任编辑　丁莞歆
责任校对　任　丽
封面设计　宋　瑞

出版发行　中国环境出版集团
　　　　　（100062　北京市东城区广渠门内大街 16 号）
　　　　　网　　　址：http://www.cesp.com.cn
　　　　　电子邮箱：bjgl@cesp.com.cn
　　　　　联系电话：010-67112765（编辑管理部）
　　　　　　　　　　010-67147349（第四分社）
　　　　　发行热线：010-67125803，010-67113405（传真）
印　　刷　北京建宏印刷有限公司
经　　销　各地新华书店
版　　次　2021 年 12 月第 1 版
印　　次　2021 年 12 月第 1 次印刷
开　　本　787×1092　1/16
印　　张　13.5
字　　数　290 千字
定　　价　68.00 元

著作委员会

主　任：严东权　李　波

副主任：闫　成　李　想

委　员：李景平　张　俊　宝　哲

著 作 组

高尚宾　骆永明　郑顺安　吴泽嬴　尹建锋

徐建明　李芳柏　黄道友　郭书海　林匡飞

王兴祥　安　毅　林泽建　师华定　刘代欢

杜兆林　李晓华　倪润祥　杨　兵　张　荣

前　言

　　耕地是农业生产的命根子，耕地土壤污染防治直接关系农产品质量安全，关乎国家粮食安全和人民群众身体健康，是贯彻新发展理念、推进农业绿色发展的一件大事。受工业活动、地质高背景值等多因素影响，耕地污染已成为不可忽视的环境问题。习近平总书记强调，要强化土壤污染管控和修复，有效防范风险，让老百姓吃得放心、住得安心。"十三五"时期，国家先后出台了《土壤污染防治行动计划》《中华人民共和国土壤污染防治法》等政策法规，以加强对耕地土壤污染防治工作的部署。在农业农村、生态环境等部门的牵头下，各地坚持"分类施策、农用优先、预防为主、治用结合"的方针，扎实推进耕地土壤污染防治。

　　目前，我国土壤污染加重趋势已得到遏制，土壤环境质量总体稳定。在污染源头管控方面，国家组织开展了耕地周边涉镉等重金属重点行业企业排查整治，强化了农业面源污染防治，切断了污染物进入农田的链条。在耕地分类管理方面，各地将优先保护类耕地划入永久基本农田，对安全利用类耕地推广品种替代、水肥调控等措施，在严格管控类耕地上推行种植结构调整或退耕还林还草，因地制宜地推进耕地污染治理。在技术支撑方面，国家实施重点研发专项，组织开展了农田重金属源解析与污染特征、农业面源和重金属污染监测技术等项目，实施耕地重金属污染防治联合攻关计划，成立耕地土壤污染综合防控协同创新联盟，促进耕地土壤污染防治重大技术联合攻关和转化应用。

　　本书是在总结我国受污染耕地安全利用领域研究进展的基础上，结合各项目团队在"十三五"期间研究所得的最新成果撰写而成的。本书将受污染耕地安全利用相关理论技术与实践案例有机结合，着重围绕"调查监测—风险评价—安全利用—效果评价"全链条、全环节进行了系统介绍，为构建受污染耕地安全利用全套体系提供了理论与方法借鉴，为保障国家粮食安全和人体健康提供了强有力的科技支撑。

　　本书著作组成员来自多家企事业单位、高等院校和科研机构，包括农业农村部农业生态与资源保护总站、中国科学院南京土壤研究所、广东省科学院生态环境与土壤研究所、中国科学院沈阳应用生态研究所、农业农村部环境保护科研监测所、浙江大学、中国科学院亚热带农业生态研究所、华东理工大学、生态环境部土壤与农业农村生态环境监管技术中心、永清环保股份有限公司。同时，本书在撰写过程中还得到了高戈、马建忠、郑超、谭屹等的帮助，在此一并感谢。

　　由于时间有限，书中难免存在疏漏与不当之处，有待今后进一步研究完善，敬请读者和同行批评指正并提出宝贵建议，以便我们及时修订。

高尚宾

2021 年 6 月

目　录

第 1 章
我国耕地污染问题

　　土壤是具有生命的多相复杂体系，是人类赖以生存和发展的物质基础。当前，我国土壤污染形势不容乐观，严重危及生态系统稳定、农产品质量安全和人体健康，已成为我国经济可持续发展的重要"瓶颈"。党的十八大提出了"五位一体"总体布局，要求大力推进生态文明建设，扭转生态环境恶化趋势。国家高度重视土壤污染防治工作。2016年，国务院印发《土壤污染防治行动计划》（又称"土十条"），对我国土壤污染防治工作作出了全面战略部署，提出要立足我国国情和发展阶段，着眼经济社会发展全局，以改善土壤环境质量为核心，以保障农产品质量和人居环境安全为出发点，坚持预防为主、保护优先、风险管控，突出重点区域、行业和污染物，实施分类别、分用途、分阶段治理，严控新增污染、逐步减少存量，形成政府主导、企业担责、公众参与、社会监督的土壤污染防治体系。党的十九大报告明确指出，要着力解决突出环境问题，强化土壤污染管控和修复。2018 年 5 月 18 日，习近平总书记在全国生态环境保护大会上强调，要全面落实《土壤污染防治行动计划》，强化土壤污染风险管控和修复，让老百姓吃得放心。2019 年 1 月 1 日，《中华人民共和国土壤污染防治法》（以下简称《土壤污染防治法》）正式生效，这是我国首次制定的土壤污染防治的专门法律，完善了我国生态环境保护、污染防治的法制体系，更为国家开展土壤污染防治工作、扎实推进"净土保卫战"提供了法治保障。

1.1　我国耕地污染物的主要来源和类型

　　耕地污染是指人类活动产生的物质（污染物）通过多种途径进入耕地，其数量和速度超过了耕地土壤的容纳能力和自我净化速度，因而使土壤的理化性质发生变化，导致土壤的自然功能失调、质量恶化，影响作物的正常生长，致使农产品的产量和品质下降。

耕地污染物主要来源于工矿业"三废"（废水、废气、废渣）、农业生产（不合理的农药、化肥、地膜使用等）、大气干湿沉降和居民生活垃圾等，按污染物的成分可分为无机污染物和有机污染物两大类，主要包括重金属污染物，如镉（Cd）、汞（Hg）、铅（Pb）、铬（Cr）、镍（Ni）及类金属砷（As）等；有机污染物，如抗生素、农药、持久性有机氯等；无机盐及酸碱物质，如在肥料生产过程和化工企业产生的废气、废水中产生的硫（S）、氟（F）、氯（Cl）等非金属元素。

虽然耕地污染物的来源和类别众多，但从促进农业生产、保障农产品质量安全的国家需求出发，基于不同污染物生物有效性和迁移性的差异，重金属及持久性有机污染物（POPs）在污染耕地的修复治理中备受关注，已制定的相关土壤环境质量标准和污染物管控标准也主要针对迁移性较强的 Cd、Hg、Pb、Cr、As 等重金属或类金属元素，以及六六六、滴滴涕、苯并[a]芘等有机污染物。此外，近年来以纳米颗粒、抗生素、抗性基因、增塑剂、溴代阻燃剂、全氟化合物、微塑料等为代表的新型污染物也逐渐成为环境科学和土壤学领域的研究热点。

1.2　土壤污染物管控标准

1.2.1　我国土壤污染物管控标准

建立耕地土壤环境质量标准是开展耕地污染现状评价的前提，选择的标准及标准的修订更新直接影响到污染评价结果。我国于1995年制定了《土壤环境质量标准》（GB 15618—1995），并于 1996 年 3 月 1 日起正式实施（目前已被 GB 15618—2018 替代）。该标准填补了我国土壤环境质量标准的空白，统一了全国土壤环境质量标准，为我国土壤环境污染研究和土壤环境质量评价提供了依据，促进了土壤环境的保护、管理与监督，对提高土壤环境质量起到了积极作用。但该标准主要是参照国外相关标准的数值制定的，某些污染物限量标准的定值（表 1-1）可能存在过于保护或保护不足的问题，缺乏普遍适用性。

表 1-1　土壤环境质量标准值（节选自 GB 15618—1995）　　　　单位：mg/kg

级别		一级	二级			三级
土壤 pH		自然背景值	＜6.5	6.5～7.5	＞7.5	＞6.5
镉	≤	0.20	0.30	0.30	0.60	1.0
铅	≤	35	250	300	350	500
铬	水田 ≤	90	250	300	350	500
	旱地 ≤	90	150	200	250	300

级别		一级	二级			三级
汞	≤	0.15	0.30	0.50	1.0	1.5
砷	水田 ≤	15	30	25	20	30
	旱地 ≤	15	40	30	25	40
铜	农田 ≤	35	50	100	100	400
	果园 ≤	—	150	200	200	400
锌	≤	100	200	250	300	500
镍	≤	40	40	50	60	200
六六六	≤	0.05	0.50			1.0
滴滴涕	≤	0.05	0.50			1.0

注：①重金属（铬主要是三价）和砷均按元素量计，适用于阳离子交换量＞5 cmol（+）/kg 的土壤，若≤5 cmol（+）/kg，其标准值为表内数值的半数。

②六六六为 4 种异构体总量，滴滴涕为 4 种衍生物总量。

③水旱轮作地的土壤环境质量标准，砷采用水田值，铬采用旱地值。

2005 年，国家环境保护总局启动《土壤环境质量标准》（以下简称原标准）修订工作。2018 年 6 月，生态环境部正式发布了《土壤环境质量　农用地土壤污染风险管控标准（试行）》（GB 15618—2018）（以下简称新标准），自 2018 年 8 月 1 日起实施（表 1-2）。新标准在继承原标准的基础上，利用已有的全国土壤污染状况调查成果和数据，补充了国内最新的土壤环境基准研究数据，并参考发达国家具有一定可比性的标准，经过技术经济可行性综合分析，确定了农用地土壤污染风险筛选值和管制值。根据该标准，农用地土壤中污染物含量小于或等于筛选值的，对农产品质量安全、农作物生长或土壤生态环境的风险低，一般情况下可以忽略；介于筛选值和管制值之间的，可能存在食用农产品不符合质量安全标准等风险，应当进行风险评估；超过管制值的，食用农产品不符合质量安全标准等的风险高，原则上应当采取严格管控措施。新标准与原标准有本质区别，不宜直接比较二者的宽严。新标准遵循风险管控的思路，提出了风险筛选值和风险管制值的概念，不再是简单类似于水、空气环境质量标准的达标判定，而是用于风险筛查和分类。这更符合土壤环境管理的内在规律，更能科学合理地指导农用地安全利用，保障农产品质量安全。但是，新标准仍没有针对具体农作物，难以满足不同种类农作物安全生产的需要，不能直接指导污染农田的安全利用。2018 年 9 月，国家颁布了《种植根茎类蔬菜的旱地土壤镉、铅、铬、汞、砷安全阈值》（GB/T 36783—2018）、《水稻生产的土壤镉、铅、铬、汞、砷安全阈值》（GB/T 36869—2018）两项标准，对新标准起到了很好的补充作用。

表 1-2 农用地土壤污染风险管控标准值（节选自 GB 15618—2018）　　单位：mg/kg

污染物项目[①②]		风险筛选值			
		pH≤5.5	5.5<pH≤6.5	6.5<pH≤7.5	pH>7.5
镉	水田	0.3	0.4	0.6	0.8
	其他	0.3	0.3	0.3	0.6
汞	水田	0.5	0.5	0.6	1.0
	其他	1.3	1.8	2.4	3.4
砷	水田	30	30	25	20
	其他	40	40	30	25
铅	水田	80	100	140	240
	其他	70	90	120	170
铬	水田	250	250	300	350
	其他	150	150	200	250
铜	果园	150	150	200	200
	其他	50	50	100	100
镍		60	70	100	190
锌		200	200	250	300
六六六总量[③]		0.10			
滴滴涕总量[④]		0.10			
苯并[a]芘		0.55			
镉		1.5	2.0	3.0	4.0
汞		2.0	2.5	4.0	6.0
砷		200	150	120	100
铅		400	500	700	1 000
铬		800	850	1 000	1 300

注：①重金属和类金属砷均按元素总量计。
　　②对于水旱轮作地，采用其中较严格的风险筛选值。
　　③六六六总量为 α-六六六、β-六六六、γ-六六六、δ-六六六 4 种异构体的含量总和。
　　④滴滴涕总量为 p,p'-滴滴伊、p,p'-滴滴滴、o,p'-滴滴涕、p,p'-滴滴涕 4 种衍生物的含量总和。

1.2.2　其他国家和地区土壤污染物管控标准

国外开展了大量土壤环境质量标准相关研究，采用人体健康或生态风险评估的方法制定了针对不同用地方式（居住用地、商业用地、工业用地、休闲娱乐用地等）的土壤环境质量标准，但专门针对农业用地制定土壤环境质量标准的国家和地区并不多，目前仅有加拿大、德国、瑞典、波兰、奥地利、捷克、斯洛伐克、日本、韩国、泰国等制定了该类标准[1,2]。由于不同国家和地区标准制定的依据不同，保护对象、暴露途径、模型和参数、土壤类型等也不同，标准值会有较大差异。目前，国际上大多数国家仍然采用全量作为土壤重金属的限量标准，德国和日本则分别采用硝酸铵和水提取态的含量（表 1-3）。

表 1-3　各国农业用地的土壤重金属环境质量标准值　　　　　单位：mg/kg

国家	土壤类型	Cd	Pb	Cr	Hg	As
加拿大	—	1.4	70	64/0.4[①]	6.6	12
德国	—	0.04/0.1[②]	0.1[②]	—	5	200/50[③]
瑞典	—	0.4	80	120/5[①]	1	15
波兰	—	4	100	150	2	20
奥地利	—	1	100	100	1	20
捷克	沙土	0.4	100	100	0.6	30
	其他土壤	1	140	200	0.8	30
斯洛伐克	沙土	0.4	25	50	0.15	10
	壤土	0.7	70	70	0.5	25
	黏土	1	115	90	0.75	30
日本	—	0.01[④]	0.01[④]	0.05[①,④]	0.000 5[④]	15/0.01[④]
韩国	—	4	200	5[①]	4	25
泰国	—	37	400	300[①]	23	3.9

注：①六价铬。
②NH₄NO₃ 提取态，种植小麦和强富集 Cd 的蔬菜应用 0.04 mg/kg，其他作物应用 0.1 mg/kg。
③土壤环境容量较低时应用 50 mg/kg。
④土壤浸出液中的含量。

1.3　我国耕地污染状况调查情况

目前，在众多农用地土壤污染风险评价方法中，以土壤污染物含量实测值和土壤环境质量标准为基础的单因子污染指数评价方法的应用最为广泛，主要包括内梅罗综合污染指数法、富集因子法、地累积指数法和潜在生态危害指数法等，也有以指数法为基础的模糊数学模型、灰色聚类法等模型指数法，还有基于地理信息系统（GIS）的统计学评价法和人体健康风险评价等综合方法。虽然对土壤污染风险评价方法的研究越来越趋向于多因素的复合评价，但现阶段我国耕地污染状况调查的相关工作主要还是基于单因子污染指数评价方法和土壤环境质量标准开展。

1.3.1　全国土壤污染状况调查

2005 年 4 月至 2013 年 12 月，我国开展了首次全国土壤污染状况调查，调查范围为我国境内（未含香港特别行政区、澳门特别行政区和台湾地区）的陆地国土，调查点位覆盖全部耕地及部分林地、草地、未利用地和建设用地，实际调查面积约为 630 万 km²。

调查采用统一的采样和分析方法，利用单因子污染指数评价方法，依据《土壤环境质量标准》，基本掌握了全国土壤环境质量的总体状况。2014 年 4 月 17 日，环境保护部和国土资源部发布了《全国土壤污染状况调查公报》。该公报显示，全国土壤环境状况总体不容乐观，部分地区土壤污染较重，耕地土壤环境质量堪忧，工矿业废弃地土壤环境问题突出。工矿业、农业等人为活动及土壤环境背景值高是造成土壤污染或超标的主要原因。全国土壤总的点位超标率为 16.1%，其中轻微、轻度、中度和重度污染点位比例分别为 11.2%、2.3%、1.5% 和 1.1%。污染类型以无机型为主，有机型次之，复合型污染比重较小，无机污染物超标点位数占全部超标点位的 82.8%。从污染分布情况来看，南方土壤污染重于北方；长江三角洲、珠江三角洲、东北老工业基地等部分区域的土壤污染问题较为突出；西南、中南地区土壤重金属超标范围较大；Cd、Hg、As、Pb 4 种无机污染物含量分布呈从西北到东南、从东北到西南逐渐升高的态势。Cd、Hg、As、Cu（铜）、Pb、Cr、Zn（锌）、Ni 8 种无机污染物点位超标率分别为 7.0%、1.6%、2.7%、2.1%、1.5%、1.1%、0.9%、4.8%；六六六、滴滴涕、多环芳烃（PAHs）3 类有机污染物点位超标率分别为 0.5%、1.9%、1.4%，但未给出有机污染物土壤环境质量标准。耕地土壤点位超标率为 19.4%，其中轻微、轻度、中度和重度污染点位比例分别为 13.7%、2.8%、1.8% 和 1.1%，主要污染物为 Cd、Ni、Cu、As、Hg、Pb、滴滴涕和 PAHs。

1.3.2　全国土地质量地球化学调查

1999—2014 年，中国地质调查局组织实施了全国土地质量地球化学调查，调查比例尺为 1∶25 万，每 1 km × 1 km 的网格（1 500 亩[1]）布设一个采样点位，调查土地总面积为 150.7 万 km²，其中耕地为 13.86 亿亩，占全国耕地总面积的 68%，后于 2015 年 6 月发布了《中国耕地地球化学调查报告（2015 年）》。在已完成调查的区域范围内，无重金属污染（重金属含量未超过《土壤环境质量标准》中二级标准）的耕地 12.72 亿亩，占全部调查耕地面积的 91.8%，主要分布在苏浙沪区、东北区、京津冀鲁区、西北、晋豫区和青藏区等地，其中京津冀鲁区和晋豫区无污染耕地面积占区域全部调查耕地面积的 99% 以上；重金属中-重度污染或超标的点位比例占 2.5%，覆盖面积为 3 488 万亩，轻微-轻度污染或超标的点位比例占 5.7%，覆盖面积为 7 899 万亩，污染或超标耕地主要分布在南方的湘鄂皖赣区、闽粤琼区和西南区。地质背景值高、成土过程次生富集和人类活动是造成耕地污染或超标的主要原因。

1.3.3　全国农用地土壤污染状况详查

2016—2019 年，环境保护部、财政部、国土资源部、农业部、国家卫计委五部委联

---

[1] 1 亩=1/15 公顷。

合部署了全国农用地土壤污染状况详查工作，按照《土壤污染防治行动计划》和《全国土壤污染状况调查总体方案》要求，在 2018 年年底前查明农用地土壤污染的面积、分布及其对农产品质量的影响。目前，详查工作已结束，根据生态环境部在 2019 年 11 月例行新闻发布会上的介绍，此次详查结果将在详查工作结束后按照一定的程序，以合适的方式予以发布。

1.3.4　其他相关调查

2012 年，中国环境监测总站组织对全国 30 个省份种植粮棉油作物的土壤（4 606 个点位）进行例行监测，以《土壤环境质量标准》为评价标准，采用单因子污染指数法评价了我国主要粮食产区的农田土壤污染状况。结果显示，属清洁（污染指数≤0.7）、尚清洁（0.7＜污染指数≤1）土壤所占比例为 90.6%，属轻度污染（1＜污染指数≤2）土壤为 6.4%，属中度（2＜污染指数≤3）和重污染（污染指数＞3）土壤为 3.0%。2013年，对全国 30 个省份蔬菜种植区土壤（4 910 个点位）开展的例行监测结果显示，蔬菜种植区土壤以清洁（安全）和尚清洁（警戒线）为主，所占比例为 86.4%；轻度污染、中度污染和重度污染的比例分别为 8.7%、3.4% 和 1.4%[3]。

中国科学院地理科学与资源研究所的研究人员基于 2000 年以来我国五大粮食主产区（河北、河南、黑龙江、吉林、辽宁、湖北、湖南、江苏、江西、内蒙古、山东、四川、安徽 13 个省区）3 006 个耕地样点的土壤重金属实测数据和 20 世纪 80 年代的土壤重金属历史数据，以《土壤环境质量标准》为评价标准，采用单因子污染指数法评价了我国粮食主产区耕地土壤重金属的污染现状和变化趋势。结果表明，我国粮食主产区耕地土壤重金属整体以轻度污染为主，南方耕地污染重于北方，主要污染物为 Cd、Ni、Cu、Zn、Hg[4]。

1.4　我国耕地土壤污染的现状特点

1.4.1　土壤污染呈现区域化态势

2014 年发布的《全国土壤污染状况调查公报》显示，我国耕地土壤 Cd、Hg、As、Pb 4 种无机污染物含量分布呈现从西北到东南、从东北到西南逐渐升高的态势。土壤 Cd 污染呈现明显的区域化分布，主要分布在西南、华南地区，其中成都平原和珠江三角洲地区较为突出。土壤 Hg 污染主要分布在长江以南地区，其中东南沿海地区呈沿海岸带的带状分布。土壤 Cr 污染主要分布在云南、贵州、四川、西藏、海南和广西。土壤 Pb 污染主要分布在珠江三角洲、闽东南地区和云贵地区，湖南、福建和广西也有较高的超标率。土壤 PAHs 污染主要分布在东北老工业基地、长江三角洲和华中地区，煤炭大省山西的土壤中 PAHs 污染超标率高达 17.5%。可见，我国土壤污染呈现明显的区域化态势。

1.4.2 土壤污染的流域性态势凸显

江河沿岸的矿山开采冶炼及工业活动产生的污水、尾矿渣的排放及矿渣、尾矿受雨水冲刷和大气传输携带重金属进入河流而使污染扩散，长期污水灌溉导致江河沿岸农田土壤重金属大量积累，呈现流域性污染。江苏省长江沿岸一带的冲积土壤中，Cd 富集趋势明显，在沿岸两侧冲积层土壤中形成了 Cd 的高含量带[5]。湘江流域、资江流域、沅水流域和澧水流域是湖南省土壤重金属污染最严重且超标重金属种类最多的地区，超标率在 5% 以上的重金属元素包括 Cd、As、V（钒）、Pb 和 Hg 等。广西刁江流域上游的南丹县因铅锌矿废水排放导致流域两岸大范围基本农田重金属含量超标。西江、北江流域（中山、珠海、顺德）是珠江三角洲地区的重污染流域，主要污染重金属为 Ni、Cd、Cu 等[6]。

1.4.3 高背景值地区土壤重金属污染问题突出

我国西南地区（云南、贵州、四川等）土壤中 Cd、Pb、Zn、Cu、As 等重金属背景值远高于全国土壤背景值，这主要是因为重金属含量高的岩石（石灰岩类）在风化成土过程中释放的重金属富集在土壤中。最突出的区域地球化学异常元素是 Cd，超标面积最大。当地土法炼锌等带来的含 Cd 废水排放、废渣堆放以及 Cd 含量高的磷肥施用等进一步提升了耕地土壤重金属水平，这种叠加作用造成西南地区土壤重金属复合污染尤为突出。2012 年中国科学院南京土壤研究所的调查结果显示，贵州碳酸盐岩发育土壤中 Cd 的平均含量为 1.76 mg/kg，石灰土中 Cd 异常富集，土壤 Cd 含量超标率高达 78.3%。除 Cd 外，土壤中 Zn、Cu、Ni 和 Cr 含量异常也较为明显，其超标率分别为 10.9%、21.7%、47.8% 和 13.0%。川西铅锌矿区和钒钛矿区的耕地与非耕地土壤中 Pb、Zn、Cd、V 和 As 等复合污染均相当严重。同时，采矿、洗选矿及公路运输过程中排放的重金属进入周边重金属高背景值的农田土壤中，也形成了叠加污染，有的在高背景值基础上增加了 3～4 倍。长期向农田施用高含 Pb 有机肥可使土壤中的 Pb 含量进一步提高，形成了土壤高背景值—工业源—农业源重金属相叠加的污染状态。黔南地区一些土壤在重金属高背景值的同时，土壤酸化使重金属溶出，造成迁移扩散污染[6]。

参考文献

[1] Carlon C. Derivation methods of soil screening values in Europe：A review and evaluation of national procedures towards harmonization[R]. European Commission，Joint Research Centre，Ispra，EUR 22805-EN，2007.

[2] Jennings A A. Analysis of worldwide regulatory guidance values for the most commonly regulated elemental surface soil contamination[J]. Journal of Environmental Management，2013，118：72-95.

[3] 陆泗进，魏复盛，吴国平，等. 我国农产品产地生态环境状况与农产品安全研究进展[J]. 食品科学，2014，35（23）：313-319.

[4] 尚二萍，许尔琪，张红旗，等. 中国粮食主产区耕地土壤重金属时空变化与污染源分析[J]. 环境科学，2018，39（10）：4670-4683.

[5] 廖启林，华明，金洋，等. 江苏省土壤重金属分布特征与污染源初步研究[J]. 中国地质，2009，36（5）：1163-1174.

[6] 骆永明，滕应. 我国土壤污染的区域差异与分区治理修复策略[J]. 中国科学院院刊，2018，33（2）：145-152.

第 2 章

耕地污染物的性质、来源与危害

在第 1 章中我们提到，耕地污染物按成分可分为无机污染物和有机污染物两大类，其中，耕地土壤中的无机污染物主要是重金属类物质，有机污染物主要是化学农药和除草剂等。此外，还有放射性污染物（如 ^{137}Cs、^{90}Sr）、无机盐及酸碱物质（如 S、F、Cl 等非金属元素）。本章将进一步深入阐述耕地土壤重金属污染物和有机污染物的特征。

2.1 耕地重金属污染

耕地重金属污染是指由于人类的不合理活动，耕地土壤中的微量金属元素在土壤中过量沉积导致含量过高，并造成耕地土壤生态环境恶化的现象。污染土壤的重金属主要包括 Cd、Hg、Pb、Cr、Cu、Zn、Ni 和 As（类金属）等。重金属是一类毒性巨大且具有潜在危害性的无机污染物，不能被微生物分解，能够在土壤和生物体内富集，甚至还能与某些有机物发生反应，进而转变成毒性更大的金属-有机化合物。相比大气和水体中的重金属污染，土壤重金属污染具有隐蔽性、滞后性、累积性、较难修复且修复周期长、毒性较大且容易被生物吸收的特点。重金属污染不仅导致土壤退化、肥力低下、农作物产量和品质降低，而且可以通过径流、淋失作用污染地表水和地下水，恶化水环境，造成产地环境生态功能紊乱、生物多样性丧失，并可能直接毒害植物或通过食物链危害人体健康。早在 20 世纪 50 年代，日本就因 Cd 污染引发的痛痛病和 Hg 污染造成的水俣病而让世界各国开始普遍关注环境重金属污染问题。

2.1.1 耕地重金属污染的基本特征

土壤是生态系统的重要组成部分，是人类农业生产的主要基础物质。相对于空气污染和水污染，土壤重金属污染有着明显的区别和特点。

1. 形态多变，毒性因价态不同而有差异

大部分重金属都是过渡性元素，离子存在多种可变价态，其化学性质活跃，能够与多种物质发生氧化-还原反应，因此形态比较多变。此外，土壤随氧化还原电位（Eh）、pH、配位体的不同，其中的重金属也会呈现不同的价态、化合态和结合态。重金属的价态不同，其稳定性和毒性也不同，如 Cr^{6+} 的毒性明显强于 Cr^{3+}、Hg^{2+} 的毒性，小于 Hg^+、Cu^{2+} 的毒性，大于 Cu^+、亚砷酸盐的毒性（比砷酸盐高 60 倍）。一般离子态的毒性常大于络合态，如 Cu、Pb、Zn 离子态的毒性都远超过络合态，而且络合物越稳定，其毒性也越低。重金属有机化合物的毒性一般大于该金属的无机化合物，如甲基氯化汞大于氯化汞，二甲基镉大于氯化镉。重金属的价态即使相同，当化合物不同时其毒性也不一样，如 $PbCl_2$ 毒性大于 $PbCO_3$，砷酸铅的毒性大于氯化铅。离子在迁移转化过程中涉及的物理变化有扩散、混合、沉积等，化学变化有氧化还原、水解、络合、甲基化等。因此，土壤中重金属的存在形态决定了其生物有效性和迁移性。

2. 隐蔽性与潜伏性

与大气环境和水环境中的重金属污染相比，土壤重金属污染难以被人体器官察觉，一般无色无味。重金属对土壤的污染需要通过食物链漫长的逐步积累，在进入人体后并不会马上构成危害，而是会在人体内与其他物质发生络合、氧化、还原等反应，对人体内酶的产生和代谢造成影响，直到危害到人体健康后才能反映出来。另外，环境条件变化时，重金属有可能突然活化，引起严重的生态危害。因此，这是一个相当长的过程，具有隐蔽性，在没有对污染源企业严格监控的情况下，监管部门很难做到时时跟进，因而表现出一定的滞后性。

3. 难生物降解性

与有机物不同，重金属在土壤中一般只能发生形态的转变和迁移，难以被微生物降解，并且可能在微生物作用下毒性变大，如汞经过微生物的甲基化作用会转变成毒性更大的甲基汞。与此同时，很多土壤酶的活性在重金属的作用下减弱其至丧失，而且土壤中很多微生物都会受到重金属的严重危害。因此，重金属只能在各种形态之间相互转化，而不能通过微生物降解或者化学反应进行分解。

4. 不可逆与长期性

由于大气和水体具有流动性，当污染源被切断之后再通过稀释和自净作用可使污染情况不断逆转。但是，土壤的重金属污染则是一个不可逆的过程，积累在污染土壤中的重金属很难靠稀释作用和自净化作用来消除。因此，在没有采取换土、淋洗土壤等人工方法治理时，重金属污染对植物的危害和对整个土壤生态环境的破坏不容易得到恢复，并且会长期存在。

5. 生物富集性

重金属污染物可以通过食物链在生物体内逐步蓄积富集。通常重金属离子浓度在 1～10 mg/L 时即可产生生物毒性，而毒性极强的 Cd 和 Hg 在低浓度时便可产生毒性。土壤中的重金属通过食物链对人类健康产生危害，主要表现为致癌、致畸、致突变其至可能致死的效应。例如，Cd 可引起人全身性疼痛、骨质软化、骨骼变形、身躯萎缩等；Pb 可引起神经系统、造血系统及血管的病变，导致消化功能紊乱，影响儿童智力发育等。

6. 治理周期长

进入土壤环境的重金属滞留时间长，若不借助人为因素，仅靠土壤自净作用来恢复需要的时间长、难度大。即使采取有效的修复措施，消除土壤中的重金属污染物也不可能在短期内实现。研究表明，平均每年约有 9.4×10^7 kg 的 As 输入土壤中，仅通过植株的生物作用对其进行富集，大概需要 100 年才能完全去除。此外，人为去除土壤重金属造成的污染同样存在修复时间长、成本高、效率低及工作量大的问题。

2.1.2 耕地典型重金属的基本性质

重金属通常是指比重大于 5.0 或密度大于 4.5 g/cm³ 的金属元素，在自然界中大约存在 45 种，As 是一种类金属，因其化学性质和环境行为与重金属有相似之处，通常归于重金属的研究范畴。因此，本书所指重金属包含 As。

1. Cd

Cd 主要以+2 价呈现在化合物中，其毒性仅次于黄曲霉毒素和 As，常以硫酸盐和氯化物的形式存在于土壤溶液中。Cd 在土壤中的形态与土壤 pH 关系密切，当土壤 pH＞6.0 时，就开始形成 $Cd(OH)_2$、CdS、$CdCO_3$ 及 $Cd_3(PO_4)_2$ 沉淀；当 pH＞7.5 时，这些沉淀物就难以溶解，95%的水溶态 Cd 以黏土矿物或者氧化物结合态、残留态形式存在；当 pH 下降至 4.55 时，Cd 的溶解度增大，由碳酸盐结合态与铁锰氧化态转化为离子态，但对有机结合态和残渣态影响较小。

2. Hg

Hg，俗称水银，是常温、常压下唯一以液态存在的银白色重金属，熔点为-38.87℃，沸点为 356.6℃，在常温下即可蒸发。Hg 蒸气和 Hg 化合物多有剧毒。Hg 在自然界中有三种价态：0、+1、+2，其存在形式分为单质汞、无机汞和有机汞（如甲基汞）。环境中单质汞的含量超过 90%；无机汞（Hg^+）比较少，且只有少数溶于水（如硝酸亚汞），其他均为微溶，而无机汞（Hg^{2+}）具有较强的络合能力，能与一些有机配位体和一些阴离子（如 S^{2-}、Cl^-、OH^- 等）形成稳定的络合物；有机汞主要为烷基汞（如甲基汞、乙基汞、苯基汞等），具有强毒性，其中甲基汞和二甲基汞是环境中生物毒性极强的汞化合物。环境中不同存在形式的汞是可以相互转化的，无基汞能通过生物或非生物的甲基化作用转化为毒性更强的甲基汞，而甲基汞也能通过生物或者化学的去甲基化作用转化为毒性较弱的无机汞。

3. Pb

Pb 在土壤中主要以 +2 价的无机化合物形式存在，如 $PbCO_3$、$Pb(OH)_2$、$Pb_3(PO_4)_2$、PbS 和 $PbSO_4$；少数为 +4 价。土壤中 Pb 的化合物溶解度均极低，且在迁移过程中受到多种因素影响。土壤中 PO_4^{3-}、CO_3^{2-}、OH^- 等可与 Pb^{2+} 形成溶解度小的正盐、复盐及碱式盐；土壤中的有机质—SH、—NH_2、—COOH 等有机基团可与 Pb^{2+} 形成稳定性较高的络合物；土壤中的盐基离子（如 Ca^{2+}）可与 Pb^{2+} 发生离子交换作用。黏土矿物可通过表面吸附或离子交换作用对 Pb 进行固定，同时 Pb^{2+} 也可以键入水合氧化物的配位壳，通过共价键或配位键结合于固体表面。

4. As

As 是一种类金属元素。土壤中的 As 以无机态为主，有 As^{5+} 和 As^{3+} 两种价态。好氧环境中的 As 以砷酸盐（As^{5+}）的形式被吸附于铁铝等氧化物表面而不易移动，难以被植物累积。而在水稻土等厌氧环境中，As 主要以亚砷酸盐（As^{3+}）形式存在，As^{3+} 不易被吸附、流动性较大，很容易进入植物体内。土壤中的 As^{5+} 和 As^{3+} 之间可以通过氧化-还原反应而发生价态转变，二者之间保持动态平衡。As 的化学形态决定了其毒性，毒性由大到小依次为 As^{3+}＞As^{5+}＞MMA（一甲基砷酸）＞DMA（二甲基砷酸）。As 还是亲硫的元素，比较常见的含砷矿物主要包括砒石（As_2O_3）、毒砂（FeAsS）、雄黄（As_2S_2）和雌黄（As_2S_3）等。土壤中 As 的形态主要分为三类：水溶态、吸附态、不溶态。通常水溶态砷的含量极低，通常不超过总砷的 5%。吸附态砷主要与 Fe、Mn、Al、Ca 等结合在一起。在不同土壤类型中吸附态砷的含量也相差较大，如在酸性土壤中铁砷占主要成分，在碱性土壤中 Ca、As 占主要成分。pH 是影响 As 的化学形态、土壤胶体表面电荷及土壤 As 吸附量的重要因素。当 pH 为 3～6 时，土壤中 $H_2AsO_4^-$ 占总砷的 80% 以上；当 pH 为 7～10 时，As 主要以 $HAsO_4^{2-}$ 的形式存在。有数据表明，当土壤 pH 降低时，正电荷增加，含 As 阴离子有利于被带正电荷的铁氧化物等吸附而稳定在土壤中[1]。

5. Cr

土壤中的 Cr 主要有 Cr^{3+} 和 Cr^{6+} 两种稳定价态，有时也出现 Cr^{4+} 和 Cr^{5+} 两种极不稳定的中间价态。其中，Cr^{3+} 主要以不溶的 $Cr(OH)_3$ 存在，而 Cr^{6+} 的存在形式主要有 $Cr_2O_7^{2-}$、$HCrO_4^-$ 和 CrO_4^{2-}。Cr^{3+} 容易被土壤中的矿物或胶体颗粒吸附固定，尤其是在高 pH 条件下，胶体颗粒所带负电荷较多，静电吸附能力也更强；当 pH 为 6.8～11.3 时，Cr^{3+} 能够形成氢氧化物，并以沉淀物形式稳定地包裹在土壤团粒上，因此 Cr^{3+} 在土壤中的迁移能力很弱。当 pH 在 4～5 范围内，Cr^{3+} 主要是以 $CrOH^{2+}$ 形式存在；当 pH＜4.0 时，Cr^{3+} 主要为 $Cr(H_2O)_6^{3+}$。腐殖酸也能与 Cr^{3+} 形成稳定的络合物，尤其是在 pH 为 2.7～4.5 的环境中。

Cr^{6+} 具有更强的致癌毒性、迁移性和生物有效性。土壤中 Cr 的迁移转化主要由氧化-还原反应、沉淀-溶解平衡、吸附-解吸过程等物理化学过程决定。

6. Cu

Cu 有 0、+1、+2 共三个价态。土壤中 Cu 的极化作用强，容易被植物吸收，易溶于水，在一定条件下可形成硫化物、氧化物、碳酸盐或碱式碳酸盐沉淀；Cu 还容易与土壤有机质结合成络合物；土壤中的 Cu 性质稳定，化合价难以发生变化，当被土壤中的 Fe、Mn、Al 的氧化物固定后很难发生迁移。

7. Zn

Zn 主要以+2 价状态存在于自然界，主要的含锌矿物为闪锌矿，其次为红锌矿、菱锌矿。Zn 的溶解度容易受 pH 影响，当 pH 上升 1 个单位，Zn 的溶解度就会下降 100 倍。通常在还原条件且有硫化氢存在时，Zn 会被沉淀为 ZnS，从而使 Zn 对植物的有效性降低。土壤中的 Zn 可区分为水溶态锌、交换态锌、难溶态锌和有机态锌；水溶态锌非常少，通常在 ppb[1] 的浓度范围之内；交换态锌包括锌离子和含锌络离子两部分，含量在 1～10 ppm[2]。

8. Ni

土壤溶液中 Ni 的形态通常有 Ni^{2+}、$Ni(H_2O)_6^{2+}$、$Ni(OH)^+$、$Ni(OH)_3^-$ 等。Ni 在土壤中可分别与水、富里酸、碳酸钙、无定形氧化铁、无定形氧化锰、蒙脱石、高岭石、蛭石等结合形成化合物，其中 Ni 的存在形态可划分为 5 种：可交换态、碳酸盐结合态、铁锰氧化物结合态、有机结合态和残留态。土壤中的 Ni 会随着土壤理化性质的不同而发生时空的迁移和价态、形态的转化。

2.1.3 耕地重金属污染的来源

重金属污染的来源一般可分为 2 个方面：①来源于土壤母质本身，即自然来源；②由人类工农业活动等导致重金属进入土壤，即人为来源。自然来源主要是指土壤在形成过程中受其成土母质风化的影响从而具有一定量的重金属，成土母质不同导致其重金属含量各不相同。人为来源是重金属污染的主要来源，包括工矿业污染、农业污染、城市生活污染、大气沉降等。

1. Cd、Pb、Zn、Cu

Cd 的主要污染源包括 3 个方面。①大气 Cd 沉降是 Cd 污染的主要来源。煤炭燃烧、矿物开采、金属冶炼等将释放含 Cd 废气。大气中的 Cd 主要以氢氧化镉、氧化镉、硫化镉等形式存在，且可吸入粒子非常多。这些废气会和粉尘一起扩散，然后通过干湿沉降进入耕地土壤。我国耕地重金属污染中，土壤 Cd 污染来自大气沉降的比例为 50%，在铁

---

[1] ppb 是 part per billion 的缩写，代表十亿分之一，即 10^{-9}。

[2] ppm 是 part per million 的缩写，代表百万分之一，即 10^{-6}。

路、矿业、公路等地点能检测到 Cd 严重超标。②矿物开采与金属冶炼产生的含 Cd 废物通过降雨或酸雨的冲刷淋溶后进入耕地环境。③工业生产或矿山开采产生的含 Cd 废水，未经规范处理就直接作为灌溉水排入耕地土壤。

Pb 的自然来源主要是耕地土壤中矿物和岩石中的本底值，含 Pb 矿石主要包括方铅矿（PbS）、白铅矿（$PbCO_3$）和硫酸铅矿（$PbSO_4$）。另外，各种铀矿和钍矿中也有少量 Pb 存在。2014 年，全球已探明 Pb 储量有约 20 亿 t，资源储量为 8 700 万 t。我国 Pb 资源储量约为全世界的 16%，为全球 Pb 储量最主要的 6 个国家之一[2]。Pb 主要的人为污染源包括 3 个方面。①铅锌矿等的开采与冶炼、含 Pb 废水的乱排放、含 Pb 废渣的随意堆放、Pb 蓄电池生产与制造等，这些都可能导致耕地土壤 Pb 污染。例如，粉尘和含 Pb 废气通过大气沉降后进入耕地，废渣通过风化后进入土壤或经过雨淋产生含 Pb 废水排入自然水体（如河流）后进入耕地土壤，这些都会直接或间接地造成耕地土壤 Pb 污染。②农业污染来源，含 Pb 农药、肥料和薄膜的任意使用也会引起土壤 Pb 污染。大部分农药的主要成分为有机化合物，少量农药含有 Pb 和其他重金属[3]。③汽车尾气排放、工业生产过程中产生的废气和粉尘、石油和煤等化石燃料的燃烧等均能向大气中输入大量的 Pb，再经过大气沉降或雨淋等方式进入耕地土壤并造成污染。

Zn 的主要污染来源有 4 个方面。①矿物开采和冶炼过程中含 Zn 废渣和矿渣的不合理排放，产生的含 Zn 有害气体和粉尘经过自然沉降和降雨进入土壤，产生大量的酸性矿山废水进入耕地土壤并造成污染。②农业生产带来的污染。磷肥、含磷复合肥、含 Zn 复合肥以及以城市垃圾、污泥为主要原料的肥料施用均会造成土壤中 Zn 含量的升高。我国磷肥中重金属含量状况抽样调查结果显示，磷肥中 Zn 含量为 169.4～768.8 mg/kg，其中铬渣磷肥含量最高、普钙和磷矿粉次之、钙镁磷肥含量最低。另外，高剂量 Zn 添加剂可引起动物粪污中 Zn 含量提高[4]。③城市交通运输、电池、电器元件、生活垃圾及工业废弃物的堆放、焚烧、卫生填埋等均能向耕地土壤释放重金属 Zn，使土壤 Zn 含量升高。④污水灌溉和污泥农用也是导致土壤 Zn 浓度升高的关键因素。

Cu 的主要污染源有 2 个。①农药和化肥施用是耕地 Cu 污染的关键来源。杀真菌剂，包括三氯酚铜、铜锌合剂、硫酸铜、王铜等均含有 Cu。我国近 20 个磷肥（过磷酸钙）样品中 Cu 的平均浓度为 31.1 mg/kg[5]，磷肥的大量和连续施用导致磷在耕地土壤中累积的同时，Cu 的含量也相应增大。②铜锌矿的开采过程中，大量含 Cu 的废石在矿山周围堆积，直接对当地的土壤造成污染。此外，在靠近铜冶炼厂的地方，土壤中的 Cu 含量也远远超过正常土壤。

2. As 和 Sb

As 的自然污染源来自岩石风化及侵蚀过程中含砷氧化物、硫化物等释放，并进入土壤中[6]。另外，火山喷发和低温挥发也是 2 个关键的自然源。As 的人为污染源主要有 4

个。①含 As 金属矿产的开采与冶炼。调查显示，我国累计已经探明的砷矿资源储量及保有储量分别为 397.7 万 t 和 279.6 万 t[7]，主要分布在广西、云南和湖南等西南地区，这 3 个省（区）的砷矿储量分别约占全国总储量的 41.50%、15.50% 和 8.80%，合计约占全国的 2/3[8]。大量堆积的含 As 废渣、尾矿被氧化和淋滤溶解，引起 As 元素的分解、迁移和扩散，最终导致土壤受到 As 污染。②工业排放的 As 主要涉及化工、冶金、炼焦、火力发电、造纸、皮革、电子工业等领域，其中化工、冶金工业的 As 排放量最高，如硫酸厂和磷肥厂因矿石原料中均含有高浓度的 As，所以废水中的 As 含量每升可高达几毫克；焦化厂及化肥厂煤气净化工艺中采用 As 进行脱硫，废水中的 As 含量每升可高达几毫克。③煤的燃烧。As 是亲煤元素，它对煤中的有机或无机成分有很强的亲和性。在生煤和褐煤中，世界平均 As 含量分别为（9.0±0.8）mg/kg 和（7.4±1.4）mg/kg。煤燃烧会引起 As$_2$O$_3$ 的释放并聚集在烟道系统中，热电厂产生的飞灰可造成耕地土壤 As 污染。与燃煤相比，石油燃烧造成的污染相对较低，原油中 As 的平均含量仅为 0.134 mg/kg[9]。④含 As 化学制品及农药的使用等。

锑（Sb）的主要污染源有 3 个。①锑矿的开采和冶炼排放。我国的锑矿储量位居世界第一，产量约占世界总量的 79.6%。湖南、贵州、广西等锑矿区土壤 Sb 污染极其严重。世界卫生组织（WHO）规定，土壤中 Sb 最高可允许含量为 35 mg/kg，而调查发现锡矿山周边土壤中 Sb 的浓度高达 527～11 798 mg/kg[10]。②含 Sb 燃料的燃烧将大量 Sb 排放到大气中，再与其他固体颗粒结合，最终经过干湿沉降进入土壤。Qi 等[11]研究发现，来自我国 20 个省份的 1 458 份煤矿样品中，Sb 的平均浓度为 6.89 mg/kg。③含 Sb 的城市生活垃圾被直接丢弃到耕地土壤环境。

3. Hg

我国的 Hg 污染主要聚集在贵州、吉林、陕西、湖北、辽宁和重庆等地[12]，有将近 3 200 万 hm^2 的耕地遭受 Hg 污染。Hg 的自然污染源主要指母岩中 Hg 的释放。母岩中的 Hg 经过一系列地质过程，如火山活动、地壳运动、岩石风化等进入耕地土壤环境，不同性质母岩形成的土壤，其 Hg 的背景值有差别。研究发现[13]，在岩成土、高山土、钙成土与石膏岩成土、饱和硅酸土、不饱和硅酸土、富铝土 6 类土壤中，岩成土中 Hg 的背景值最高，其含量高达 0.08 mg/kg；钙成土与石膏岩成土中 Hg 的背景值最低，约为 0.01 mg/kg。

人为排放是引起耕地土壤 Hg 污染最重要的原因。Hg 的人为污染源有 4 个。①农耕中含 Hg 农药和化肥施用会将少量 Hg 排放到土壤中。有机汞农药施用曾经是造成土壤含 Hg 量提高的主要因素，农田施用的肥料中，大多数的含 Hg 量在 1 mg/kg 以下，因此会将一部分的 Hg 带入土壤[14]。②污水灌溉也会造成土壤中 Hg 浓度的增大。研究显示，我国辽东半岛因使用污水灌溉，40% 的采样点土壤中 Hg 的污染程度达到中度污染水平[15]。③工业含 Hg 废料（氯碱工业、塑料工业、电子工业、混汞炼金及陶瓷行业等）和生活垃圾的堆放容易因为雨水的冲洗和径流的冲刷下渗到耕地土壤中。④城市垃圾焚烧和化石燃料燃烧过程中会排放大量的含 Hg 废气和颗粒态汞尘，大气 Hg 的干湿沉降同样是土壤 Hg 的主要来源。Hg 的挥发性赋予了 Hg 长距离传输的特征，而大气是 Hg 长距离传输的介质。

4. Cr

Cr 的主要污染源有 3 个。①电镀、冶金、制革和印染等行业在生产过程中排放的大量含 Cr 废水。废水中含有的 Cr 会渗入耕地土壤并截留在土壤中，导致耕地土壤 Cr 含量超标。②在采用纯碱焙烧硫酸法生产铬盐的过程中产生大量铬渣，铬渣堆积会导致场地周围耕地土壤 Cr 污染。③运输、冶金、建筑材料生产和化石燃料燃烧过程释放的含 Cr 废气。Cr 在大气环境中大部分以气溶胶的形式存在，容易经过大气干湿沉降、地表径流扩散和降水的方式进入耕地土壤中，严重危害到周边环境的安全和人们的身体健康。

5. Co 和 Ni

土壤背景值中的钴（Co）和 Ni 绝大部分来自岩石风化而成的母质，母质中 Co 和 Ni 的含量基本决定了土壤中 Co 和 Ni 的含量。在各种矿石中，Co 基本以砷化物、氧化物、硫化物矿的形式存在，常见的钴矿为砷钴矿和辉钴矿，并与 Ni、Zn、Cu、Pb 等共存。土壤中 Co 和 Ni 的含量与母岩关系密切，通常发育在超基性火成岩和变质生成物（如纯橄榄岩、橄榄岩、蛇纹岩等）上的土壤 Co 浓度可达到 100～200 mg/kg，土壤 Ni 浓度一般能达到 1 400～2 000 mg/kg 或者更高；而发育在基性火成岩（如玄武岩、安山岩、正长岩等）上的土壤 Co 浓度可达到 30～45 mg/kg [16]，土壤 Ni 浓度通常在 130～160 mg/kg。

煤和石油在燃烧中向大气排放的 Co 和 Ni 可通过大气沉降进入土壤；部分 Co 和 Ni 含量较高的煤矿水、地下水及城市生活污水进入土壤，也可能对土壤中 Co 和 Ni 的含量造成较大影响；金属电镀、油脂加氢、染料、陶瓷、玻璃生产的废弃物中含有的 Co 和 Ni 及其氧化物，则是土壤中 Co 和 Ni 的主要人为来源。此外，耕地 Co 污染的来源还有矿藏开采、原子能工业排放的废物、核武器试验的沉降物、医疗放射性、科研放射性等。

6. Tl

土壤中的铊（Tl）一部分来源于成土母质，含 Tl 岩石（硫化物、云母和钾长石等）经过长时间的自然风化淋滤，使 Tl 随重金属和碱金属同时进入土壤，成土母质是 Tl 的主要来源，是决定土壤中 Tl 含量与分布的关键因素。例如，我国土壤的含 Tl 量随着土壤性质的不同而发生变化，一般而言，从砖红壤到红壤随着从南到北的纬度变化基本呈现逐渐降低的趋势，同一类土壤中随着由东到西的经度变化，Tl 有逐渐降低的规律[17]。另一部分来源于人类活动。富铊矿床的开采是土壤中 Tl 的主要污染来源，如云南兰坪含铊铜锌矿开采 5 年（1987—1992 年）来共排放 Tl 大约 193 t，广东云浮硫铁矿年产量为 300 万～400 万 t，每年进入环境的 Tl 将达 15～20 t[18]。另外，水泥厂、燃煤烟尘沉降，Pb、Cu、Zn 等金属冶炼厂"三废"排放，残留尾矿和矿山废渣的淋滤，含 Tl 农业用水的灌溉都会使 Tl 进入土壤。

7. Sn、V

土壤锡（Sn）污染的主要来源有 7 个：①燃煤、石油及固体废物；②工业或民用含 Sn 固体和液体；③锡工厂排放的废水；④有机锡化合物作为稳定剂的各种塑料制品和包装材料；⑤船舶含 Sn 防腐漆；⑥含有机锡的杀虫剂、杀菌剂和海产品制成的磷肥；⑦锡矿资源的开采。

土壤中的 V 主要来源于成土母质。我国的钒矿主要是以钒钛磁铁矿为主（50%），钒钛磁铁矿的沉降被认为是土壤中 V 的一个重要来源[19]。随着近代工农业的发展，农业耕作和人类活动成为土壤中 V 的重要来源。由于工业活动及人为排放的影响，目前环境中 V 的浓度仍在不断增加。人类活动造成一定数量的 V 进入土壤，如含 V 废渣的弃置、填埋，石油泄漏污染土壤；含 V 的石油、煤在燃烧中排放到大气中的 V 可经过干湿沉降进入土壤[20]。另外，V 一旦进入水介质，会随灌溉用水进入农田污染土壤。

2.1.4 耕地重金属污染的危害

1. 重金属污染对耕地土壤肥力的影响

重金属在土壤中大量累积必然导致土壤性质发生变化，从而影响土壤营养元素的供应和肥力特性。氮（N）、磷（P）和钾（K）通常被称为植物生长发育必需的三要素，是农作物正常生长所需要的肥力因子。当土壤重金属污染到一定程度，土壤有机氮的矿化、磷的吸附和钾的形态都会受到影响，最终影响土壤中氮、磷和钾等元素的保持与供应。研究表明，重金属可对生物催化剂过氧化氢酶、脲酶等土壤酶造成破坏，直接影响氮、磷元素的循环，从而造成土壤肥力下降[21]。

（1）对土壤氮素的影响

氮的矿化是指土壤有机态氮经土壤微生物的分解形成铵或氨的过程，它受能源物质的种类和数量（主要是有机物质的化学组成和碳氮比）、水和热条件等的影响很大，因而所谓土壤矿化氮量一般均为表观矿化量。土壤氮的矿化过程受许多因素的影响，一般遵循一级动力学方程：

$$N_t = N_0 \left(1 - e^{-kt}\right) \tag{2-1}$$

式中：N_0——土壤氮矿化势，mg/kg；

N_t——时间 t（周）时土壤累计矿化氮量，mg/kg；

k——矿化速率常数，周$^{-1}$。

重金属污染会影响到土壤氮矿化势 N_0 和矿化速率常数 k。当土壤被重金属污染后，土壤氮矿化势会明显降低，其供氮能力也相应下降。不同重金属元素对土壤氮矿化势的影响不同，在相同摩尔浓度下，单个重金属元素对土壤氮矿化势的抑制作用为 Cd＞

Cu>Zn>Pb，即 Cd 对土壤氮矿化势的抑制作用最大，Pb 影响最小。

（2）对土壤磷素的影响

土壤对磷的吸附和解吸是反映土壤磷迁移性的主要指标。外源重金属进入土壤后，使土壤对磷吸附位的数量和能量均有可能增加，亦可能生成金属磷酸盐沉淀，可导致土壤对磷的吸持固定作用增强，即土壤磷的有效性下降。不同的重金属对土壤磷吸附量的影响不同，一般多个重金属元素在复合污染条件下的影响强度大于单个重金属元素。重金属还会影响土壤磷的形态，使土壤可溶性磷、钙结合态磷和闭蓄态磷发生变化。

（3）对土壤钾行为的影响

一般情况下，重金属累积越多或污染越严重，水溶态钾上升越多，交换态钾下降也越多。不同种类的重金属对土壤钾形态的影响不同，重金属对土壤钾行为影响的大小为 Pb>Cu>Zn>Cd，且复合污染效应大于单元素污染效应，在复合污染中存在交互作用。土壤遭受重金属污染之初，有利于提高钾的有效性，然而由于钾是一种容易迁移的元素，从长期来看，重金属污染将导致土壤钾素肥力的衰退，特别是在我国高温多雨的南方地区。土壤中重金属的大量累积或污染将导致土壤对钾的吸附能力降低，使土壤溶液钾活度增加，加速了钾的流失。

2. 重金属污染对耕地农作物和植物的危害

重金属进入农作物体内主要通过根系吸收和呼吸作用两种途径，其中根系吸收是农作物重金属污染的主要来源。重金属一旦富集在农作物体内就会导致其生理功能紊乱、营养不良，最终导致农作物减产甚至死亡。

（1）对植物光合作用的影响

重金属可通过影响光合过程中的电子传递和破坏叶绿体的完整性来对植物的光合作用产生抑制。在 Cu 的胁迫下，植物表现为叶绿素合成受阻，甚至引起叶绿素的破坏。过量的 Cu 可引起类囊体结构和功能的破坏，从而使光合过程的 PS I、PS II 之间的联系阻断，使光合作用严重受阻。

（2）对植物呼吸作用的影响

重金属对植物呼吸作用的影响显著，低浓度 Hg 在小麦种子萌发初期可起到促进作用，但随着作用时间的延长，呼吸作用降低，表现为抑制作用；水稻种子在萌发过程中，呼吸强度随 Pb 浓度的增加而降低，但这种抑制作用随萌发天数的增加而下降。在重金属胁迫下，植物呼吸作用紊乱，供给正常生命活动的能量减少，而且还会有一部分能量转移到对重金属胁迫的适应过程中，如损伤的修复、重金属络合物的形成，从而导致植物生长、发育的抑制。

（3）对植物酶活性的影响

酶属蛋白质的范畴，重金属胁迫可导致酶活性的丧失、变性，甚至酶的破坏，重金属胁迫可导致碳水化合物合成代谢、氮素代谢等的失衡。高浓度 Hg（50 ppm）对萌发期小麦种子内的α-淀粉酶活性有明显的抑制作用[22]。重金属对氮素代谢的影响是通过降低硝酸还原酶的活性而实现的，该酶对重金属特别敏感，在 Pb、Cd 复合污染条件下，烟叶硝酸还原酶、过氧化氢酶显著下降[23]。Cu 还可引起水稻根系脱氢酶、蔗糖酶以及 NADH 细胞色素 C 还原酶活性的下降[24]。

（4）对农作物产量和品质的影响

不同土壤浓度下，不同种类的重金属对不同作物产量的影响可能不同。土壤 Cr 处理后，水稻因每穗颖花数减少和千粒重下降而导致减产，而且土壤 Cr 含量越高，生物产量越低[25]。此外，重金属还对农作物品质有一定的影响。在土壤中加入 28 mg/L Cd 时，稻米粗蛋白下降 14.0%～36.9%，随着土壤 Cd 含量的增加，稻米粗淀粉、直链淀粉、粗蛋白会明显下降[26]。受到重金属污染的蔬菜的粗纤维、粗蛋白、还原糖含量明显低于清灌区蔬菜的各项指标[27]。

3. 重金属污染对耕地土壤微生物和酶的影响

土壤微生物活性包括土壤中所有微生物（真菌、细菌、放线菌、原生动物、藻类及微小动物）的总体代谢活性。它的变化能直接反映土壤中各种生化反应的强度和趋势。重金属一旦进入土壤环境就会慢慢积累，破坏土壤的生理结构、微生物组成和群落结构等土壤生态系统。

（1）对土壤微生物量的影响

土壤微生物量是指土壤中体积小于 $5 \times 10^3 \mu m$ 的生物总量，包括细菌、真菌、放线菌和原生动物等，它们参与调控土壤中的能量和养分循环及有机质的转化。重金属种类和浓度不同，对微生物生物量的影响也不同。大量的研究表明，高浓度的重金属能够对土壤微生物产生胁迫，降低其生物量[28]。但是也有研究指出，低浓度的重金属污染能够促进微生物的生长，提高细胞活性并增加生物量[29]。高浓度的重金属能够破坏细胞的结构和功能，加快细胞的死亡，抑制微生物的活性或竞争能力，从而降低生物量；在重金属的胁迫下，土壤中的微生物需要过度消耗能量以抵御环境胁迫，因而其生物量生长会受到抑制。重金属对微生物产生的毒性大小表现为 Cd＞Cu＞Zn＞Pb，同一种重金属的毒性大小随着土壤中有机物质含量的升高而降低[30]。

（2）对土壤微生物群落结构的影响

土壤微生物群落在生态系统的能量流动、元素循环和有机物转换中起着重要的作用。土壤微生物群落是反映土壤稳定性和生态机制的重要敏感性指标。长期受重金属污染的环境中的微生物群落结构会发生改变，微生物的作用被减弱，最终使土壤肥力和质量降低，特别是重金属含量的增加会减少土壤中微生物的多样性。微生物类群间对重金属的敏感性存在差异。研究发现，微生物对重金属的敏感性依次为 Cr＞Pb＞As＞Zn＞Cd＞

Cu。不同价态的重金属对微生物群落结构也有不同的影响，一般认为，As^{3+} 和 As^{5+} 对真菌和放线菌的影响不大，而对于细菌来说，As^{3+} 的抑制作用强烈，但适量的 As^{5+} 却能刺激生长[31]。

（3）对土壤微生物活性的影响

微生物活性包括土壤呼吸强度、酶的活性、微生物碳等。土壤呼吸强度能够反映微生物的代谢能力和活性，不仅与土壤环境质量密切相关，而且对重金属的敏感性高。重金属污染会影响微生物的呼吸和代谢途径及土壤的物质循环和能量流动，进而影响生态系统的稳定性。一般情况下，土壤重金属污染程度低时对 CO_2 的释放具有促进作用，但高浓度重金属污染土壤对 CO_2 的释放不利，土壤微生物呼吸速率会显著下降[32]。土壤酶主要来自土壤微生物的分泌物，它们与微生物一起参与到土壤的物质循环和能量代谢过程中。土壤微生物也是控制土壤酶分解转化的主体，对土壤酶的种类和活性起着决定性作用。土壤酶活性的变化会影响土壤养分的循环，而土壤酶几乎参与所有的生态反应和活动。重金属通过破坏酶的活性位点和空间结构使其活性下降，这些酶包括脱氢酶、过氧化氢酶等胞内酶和脲酶、磷酸酶、蛋白酶等多种胞外酶。重金属也可以抑制微生物的生长繁殖，从而减少微生物酶的合成和代谢，最终使单位土壤中酶的活性降低。微生物是土壤中最活跃的因素，起着转化和储存各种营养物质的重要作用。土壤物质循环的核心是有机碳的矿化和氮素的转化。研究显示，土壤如果长期遭受重金属污染，碳有机质矿化作用会下降[33]。微生物的代谢熵反映其活性，表示单位生物量的微生物在单位时间里的呼吸强度。在受污染的环境中，微生物需要更多的能量来维持自身的代谢活动。土壤微生物的代谢熵通常随着重金属污染程度的增加而上升。

4. 重金属污染对人体健康的危害

土壤中的重金属在植物体内积累，通过食物链累积进入人体，造成对人体健康的危害。重金属在人体内能与蛋白质、各种酶发生强烈的相互作用，使其失去活性，也可能在人体某些器官中累积，如果超过人体能够耐受的限度，就会造成急性中毒或者亚急性中毒、慢性中毒等危害。重金属与血液中的血卟啉结合会损伤肝脏，促使肝脏硬化，严重的会导致肝癌。重金属中毒后，人体的血液黏度变大、含氧量变低，严重时会导致休克等。重金属还可以抑制和干扰神经系统的功能，特别是易对老人和儿童造成危害，这是由于老人的代谢能力较差、儿童的免疫力较低，重金属排出较为困难。重金属 Pb、Hg、Cr、As 和 Cd 被称为"五毒"，对人体健康的威胁最大。Pb 伤害人的脑细胞，具有致癌、致突变等作用；Hg 含量超标后会导致人体出现肢体麻木、头晕及头痛等症状，如果大脑吸收过量的 Hg，将会出现脑组织受损甚至死亡的现象；Cr 会造成四肢麻木、精神异常；As 会使皮肤色素沉着，导致皮肤异常角质化；Cd 会引起血压升高，引发脑心血管疾病，破坏骨钙，导致肾功能失调，进而引发更严重的疾病。

2.2 耕地有机物污染

2.2.1 抗生素

1. 抗生素概述

抗生素是一类由细菌、真菌、放线菌等微生物或高等动植物在其生命活动过程中产生的具有抗病原体或其他活性的次级代谢产物，能在低浓度时选择性地干扰或抑制他种微生物的细胞发育和生理功能。根据化学结构和活性机理的不同，抗生素主要分为四环素类、磺胺类、喹诺酮类、β-内酰胺类、大环内酯类、氨基糖苷类及氯霉素等类型。自1943 年青霉素首次被引入人类疾病的临床治疗并大量使用以来，抗生素挽救了数亿人的生命，在延长人类整体寿命的过程中发挥了重要的作用。此外，抗生素同样给畜牧业和养殖业带来了巨大的变化，1950 年美国食品药品监督管理局（FDA）宣布允许在动物饲料中添加使用抗生素，利用抗生素进行动物疾病预防和综合治疗或作为生长促进剂来加快动物的生长发育已经成为现代养殖行业中提高饲养效率和经济效益的重要手段。迄今为止，我国已成为世界上最大的抗生素生产和消费国，仅 2013 年，我国抗生素的消耗量就已达到 16.2 万 t，其中用于人类疾病治疗的抗生素约占总用量的 48%，其余均被用于动物养殖行业。从抗生素种类来看，磺胺类、四环素类、喹诺酮类、大环内酯类、β-内酰胺类和其他种类抗生素分别占抗生素总用量的 5%、7%、17%、26%、21%和 24%。

2. 耕地中抗生素的主要来源

虽然抗生素在人类和动物疾病的防治中起到了关键的作用，但由于在其使用过程中缺乏明确的规范限制和有效的实际监督，抗生素的不合理使用及滥用导致其在耕地土壤中的检出率和含量持续增加。为了预防和控制动物细菌性疾病的暴发，养殖户往往向动物饲料或养殖水体中过量投加抗生素，造成其在自然环境中的累积和污染。同时，摄入动物体内的抗生素通常只有很少一部分会经过机体的新陈代谢被吸收利用，30%～90%的抗生素直接以母体化合物或代谢产物的形式随动物粪便和尿液排出体外。对我国不同地区畜禽粪便中抗生素污染现状进行调查发现，畜禽粪便中抗生素的平均浓度一般在 ppm级水平，猪粪中土霉素、四环素和金霉素的平均含量最高可分别达 20.94 mg/kg、12.20 mg/kg 和 15.26 mg/kg，鸡粪中这 3 种抗生素的平均含量最高值分别为 10.79 mg/kg、4.85 mg/kg 和 3.78 mg/kg（表 2-1）。

大量未经无害化处理或仅经简单堆肥处理的动物粪便作为有机肥和土壤调节剂直接施于农田是造成耕地土壤抗生素污染的重要原因。针对合肥市周边不同类型的几个蔬菜种植区的多个土壤样品中 3 种磺胺类（SAs）抗生素的污染特征进行调查分析后发现，养鸡场附近菜地土壤中 3 种 SAs 抗生素的平均总含量为 41.12 μg/kg，分别是普通农家菜地（4.59 μg/kg）和有机蔬菜基地（3.99 μg/kg）的 8.96 倍和 10.31 倍，而绿色蔬菜基地无残留（表 2-2）。

表 2-1　我国不同地区畜禽粪便中抗生素污染现状

调查区域	样品种类	不同种类抗生素的平均含量/（mg/kg）		
		土霉素	四环素	金霉素
北京	猪粪	20.94	12.20	15.26
	鸡粪	10.79	4.85	3.78
浙江	猪粪	8.37	4.37	5.13
	鸡粪	4.32	2.18	1.78
江苏	猪粪	11.13	8.90	2.78
	鸡粪	5.73	1.82	1.06
东北三省	猪粪	11.81	5.29	3.19
	鸡粪	6.45	1.83	1.29
山东	猪粪	3.89	0.90	0
	鸡粪	5.62	4.60	2.11
宁夏	猪粪	4.50	0	0
	鸡粪	3.66	0	0

表 2-2　合肥市 4 种菜地土壤中 SAs 抗生素平均含量

采样地点	抗生素的平均含量/（μg/kg）			
	磺胺嘧啶	磺胺二甲嘧啶	磺胺甲噁唑	总计
养鸡场附近菜地	17.51	8.02	15.59	41.12
普通农家菜地	0	4.59	0	4.59
有机蔬菜基地	0	3.99	0	3.99
绿色蔬菜基地	0	0	0	0

对于水产养殖业而言，随动物粪便排出的抗生素和养殖水体中残留的抗生素最终会有部分沉积在水体的底泥中，将底泥作为肥料或土壤调节剂施用于农田土壤也是抗生素进入土壤环境的途径之一。

与养殖动物的不完全代谢机理相似，进入人体的抗生素也仅有少部分能被人体吸收代谢成无活性产物，80%～90%的抗生素以原药形式经由人体粪便和尿液排出体外，进入污水处理系统。此外，从事抗生素合成的医药企业在生产过程中排放的制药废水和医院进行医疗活动所产生的医疗废水都含有大量的抗生素，由于抗生素对微生物具有强烈的抑制作用，常规的污水处理方法及设备难以有效去除污水中的抗生素，经过污水处理厂处理后的出水中依然存在一定含量的抗生素。残留在污水中的抗生素可以通过农业灌溉等方式进入土壤。在污水处理过程中，有部分抗生素会从水相转移至污泥中，为促进污泥的综合利用，这些污泥多被作为肥料施于农田，这样也会将抗生素带入土壤。除此之外，医疗上过期的抗生素、残留有抗生素的注射器和容器等医疗垃圾未经任何处理就随意混杂堆置，也会导致堆置场附近的土壤出现抗生素污染。

3. 抗生素对耕地环境的危害

（1）对耕地植物的影响

残留在土壤中的抗生素极易向植物体内转移，被植物组织吸收积累。抗生素的种类和浓度、土壤的理化性质、植物种类等因素均会影响植物对抗生素的富集能力。植物组织中的抗生素含量一般随着土壤中抗生素浓度的升高而增加，对于植物而言，由于与土壤密切接触的主要是根部，因此抗生素在植物根部的积累量通常要高于其他地上部位。植物根系对抗生素的胁迫也最为敏感，其次是叶或芽，抗生素对土壤植物的毒性影响呈现地下部分大于地上部分的趋势。抗生素被植物吸收后会对植物产生多方面的毒害效应，包括干扰植物的生理生态进程、抑制植物的光合作用、影响植物的生长发育等。抗生素对植物的毒害机制主要表现为对植物细胞结构与功能和组织形态与结构的破坏。抗生素还会干扰植物体内的脂肪酸、糖类和酚类等物质代谢，抑制植物 DNA 复制，引起植物细胞凋亡。随着抗生素的暴露剂量和作用时间的不同，抗生素对植物的毒性效应也会有所差异。在低浓度、短时间作用下，抗生素对植物的生长发育具有激活效应，而高浓度、长时间的抗生素胁迫则表现为毒性抑制效应。在抗生素污染胁迫初期，植物表现出一定的应激反应，包括应激蛋白含量的升高、谷胱甘肽 S-转移酶和过氧化物酶等抗氧化酶活性的明显增加。但随着抗生素暴露时间的延长及剂量的增加，植物体内的抗氧化系统被破坏，抗生素对植物的生长发育产生毒害作用。例如，高浓度的土霉素可显著降低水稻根系生物量，对根系活力、叶片叶绿素含量和抗氧化酶活性均具有明显的抑制作用。较高浓度的四环素会通过抑制植原体及相关抗氧化酶活性破坏叶绿素的合成，进而抑制植物的幼芽分支及其发育。

（2）对耕地土壤微生物的影响

土壤微生物作为土壤生态系统的基础，是驱动土壤有机质的矿化分解、土壤养分的循环转化及土壤自净过程的关键因子。由于抗生素大多为抗微生物药物，能直接杀死某些微生物或抑制其生长，因此在抗生素污染暴露下，土壤微生物的数量、活性和群落组成结构都会发生不同程度的改变。抗生素对土壤微生物的作用效应与抗生素种类和含量、微生物的种类及土壤性质等因素密切相关。不同种类的抗生素对土壤微生物的毒性效应具有明显的差异。以微生物铁还原能力为指标，对常用的四环素类抗生素和磺胺类抗生素对土壤微生物的毒性作用进行对比研究发现，不同抗生素的毒性强度顺序为金霉素＞磺胺地索辛＞土霉素＞磺胺嘧啶＞磺胺二甲嘧啶＝四环素＞磺胺吡啶。土壤中微生物的种类繁多，每种抗生素都有其作用的靶标微生物，非靶标微生物对该种抗生素不敏感，甚至还有些微生物可以把某些抗生素作为营养物质加以利用，使抗生素发生微生物降解。对于绝大多数抗生素而言，其对土壤中细菌的抑制作用最为明显，其次是放线菌，对真菌的影响最小，这主要是由于目前已知的大部分抗生素的作用靶标是细菌，而放线菌从生物学角度来看更接近革兰氏阳性细菌。残留在土壤中的抗生素还会导致土壤微生物发生遗传特性的改变，诱导微生物通过基因突变等方式产生抗生素抗性基因（Antibiotics Resistance Genes，ARGs），以增强自身对抗生素胁迫的抵抗能力。目前，ARGs 已被国内外学者认定为一种新型的环境污染物，进入环境的 ARGs 不但可以随微生物的繁殖发生垂直传播，还可以通过基因水平转移的方式在菌群间进行扩散转移，致使携带 ARGs 的抗生素耐药菌数量激增，甚至会引起具有多重耐药性的超级细菌的暴发。

（3）对耕地土壤动物的影响

蚯蚓作为土壤生态系统中的重要一员，其活动对改善土壤的结构，增强土壤的透气、排水和保水功能，以及分解转化土壤中的有机物质起到重要作用。研究表明，四环素会改变蚯蚓体内微生物群落结构及生态功能多样性，使其失去通过体内微生物代谢获得必需营养物质或者分解有害物质的功能，进而破坏蚯蚓正常的生理机能，导致其新陈代谢紊乱、生物量下降。蚯蚓长期接触土霉素还会引起体腔细胞 DNA 损伤。对于土壤中的昆虫而言，多拉菌素会使土壤跳虫的存活率和繁殖能力下降。动物粪便中残留的阿维菌素、伊维菌素和美倍霉素对草原中的多种昆虫及堆肥周围的多种昆虫都有强大的抑制或杀灭作用。研究发现，伊维菌素从牛体内随粪便排出后，对甲壳虫和金龟子等粪虫的影响较大，可使成虫繁殖能力下降、幼虫发育受阻，投药后放牧草场中双翅目昆虫数量比未投药的对照草场减少了 36%。

2.2.2 农药

1. 农药概述

农药是指用于预防、消灭或控制危害农业、林业的病、虫、草和其他有害生物，以及有目的地调节植物、昆虫生长的化学合成或来源于生物、其他天然物质的一种物质或几种物质的混合物及其制剂。农药按原料来源可分为矿物源农药、生物源农药及化学合成农药，根据理化性状可分为粉剂、乳剂、乳油、烟雾剂、水剂、油剂、颗粒剂和微粒剂等。在我国常用的 300 余种农药中，用于防治病虫草害的农药大部分属于化学合成农药。化学合成农药按用途可分为杀虫剂、杀菌剂、除草剂、植物生长调节剂等，其中用量最多的三类为杀虫剂（有机磷类、氨基甲酸酯类、有机氮类、拟除虫菊酯类和新烟碱类等）、杀菌剂（有机磷类、有机砷类、有机锡类、有机硫类、苯类和杂环类等）和除草剂（有机磷类、酰胺类、磺酰脲类、吡啶类、二硝基苯胺类、氨基甲酸酯类、苯氧羧酸类和咪唑啉酮类等）。

2. 耕地中农药的主要来源

农药直接施入或以拌种、浸种等形式施入土壤是农药进入土壤环境的方式之一。当向作物喷洒农药时，会有一部分农药直接落到地面上，按此途径进入土壤的农药占比与农作物生长期、叶面大小、农药性状及气象条件等因素有关。在对作物进行农药喷洒的过程中，除直接落入地面的部分外，其余大部分农药会附着在作物表面，经风吹雨淋后进入土壤。除此之外，还有相当一部分农药会随喷洒过程直接进入大气，悬浮于大气中的农药颗粒或以气态形式存在的农药，经雨水溶解和淋失最终也会进入土壤。残留有农药的动植物残体在分解过程中也会将农药带入土壤。另外，利用被农药污染的自然水体或是含有农药的废水和污水来灌溉农作物，会使农药随着灌溉过程进入土壤，这也是土壤农药污染的来源之一。

3. 农药对耕地环境的危害

（1）对耕地植物的影响

在农业生产中，农药在确保粮食丰产丰收的同时也可能会对农作物造成药害。农药对作物植株产生的药害主要表现在干扰植物的光合作用、影响植物的营养物质代谢和次生物质代谢、引起遗传物质变异等方面。三唑磷、吡虫啉、井冈霉素等农药能导致水稻叶绿素含量降低，抑制水稻的光合速率，减弱水稻的光合作用，使光合产物输出受阻。农药对植物光合作用的影响与其所诱导的叶绿体氧化损伤有关。植物的叶绿体膜在农药胁迫下会发生脂质过氧化，叶绿体的脂质过氧化会抑制叶绿素的合成，同时引起光合系统失活。

此外，农药的施用还会破坏作物植株体内营养物质的代谢。吡虫啉、三唑磷、井冈霉素、扑虱灵、丁草胺等农药能使水稻体内可溶性糖、还原糖及游离氨基酸含量增加，草酸含量下降。水稻营养物质的含量与水稻抗病虫害的能力密切相关。水稻体内较高的糖含量有利于二化螟虫害的发生，稻飞虱倾向于取食游离氨基酸含量高的水稻品种，而水稻对褐飞虱的抗性与其体内草酸含量的高低有关。因此，农药处理所引起的水稻营养物质含量变化是导致水稻对病虫害抗性降低的重要原因。农药还可能对植物的DNA产生诱变作用，造成植物染色体损伤。杀虫磺、杀虫双、杀虫环、氧乐果等农药能使大麦和蚕豆细胞中姐妹染色单体之间的交换频率增加。经除草剂甲基胺草磷处理后，蚕豆根尖分生组织细胞纺锤丝的形成会被阻断，正常细胞分裂受到干扰，细胞微核形成，染色体结构出现变异。

（2）对耕地土壤微生物的影响

土壤微生物是土壤生态系统的重要组成部分，在土壤的发育、土壤肥力的形成、营养元素的迁移转化和污染物的分解净化过程中起着不可忽视的作用。农药对土壤微生物的数量、活性、群落多样性及功能等都会造成明显的影响。由于不同种类的微生物对不同农药的耐受性存在差异，不同农药对微生物数量和群落的影响也不完全相同，同一种农药对不同类型微生物的影响也不完全一致。耐受性强的微生物受农药胁迫的影响较小，有些微生物甚至能以特定的农药作为碳源和能源进行生长繁殖，而敏感型的微生物受农药胁迫的影响较大。例如，用 3 mg/kg 二嗪农处理 180 天后，土壤放线菌数量增加了 300 倍，但是土壤细菌和真菌数量没有发生显著的变化。当阿特拉津的含量为 4 mg/kg 时，土壤中固氮菌数量增加了 1 倍，而纤维素分解菌和反硝化菌的数量却分别减少了 80% 和 90%。

（3）对耕地土壤动物和人类的影响

农药的使用在一定程度上也会对土壤中大量存在的土壤动物产生不利影响。作为土壤生态系统中最重要无脊椎动物，蚯蚓长期暴露在农药污染的环境中会出现体内酶活性改变、染色体畸变、DNA 损伤等毒性反应，严重时还会出现生长发育异常、行为特征改变等症状，甚至中毒死亡。研究发现，乙基对硫磷和双硫磷 2 种有机磷农药对蚯蚓乙酰胆碱酶的抑制率都达到了 80% 以上，且呈现良好的剂量-效应关系。施用 500 μg/kg 低剂量的氟磺胺草醚能引起蚯蚓体腔细胞的 DNA 损伤。暴露在含有杀虫剂氟啶脲的土壤一周后，蚯蚓体内的蛋白含量下降了 54.12%。通过对蚯蚓的掘洞长度、洞穴覆盖范围、洞穴再利用率等的观察发现，在杀虫剂吡虫啉的影响下，蚯蚓在土壤中的行为能力出现明显下降。农药硫丹对蚯蚓的生长有显著的抑制作用，蚯蚓的生长抑制率与硫丹施用剂量和暴露时间成正比。蚯蚓胃肠部的线粒体对硫丹有较强的敏感性，在非致死剂量下胃部线粒体超微结构的损伤程度随硫丹暴露剂量的增加而加重。

农药进入人体的主要途径包括皮肤接触、呼吸道吸入和长期食用带有农药残留的蔬菜和水果。进入人体后，农药可以通过血液循环到达各个神经肌肉的接头处，对神经元造成损害，导致人类大脑功能紊乱，严重时甚至会导致中枢神经的死亡。由于人体主要依靠肝脏的代谢来分解所吸收的毒素，随着农药在人体内积累的增多，肝脏负荷加重，肝脏机能下降，最终引发肝硬化、肝积水等肝脏病变，降低肝脏的解毒功能。

2.2.3　持久性有机氯污染物

1. 持久性有机氯污染物概述

目前环境中主要存在的持久性有机氯污染物是多氯联苯（PCBs）类物质。PCBs 是一类联苯苯环上若干氢原子被氯原子取代后形成的弱极性人造化合物的总称。依据氯原子在联苯苯环上取代位置和数目的不同，理论上 PCBs 具有 209 种同类物和异构体。由于

PCBs 具有良好的化学惰性、热稳定性、导热性、不可燃性和高绝缘性，常被用于变压器和电容器内的绝缘介质及塑料的增塑剂、石蜡扩充剂、黏合剂等重要的化工产品的生产中，在电力工业、塑料加工业、化工、印刷和建筑材料等领域都有广泛的应用。PCBs 的化学结构和性质非常稳定，对自然条件下的光照、生物和化学作用具有极强的抵抗能力，一旦进入环境，在一般条件下很难被分解，可以在环境中稳定存在数年甚至数十年之久。此外，由于 PCBs 的脂溶性较高，还易通过生物富集作用在生物体的脂肪组织中发生积累，并产生一定的生物毒性。PCBs 具有半挥发性，因而能够以蒸气形式进入大气环境或者吸附在大气颗粒物上，经远距离迁移后重新沉降到地面上。PCBs 的这些物理、化学特性使其成为一类在环境中广泛分布的 POPs。

2. 耕地中持久性有机氯污染物的主要来源

在各种环境介质中，土壤可以不断地接纳由不同途径输入的 PCBs，因而成为 PCBs 在环境中最主要的归宿。电器设备在使用和废弃过程中由于处置不当、管理不善等导致其中的浸渍液和变压油渗漏，这是造成局地土壤 PCBs 污染的重要原因。由于 PCBs 属于半挥发性有机物，可挥发进入大气中进而通过干湿沉降转移至土壤中，与高氯代 PCBs 相比，低氯代 PCBs 更容易挥发并随大气进行迁移。对废旧电器设备进行无保护措施的私自拆卸和焚烧，以及聚氯乙烯塑料、旧轮胎等含氯有机化工产品和一些含氯的碳氢化合物的焚烧会导致大量含 PCBs 的颗粒尘埃释放到环境中，在局地形成 PCBs 污染。在一些工业废旧品的堆放和填埋过程中，其所含的 PCBs 也可通过沥滤过程进入环境并污染土壤。对我国东南沿海某典型电子电器废弃物拆解区周边土壤中 PCBs 含量进行调查后发现，拆解污染区土壤中不同氯代 PCBs 总量较大，低氯代 PCBs（二氯代、三氯代和四氯代）所占比例较高，总含量高达 158.26 ng/g；高氯代 PCBs（四氯代以上）所占比例较小，五氯代、六氯代和七氯代 PCBs 含量分别可达 14.66 ng/g、22.57 ng/g 和 5.96 ng/g。与拆解污染区相比，非拆解对照区总体 PCBs 含量明显较低，低氯代 PCBs（二氯代、三氯代和四氯代）总含量仅为 3.53 ng/g，高氯代 PCBs 所占比例虽然相对较高，但五氯代、六氯代和七氯代 PCBs 含量分别仅为 5.00 ng/g、4.63 ng/g 和 1.37 ng/g（表 2-3）。由此可见，拆解污染区土壤中 PCB 含量明显高于非拆解对照区，说明电器废弃物拆解活动是导致局地土壤 PCBs 污染的主要原因。

3. 持久性有机氯污染物对耕地环境的危害

（1）对耕地植物的影响

土壤中的 PCBs 可以通过根系吸收进入植物体，由于 PCBs 具有较高的亲脂性，易被植物组织紧密结合，能在植物体内强烈富集，部分水溶性相对较高的 PCBs 同类物还可能进入植物组织内部，随植物体的蒸腾作用向上迁移。PCBs 对植物体的毒性效应主要表现为影响植物种子萌发和植株生长，PCBs 可从植株水平上改变植物的生物量。

表 2-3 我国东南沿海某典型电子电器废弃物拆解区周边土壤中 PCBs 含量分布

PCBs 种类	不同调查区域农田土壤中 PCBs 含量/（ng/g）		
	拆解污染区	拆解修复区	非拆解对照区
二氯联苯	60.72（30.1%）	0.21（1.0%）	0.20（1.4%）
三氯联苯	44.50（22.1%）	2.91（13.8%）	0.10（0.7%）
四氯联苯	53.04（26.3%）	5.68（26.9%）	3.23（21.8%）
五氯联苯	14.66（7.3%）	4.40（20.8%）	5.00（33.7%）
六氯联苯	22.57（11.2%）	7.03（33.2%）	4.63（31.4%）
七氯联苯	5.96（3.0%）	0.81（3.8%）	1.37（9.3%）
八氯联苯	0.12（0.1%）	0.11（0.5%）	0.26（1.7%）
总量	201.55	21.15	14.78

（2）对耕地土壤微生物的影响

土壤微生物被认为是土壤污染最好的指示物。在 PCBs 污染胁迫下，土壤微生物的数量、活性及群落结构组成等都会发生不同程度的变化。PCBs 污染对土壤微生物的毒性影响和效应与土壤理化性质、微生物种类及 PCBs 在土壤中的含量和污染的持续时间等因素有关。

（3）对耕地土壤动物和人类的影响

有关 PCBs 污染对土壤中大型动物蚯蚓毒性影响的研究证实，PCBs 对蚯蚓超氧化物歧化酶（SOD）、过氧化氢酶（CAT）和谷胱甘肽 S-转移酶（GST）等抗氧化酶的活性具有明显的诱导作用，蚯蚓体内以谷胱甘肽（GSH）为代表的抗氧化物质含量也在 PCBs 胁迫下有所增加，这说明 PCBs 进入蚯蚓体内后会对蚯蚓体细胞产生一定的氧化胁迫，促使蚯蚓启动其自身的抗氧化系统进行防御。但随着 PCBs 暴露浓度的升高和作用时间的延长，蚯蚓自身的抗氧化防御体系不足以抵抗 PCBs 暴露所引起的氧化胁迫，导致体内脂质过氧化产物丙二醛（MDA）的含量增加，出现脂质过氧化损伤。PCBs 暴露还会造成蚯蚓体腔细胞 DNA 损伤，且随着 PCB 暴露浓度的增加，蚯蚓体腔细胞 DNA 损伤程度也逐渐加剧。

PCBs 可以通过饮食、呼吸和皮肤接触等途径进入人体，食物中的 PCBs 进入人体后主要被人类胃肠道吸收，由于 PCBs 的亲脂性和稳定性，其在胃肠中不易被分解，吸收率可超过 90%，被吸收的 PCBs 一部分蓄积在人体的脂肪组织中，另一部分可积累于含脂肪丰富的皮肤、肾上腺及主动脉等组织器官中，血液中的浓度相对较低。PCBs 具有很高的生物毒性，部分 PCBs 物质还是类二噁英化合物。进入人体的 PCBs 能够对人体全身各系统和器官产生危害，引发皮肤溃烂、痤疮、视力障碍、全身肿胀及肝脏损伤、白细胞增多等症状，还会诱发急性心血管疾病，通过与蛋白质和 DNA 结合，PCBs 还会引起人体基因突变，导致恶性黑色素瘤等癌症的发生，进而使暴露人群的死亡率增高。

2.2.4 多环芳烃

1. PAHs 概述

PAHs 是一类具有 2 个或 2 个以上苯环结构的稠环型碳氢化合物的总称，基本结构单位是苯环，不含其他任何杂原子和取代基，不同的苯环数目及稠合方式会引起 PAHs 的分子量和分子结构的变化，进而产生不同的物理、化学性质。PAHs 属于半挥发性有机化合物，随着苯环数的增多，其水溶性减小、脂溶性增强，挥发性和降解速率降低，在环境中的稳定性和毒性增强。PAHs 在自然环境中广泛存在，微生物的生物合成、草原和森林的天然火灾及火山喷发等决定了 PAHs 的天然本底值，而石油、天然气、煤等化石燃料及木材、有机高分子化合物、纸张、作物秸秆、烟草等含碳氢化合物的物质经不完全燃烧或在还原条件下发生高温热解等构成了 PAHs 的人为环境污染。

目前，已发现的 PAHs 种类达 100 种以上，美国国家环保局（USEPA）列出的优先控制污染物名单中有 16 种 PAHs，按照分子量由低到高依次为萘（NAP）、苊（ANE）、二氢苊（ANY）、芴（FLU）、菲（PHE）、蒽（ANT）、荧蒽（FLA）、芘（PYR）、䓛（CHR）、苯并[b]荧蒽（BbF）、苯并[k]荧蒽（BkF）、苯并[a]蒽（BaA）、苯并[a]芘（BaP）、二苯并[a,h]蒽（DaA）、茚苯[1,2,3-cd]芘（IcP）、苯并[g,h,i]荧蒽（BgP）。

2. 耕地中 PAHs 的主要来源

土壤中 PAHs 污染的主要途径是气态和颗粒态的 PAHs 通过干湿沉降作用到达土壤表面并逐步累积。化石燃料燃烧，焦炭、炭黑和煤焦油的生产及使用，木材加工，垃圾焚烧及交通运输等人类活动所产生的 PAHs，随着烟尘、废气排放等过程进入大气中，与大气颗粒物结合后可通过沉降和沉积作用进入土壤，由于 PAHs 的疏水性较强，极易附着和吸附于土壤颗粒及土壤有机质中，使土壤成为环境中 PAHs 的重要归属之一。此外，石油开采及石化产品在生产和运输过程中的泄漏也会造成局部地区土壤的 PAHs 污染。对我国部分地区农田土壤中 PAHs 的污染来源进行分析后发现，柴油和汽油等石油产品、煤炭及生物质的高温燃烧是农田土壤中 PAHs 的主要输入来源，这些燃烧源对农田土壤中 PAHs 的贡献率均达到了 65% 以上（表 2-4）。

表 2-4 我国部分地区农田土壤中 PAHs 污染源分析

调查区域	不同污染源贡献比例/%			
	柴油和汽油燃烧	煤炭及生物质燃烧	原油泄漏	石化产品生产
黄淮平原农田土壤	53	40	7	0
上海市交通沿线农田土壤	35～37	30～38	17～20	10～13
武汉市远城区农田土壤	43	40	17	0
北京市郊农田土壤	16.2	80.2	3.6	0
浙江省农田土壤	48.4	50	1.6	0

3. PAHs 对耕地环境的危害

（1）对耕地植物的影响

土壤中的 PAHs 可通过植物根系的吸收作用进入植物体内,进而对植物机体产生一定的毒害作用。萘、芘和荧蒽的暴露会导致油菜种子在萌发过程中根的长度变短、根的数量减少,较高浓度的荧蒽胁迫还会对油菜的叶长、叶宽及体内还原性维生素 C 的合成产生抑制作用。在苯并[a]芘胁迫下,油菜的生长会受到抑制。高浓度的菲和萘处理能明显降低小麦种子的发芽率,同时对小麦幼苗根和茎的生长也具有一定的抑制作用。菲和荧蒽对秋茄根的毒害作用主要表现为易造成根的肿大、变黑和腐烂,随着菲和荧蒽处理浓度的升高和作用时间的延长,秋茄根受毒害程度越发严重。随芘处理浓度的增加,小白菜的叶绿素含量呈下降趋势。高浓度的萘和芘可明显抑制水稻的株高、叶长和叶宽,改变水稻的光合特性,引起水稻分蘖数、干物质重量及水稻产量的降低,同时导致稻米品质的下降。

（2）对耕地土壤微生物的影响

土壤微生物既可以在一定程度上降解 PAHs,修复受 PAHs 污染的土壤,又可以敏感地反映土壤环境质量因 PAHs 污染而发生的变化。受 PAHs 污染胁迫的影响,土壤中会逐渐形成对 PAHs 具有抗性或耐性的微生物群落,能以 PAHs 为碳源加以利用的微生物会逐渐转变为优势菌群。不同 PAHs 污染程度的土壤存在一定数量种类相同的优势菌群,但相对丰度具有明显差异。PAHs 在一定程度上会因为土壤微生物提供了碳源而致使微生物的总量及整体活性有所增加。相关研究发现,随着蒽、芘、苯并[a]芘的降解,土壤微生物的活性和群落组成都发生了变化,土壤中的细菌和真菌数量逐渐增多,土壤呼吸作用增强。尽管 PAHs 会刺激某些对其具有降解能力的土壤微生物生长,提高某些微生物的相对丰度并促使其在群落中占据主导地位,但是 PAHs 所具有的生物毒性仍然会对土壤中其他土著功能微生物产生抑制作用。

（3）对耕地土壤动物和人类的影响

残留在土壤环境的 PAHs,由于其水溶性较低而脂溶性相对较高易进入土壤动物体内,对土壤动物产生毒害作用。作为土壤动物区系的代表类群,蚯蚓是土壤 PAHs 污染的敏感指示物,一定剂量的 PAHs 暴露对蚯蚓体内重要的代谢解毒酶系——细胞色素 P450 酶具有明显的诱导效应。严重的 PAHs 污染会对蚯蚓造成基因损伤,引起蚯蚓体内 DNA 单链的断裂。

PAHs 能够通过呼吸、皮肤接触和饮食等途径进入人体。土壤中的 PAHs 被植物根系吸收后会积累在植物组织中,通过食物链传递在人体中蓄积。由于 PAHs 的生物富集系数较高,进入人体后不易被排出,会对人类的健康构成潜在威胁。PAHs 是环境中最早发现且数量最多的一类化学致癌物,在目前发现的具有致癌作用的 500 多种化合物中有 200 多种属于 PAHs 及其衍生物。PAHs 具有极强的"三致"效应,除含有致畸和致突变的成分外,还含有多种致癌物质,能引发人体肝、肾等脏器及内分泌系统、神经系统和生殖系统的癌变。

2.2.5 微塑料和增塑剂

1. 微塑料和增塑剂概述

大块的塑料制品在紫外线照射、碰撞磨损、风化侵蚀和生物降解等作用下会逐渐老化破碎,进而转变为小碎片或固体颗粒,直径≤5 mm 的塑料碎片、颗粒、薄膜及纤维等均被称为微塑料。微塑料从化学组成上可以分为不可降解微塑料和可降解微塑料两大类,常见的不可降解微塑料主要包括聚乙烯(PE)、聚丙烯(PP)、聚氯乙烯(PVC)、聚苯乙烯(PS)和聚对苯二甲酸乙二酯(PET)等,而可降解微塑料主要有聚乳酸(PLA)、聚羟基丁酸酯(PHB)和聚丁二酸丁二醇酯(PBS)等。环境中的微塑料数量多、粒径小、分布广,易被生物吞食,且能在食物链中积累,同时其因比表面积大和疏水性较强而具有一定的吸附特性,可以吸附其他污染物或微生物并富集于其表面。作为污染物的载体,微塑料被生物摄食后可对生物体产生一定的毒性效应。

微塑料在吸附环境中其他污染物的同时也会向环境释放其自身携带的有害物质,其中比较典型的就是增塑剂邻苯二甲酸酯(PAEs),又名酞酸酯,是一类种类繁多且应用较广的人工合成有机化合物,目前最主要的用途是作为增塑剂,以增大塑料产品的可塑性并提高其强度,在塑料中的添加量高达 20%~50%。PAEs 主要是由邻苯二甲酸酐与醇反应制得的,有邻位、间位和对位 3 种异构体,由 1 个刚性平面芳环和 2 个可塑的非线性脂肪侧链组成,作为增塑剂添加在塑料中时与聚烯烃类塑料分子间以氢键或范德瓦耳斯力结合。在工业上最常使用的 PAEs 化合物约有 16 种,其中,邻苯二甲酸甲苯基丁酯(BBP)、邻苯二甲酸二乙酯(DEP)、邻苯二甲酸二甲酯(DMP)、邻苯二甲酸二丁酯(DBP)、邻苯二甲酸二辛酯(DOP)、邻苯二甲酸二(2-乙基己基)酯(DEHP)6 种 PAEs 化合物被美国国家环保局确定为优先控制污染物。在我国,DMP、DBP 和 DOP 也被认定为环境优先控制污染物。

2. 耕地中微塑料和增塑剂的主要来源

土壤中的微塑料主要由人类活动产生,塑料制品在加工、使用过程中产生的微塑料及人们日常洗衣过程中产生的合成微纤维是工业废水和生活污水中微塑料的主要来源,进入污水处理系统的微塑料经过沉淀絮凝等处理后并不能被完全去除,出水中残留的微塑料通过污水排放、废水灌溉及污泥应用等方式进入土壤环境,这是微塑料进入农田生态系统的途径之一。在垃圾填埋和垃圾处理等废物处置过程中产生的塑料微粒和塑料纤维被释放到大气环境后,也可通过大气沉降作用进入土壤环境。农业中塑料地膜的广泛使用是造成土壤微塑料污染的重要原因。农用塑料地膜在保湿保温、抗病虫害、促进作物生长、改善作物品质等方面具有非常重要的作用。然而，长期残留于土壤中的塑料薄膜会在光照、高温和氧气等作用下逐渐老化破碎成塑料碎片或颗粒，最终导致由塑料地膜风化解体所形成的微塑料在土壤中不断积累。农用塑料薄膜残留还是引起土壤中 PAEs 类物质含量增加的直接原因，塑料薄膜中所添加的 PAEs 类物质可随薄膜的破碎解体而逐渐释放到土壤中。除此之外，PAEs 也可通过塑料制品加工生产及塑料废物处理等过程进入土壤生态系统。

3. 微塑料和增塑剂对耕地环境的危害

（1）对耕地植物的影响

残留在土壤中的微塑料对种植作物的危害主要表现为通过向土壤环境中释放其携带的有害物质而影响作物的生长发育。对可降解塑料的研究发现，其本身含有的和降解产生的单体与低聚体在进入土壤环境后会对种植的作物产生一定的毒害作用，其中 PBS 降解后的产物会显著抑制辣椒和西红柿的生长。PAEs 类化合物是微塑料中含有的典型有机污染物。PAEs 能在分子、细胞、生理和个体水平上对植物体产生一系列毒性效应。当 PAEs 污染水平达到一定程度时，植物幼苗生长受到明显抑制，且抑制作用随着 PAEs 浓度的增加而加重。

（2）对耕地土壤微生物的影响

目前，关于微塑料污染对土壤微生物作用效应的研究还相对比较缺乏。对微塑料中的聚丙烯微球和聚苯乙烯微球对土壤微生物活性的影响进行初步探究发现，在聚丙烯微球和聚苯乙烯微球的胁迫下，土壤基础呼吸速率、代谢熵及 β-葡萄糖苷酶、脲酶、磷酸酶、脱氢酶的活性均发生了显著变化，聚苯乙烯微球会明显抑制土壤微生物的生长，导致土壤微生物量的降低。

（3）对耕地土壤动物和人类的影响

进入土壤环境的微塑料能够通过不同方式影响土壤动物的生长繁殖和行为特征。微塑料尺寸非常细小，能够被土壤动物直接摄食。多项研究表明，微塑料被蚯蚓取食后会造成肠道损伤，进而影响其生长和存活。对土壤跳虫进行的研究发现，土壤微塑料暴露会显著减少跳虫的生长率和繁殖率。另外，微塑料还可以通过改变土壤动物的栖息环境对其行为特征产生间接影响。残留在土壤中的微塑料可能会堵塞土壤的孔隙，影响蚯蚓等大型土壤动物的呼吸和活动。混杂在凋落物中的微塑料还可能改变凋落物对土壤动物的适口性，影响土壤动物的取食行为。

由于 PAEs 具有较高的亲脂性和难以降解的特点，被植物吸收后可通过食物链的传递进入人体。PAEs 可产生多种扰乱动物机体内分泌的生化和整体效应，因而被认为是具有拟激素效应的内分泌干扰物，能够对人类生殖系统功能和生长发育造成影响，并引发内分泌系统肿瘤及神经系统发育和功能损伤等其他健康问题。相对于一般人群，孕妇和儿童对 PAEs 暴露较为敏感，尤其是新生儿。

参考文献

[1] Jain A，Raven K P，Loeppert R H. Arsenite and arsenate adsorption on ferrihydrite：surface charge reduction and net OH-release stoichiometry[J]. Environmental Science & Technology，1999，33（8）：1179-1184.

[2] 苏永津. 全球铅资源供需形势分析[J]. 中国经贸导刊，2016（7Z）：6-9.

[3] 夏家淇，骆永明. 关于土壤污染的概念和 3 类评价指标的探讨[J]. 生态与农村环境学报，2006，22（1）：87-90.

[4] Moreno Caselles J，Moral R，Perez Murcia M D，et al. Fe,Cu,Mn,and Zn input and availability in calcareous soils amended with the solid phase of pig slurry[J]. Communications in soil science and plant analysis，2005，36（4-6）：525-534.

[5] 熊礼明. 施肥与植物的重金属吸收[J]. 农业环境科学学报，1993（5）：217-222.

[6] 肖细元，陈同斌，廖晓勇，等. 中国主要含砷矿产资源的区域分布与砷污染问题[J]. 地理研究，2008，27（1）：201-212.

[7] 李蘅，徐文炘，梁文寿，等. 砷渣（场）周边水环境特征研究[C].中国环境科学学会学术年会，2015.

[8] 罗婷，孙健雄，夏科，等. 土壤砷污染研究综述[J]. 环境与发展，2017，29（8）：11-12.

[9] Mattigod S V，Rai D，Eary L E，et al. Geochemical factors controlling the mobilization of inorganic constituents from fossil fuel combustion residues：I. Review of the major elements[J]. Journal of Environmental Quality，1990，19（2）：188-201.

[10] Gudny O，Yong-Guan Z，Lei L，et al. Distribution，speciation and availability of antimony（Sb）in soils and terrestrial plants from an active Sb mining area[J]. Environmental Pollution，2011，159（10）：2427-2434.

[11] Qi C，Liu G，Chou C，et al. Environmental geochemistry of antimony in Chinese coals[J]. Science of the Total Environment，2008，389（2-3）：225-234.

[12] 郭晓东，孙岐发，赵勇胜，等. 珲春盆地农田重金属分布特征及源解析[J]. 农业环境科学学报，2018，37（9）：1875-1883.

[13] 魏复盛，陈静生，吴燕玉，等. 中国土壤环境背景值研究[J]. 环境科学，1991（4）：12-19.

[14] 方凤满，王起超. 土壤汞污染研究进展[J]. 生态环境学报，2000，9（4）：326-329.

[15] 陈涛，吴燕玉，谭方，等. 辽东半岛（大连地区）土壤污染现状特征与防治对策[J]. 农业环境科学学报，1992（1）：17-21.

[16] 刘雪华. 土壤中的钴及其对植物的影响[J]. 土壤学进展，1991（5）：9-15.

[17] 孙勇，范必威，Sunyong，等. 自然界中铊的分布及对人体健康的影响[J]. 广东微量元素科学，2004，11（11）：8-12.

[18] 陈永亨，谢文彪，吴颖娟，等. 中国含铊资源开发与铊环境污染[J]. 深圳大学学报：理工版，2001，18（1）：57-63.

[19] Yang J，Teng Y，Wu J，et al. Current status and associated human health risk of vanadium in soil in China[J]. Chemosphere，2017，171：635-643.

[20] 吴涛，兰昌云. 环境中的钒及其对人体健康的影响[J]. 广东微量元素科学，2004，11（1）：11-15.

[21] 杨志新，冯圣东，刘树庆. 镉、锌、铅单元素及其复合污染与土壤过氧化氢酶活性关系的研究[J]. 中国生态农业学报，2005，13（4）：138-141.

[22] 郑玉瑛. 汞对小麦的影响Ⅲ：对小麦种子萌发期干物质转化效率及α-淀粉酶活性的影响[J]. 农业环境科学学报，1985（5）：19-21.

[23] 李荣春. Cd，Pb 及其复合污染对烤烟呈片生理生化及细胞亚显微结构的影响[J]. 植物生态学报，2000，24（2）：238-242.

[24] Lidon F C，Henriques F S. Role of rice shoot vacuoles in copper toxicity regulation[J]. Environmental & Experimental Botany，1998，39（3）：197-202.

[25] 徐加宽，王志强，杨连新，等. 土壤铬含量对水稻生长发育和产量形成的影响[J]. 扬州大学学报（农业与生命科学版），2005，26（4）：61-66.

[26] 曹仁林. 铬镉对作物品质的影响[J]. 土壤，1993，25（6）：324-326.

[27] 谢建治，刘树庆，刘玉柱，等. 保定市郊土壤重金属污染对蔬菜营养品质的影响[J]. 农业环境科学学报，2002，21（4）：325-327.

[28] Zhang C，Nie S，Liang J，et al. Effects of heavy metals and soil physicochemical properties on wetland soil microbial biomass and bacterial community structure[J]. Science of the Total Environment，2016，557-558：785-790.

[29] 郑涵，田昕竹，王学东，等. 锌胁迫对土壤中微生物群落变化的影响[J]. 中国环境科学，2017，37（4）：1458-1465.

[30] Tayebi B，Ahangar A G. The influence of heavy metals on the development and activity of soil microorganisms[J]. International Journal of Plant，Animal and Environmental Sciences，2014，4（4）：74-85.

[31] Wang F，Yao J，Si Y，et al. Short-time effect of heavy metals upon microbial community activity[J]. Journal of Hazardous Materials，2010，173（1-3）：510-516.

[32] 高焕梅，孙燕，和林涛. 重金属污染对土壤微生物种群数量及活性的影响[J]. 江西农业学报，2007，19（8）：83-85.

[33] 陈怀满. 环境土壤学[M]. 北京：科学出版社，2005.

第3章

污染物在土壤-植物系统中的迁移与转化

土壤是环境中污染物的重要汇集区，污染物在土壤中的迁移与转化是决定其环境行为的重要过程。植物是食物链的起始和重要组成部分，土壤中的污染物经植物吸收后进入食物链，最终被人体吸收，从而会给人类健康带来潜在风险，充分认识污染物在土壤-植物系统中的迁移转化过程对评价污染物的食品安全风险具有重要意义。本章主要针对重金属、POPs、抗生素及抗性基因、纳米颗粒和微塑料等目前影响范围较大、迁移风险较高和新近引起关注的污染物，分别介绍它们在土壤-植物系统中的迁移与转化过程及其影响因素，以期为合理选择受污染土壤的改良修复措施提供科学参考。

3.1 重金属在土壤-植物系统中的迁移与转化

Cu、Zn、Ni 既是生物体的必需营养元素，也是潜在环境污染元素，土壤中过量的 Cu、Zn、Ni 会严重影响动植物的生长，产生生态毒害。这 3 种元素在土壤-植物系统中的迁移性相对较弱，较少出现植物（农产品）过量富集积累的现象。Cd、Pb、Cr、Hg、As 虽不是植物生长的必需营养元素，但相对 Cu、Zn、Ni 而言，这五大元素在土壤-植物系统中的迁移性较强，往往在对作物正常生长产生明显毒害效应之前就可能因根部的吸收而在可食部位大量富集，威胁农产品质量安全，使其超过食品安全标准，进而危害人类健康。例如，水稻这种常见农作物具有富集 Cd 的特性，是吸收 Cd 能力最强的大宗谷类作物，食用稻米成为我国居民膳食 Cd 的主要来源[1]。

3.1.1 重金属在土壤-植物系统中迁移、转化的影响因素

重金属的生物有效性受其种类及化学形态的影响。土壤中的重金属以多种形态存在，主要有水溶态、交换态、铁锰氧化态、有机结合态、沉淀态、残留态等，其中，水溶态和

交换态最易被植物吸收，生物有效性高；沉淀态及残留态最不易被植物吸收，生物有效性低。重金属通过一系列物理化学作用，如溶解-沉淀、氧化-还原、配位-解离、吸附-解吸等作用实现形态间的相互转化。植物根系分泌物、土壤 pH、Eh、有机质含量、土壤胶体性质、土壤质地结构等都可以影响重金属形态，进而影响其生物有效性。

1. 作物种类和品种

植物吸收重金属易受到植物自身生理特性的显著影响，品种或基因型被认为是影响重金属吸收最重要的植物因子。许多研究已经证实，植物对重金属的吸收和分配存在显著的品种间和品种内差异。作物的品种间差异使筛选重金属低积累品种以保障农产品安全或者筛选高积累品种以修复污染土壤成为可能。例如，在澳大利亚南部，McLaughlin 等[2]发现在某些土壤上种植低积累马铃薯品种可使马铃薯块茎 Cd 含量减少一半以上。Li 等[3]通过选育和推广 Cd 低积累向日葵品种，解决了美国向欧洲出口向日葵籽 Cd 含量过高的农产品贸易问题。Arao 等[4]在日本两种 Cd 污染土壤类型上种植了 49 个水稻品种，发现与根、茎 Cd 含量相比，品种间稻米 Cd 含量的差异更显著。Alexander 等[5]对 6 种常见蔬菜（每种蔬菜 5 个品种）吸收 Cd、Cu、Pb 和 Zn 的研究表明，不同蔬菜对重金属元素的吸收存在显著差异，豆科蔬菜表现为低积累，根菜类蔬菜（伞形科和百合科）表现为中等积累，叶菜类蔬菜（菊科和藜科）表现为高积累。下面以水稻和蔬菜为例对不同品种的差异特征及其机制进行详细介绍。

（1）不同水稻品种富集重金属的差异

水稻是一种富集 Cd 能力较强的作物，不同水稻品种间 Cd 积累量差异较大。研究人员基于 146 份水稻核心种质资源的分析结果发现，幼苗地上部 Cd 含量最高与最低之间相差 13 倍。在 2 种田间环境及水培环境下的研究发现，3 种不同环境下 Cd 积累分别达 9.4 倍、12.6 倍和 50.9 倍。虽然不同品种间的 Cd 积累差别较大，但总体来看，籼稻品种地上部和稻米 Cd 积累量高于粳稻品种[6]，不同水稻品种富集重金属的差异机制主要体现在水稻根表铁膜的形成及重金属在水稻体内迁移转运特征的差异等方面。

水稻籽粒积累 Cd 有以下 3 个主要过程：①根系吸收、液泡区隔化、木质部装载及随后的根到地上部的转运；②水稻茎节中维管组织之间重新分配与向穗中运输；③通过韧皮部从叶片到籽粒的重新分配与运输。一般认为从根向地上部的转运过程是地上部 Cd 积累及韧皮介导 Cd 向籽粒运输的主要限制步骤。在稻谷籽粒灌浆和成熟阶段，大量 Cd 会通过木质部运输到节部的韧皮部，导致 Cd 更容易向上一个节运输并最终进入籽粒。水稻在营养生长阶段，叶片中积累的 Cd 又会重新通过韧皮部转移至节中，随后 Cd 又会重新分配，部分 Cd 会重新转运至籽粒（图 3-1）。水稻 OsNramp5（Natural resistance-associated protein 5）是水稻根系吸收 Mn^{2+} 的膜转运蛋白，也是水稻根系吸收 Cd^{2+} 的主要途径。Cd 被 OsNramp5 等蛋白吸收转运进入体内，随后向木质部径向运输，这个过程会受根细胞液泡的区隔化限制。水稻不同品种茎叶和籽粒 Cd 含量存在基因型差异，而且这些差异与木质部 Cd 浓度有很好的相关性，因此认为 Cd 从根向地上部转运是茎叶和籽粒 Cd 积累的关键过程。研究人员相对独立地克隆到一个控制 Cd 地上部积累的基因，该基因为编码 P1B-type ATPase3 转运蛋白基因 OsHMA3。这个转运蛋白位于液泡膜上，能把细胞质中的 Cd 转运到液泡中储存，因此能限制 Cd 向木质部的径向运输。籼稻品种 Cd 积累量偏高主要是由于存在 OsHMA3 功能缺失的等位基因。因此，沉默 OsHMA3 会增强 Cd 向地上部转运，而过表达 OsHMA3 能进一步降低 Cd 品种的籽粒 Cd 含量。Huang 等[7]通过分析水稻茎秆上各节与节间对 Cd 积累和转运的影响发现，节中 Cd 浓度显著高于节间，且节和节间的位置越高，节 Cd 浓度越高，节间 Cd 浓度越低（图 3-2），这说明节对 Cd 向上迁移存在强烈的阻碍作用。不同品种间相同位置的各节阻 Cd 能力存在显著差异，这可能是导致根系吸收能力相近的不同品种间糙米 Cd 含量存在差异的重要原因之一。由于最上部节的阻 Cd 作用最强，通过分析节阻 Cd 作用高、中、低的 3 个水稻品种（南粳 9108、南粳 52、镇籼优 146）最上部节的显微结构发现，3 个品种最上部节的扩散型维管束（DVB）面积与其阻 Cd 能力呈显著负相关关系，Cd 主要通过 DVB 的韧皮部向上迁移，这表明最上部节 DVB 面积的大小可能是影响节阻碍 Cd 向上迁移的关键因素，DVB 面积越小，Cd 向上迁移越困难，糙米中 Cd 累积越少。

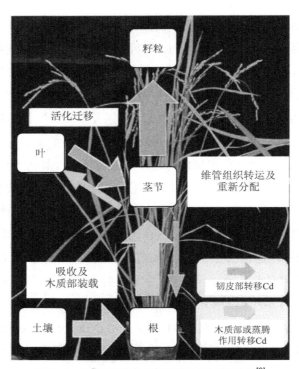

图 3-1　水稻体内 Cd 的迁移转运过程示意[8]

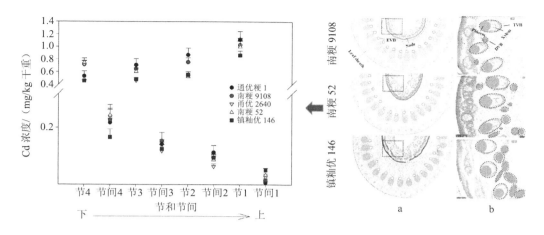

图 3-2 水稻各节和节间糙米 Cd 浓度及最上部节显微结构

对于其他重金属（如 Hg、As）而言，同样存在显著的品种间富集能力差异。例如，李冰[9]在贵州万山、湖南新晃和广东凡口汞污染稻田上种植了 26 个水稻品种，结果表明在 3 块实验田中不同品种水稻稻米总汞(THg)含量分别为 13～52 μg/kg、11～58 μg/kg 和 1.5～52 μg/kg，甲基汞（MeHg）含量分别为 3.5～23 μg/kg、6.5～24 μg/kg 和 0.28～3.5 μg/kg，稻米对 THg 和 MeHg 的吸收积累均存在显著的品种间差异。Norton 等[10]比较了不同环境条件下 300 多个品种水稻籽粒 As 浓度的差异，发现其变幅为 3.5～35 倍，品种间差异显著。

（2）不同蔬菜品种富集重金属的差异

蔬菜作物种类繁多，不同种类对重金属的吸收富集有明显差异，即使同种蔬菜的不同品种对重金属的吸收积累能力也有不同。众多研究表明，叶菜类蔬菜相比于根茎类、茄果类等蔬菜更容易积累重金属。在众多蔬菜中，叶菜类在我国种植面积最广、品种最多、消费量最大，但也最易受重金属污染。对于同属叶菜的不同种蔬菜，其对重金属的积累能力也会因品种间差异等影响而不尽相同。盆栽试验和田间试验研究发现，常见的 6 种蔬菜可食部分的 Cd 含量表现为青菜＞韭菜＞胡萝卜＞萝卜＞番茄＞黄瓜。蔬菜对重金属的积累不仅存在品种间差异，同时存在品种内差异，即同种（species）蔬菜的不同品种（cultivars）或不同基因型（genotypes）对重金属的积累能力不尽相同。

关于不同蔬菜品种对重金属吸收积累差异的机制，目前也开展了不少研究工作。植物根系是重金属进入植物的门户，蔬菜根系的形态和生理活性等都会影响蔬菜对重金属的吸收。研究发现，与高积累蔬菜品种相比，低积累品种的总根长更短、根尖数更少、细根比例（直径＜0.2 mm）更低、根表面积和根体积都更小。这些根部形态学响应可能对减少重金属从根部向地上部分转移发挥着重要作用。对于土壤重金属的暴露，作为一种防御机制，植物根系能分泌电解质、糖类、有机酸、氨基酸、酶及其他次级代谢产物以改变影响重金属的生物有效性。在相同污染条件下，不同蔬菜品种的根系分泌的一些小分子有机酸不同，这些有机酸可能对蔬菜的重金属积累差异起到重要作用。与根系对重金属的吸收相比，蔬菜可食部位积累的差异在更大程度上取决于重金属在蔬菜体内转运和分配的差异。研究证明，不同辣椒品种果实中 Cd 含量与根部 Cd 含量无明显相关性，其差异归因于从根部向地上部和从茎叶向果实的转运能力的差异，而不是根部吸收能力的差异[11]。蔬菜根系吸收重金属后通过木质部转运至茎部，再通过木质部和韧皮部从茎部转运至可食部位。低积累品种可以通过根部沉淀和区隔化，将根部吸收的重金属区隔在对植物必需的细胞过程无损害或损害最小的区域，既不影响作物的正常生长，也限制了重金属向地上部分转移。有研究通过基因表达分析技术发现，Nramp3 和 NRT1.8 都是与 Cd 吸收有关的基因，这两个基因在大白菜高积累品种（东方 2 号）的根部表达量明显高于低积累品种（华绿青秀和蚕白）。另外，通过转录组比较分析青菜不同品种对 Cd 胁迫的响应发现，对于高积累品种（矮祺苏州青），细胞壁生物合成反应和谷胱甘肽（Glutathione，GSH）新陈代谢均参与抗 Cd 过程；而 DNA 修复反应和脱落酸信号传递过程则在低积累品种（矮脚奎山黑叶）抗 Cd 过程中起着重要作用。此外，包括"PDR8"在内的与 Cd 外流相关的基因在低积累品种体内高度表达，而包括"YSL1"在内的参与 Cd 运输的基因在高积累品种体内高度表达[12]。

2. 土壤性质

土壤类型的影响体现为土壤组成成分和理化性质的不同，各因素通常以综合效应影响作物富集土壤重金属。

（1）pH

通常认为，土壤 pH 是影响土壤-植物系统中重金属行为的最重要因素之一。pH 通过影响土壤中重金属的沉淀-溶解、吸附-解吸和配位-解离等化学反应过程来改变重金属有效性，还可通过植物根系吸收离子的响应和微生物活性等影响金属有效性。已有许多研究报道，土壤 pH 与 Cd 的移动性和有效性呈负相关，酸性土壤趋于增加作物对金属阳离子 Cd、Pb、Hg 等的吸收，降低 As 等阴离子的吸收。因此，在酸性土壤中施加石灰通常可以减少作物中重金属阳离子的含量。土壤 pH 能够影响土壤对 Cd 的吸附，吸附曲线可分为 3 个区间：低 pH 低吸附区、中 pH 稳定增长区及高 pH 强吸附区。当 pH<3.2 时，Cd 的吸附率很低；当 pH 在 4.5～7.2 时，Cd 的吸附率与 pH 呈显著正相关；当 pH>7.5 时，Cd 的吸附率接近 100%，主要以氧化物结合态及残渣态形式存在。大量研究也表明，土壤 pH 与稻谷 Cd 含量成反比[13]。

淹水使稻田土壤与空气隔绝，随土壤中微生物的代谢，土壤中的氧气迅速减少；微生物分解土壤有机质释放大量的电子和质子，使硝态氮、铁锰氧化物等氧化性物质接受电子发生还原，也消耗了大量的质子，导致 pH 向中性靠拢，即酸性土壤 pH 升高和碱性土壤 pH 降低，而 Eh 在两种土壤中均下降，尤其在淹水初期变化显著。淹水条件下，酸性土壤 pH 之所以升高，主要是因为土壤中铁氧化物的还原溶解作用，而碱性土壤 pH 降低则主要由土壤中大量碳酸盐溶解及土壤中 CO_2 的累积所致。土壤样品风干过程会改变钙、镁、铝、磷酸根等的离子活度及与有机质密切相关的质子数量，因此传统上在实验室利用风干样品测定的土壤 pH 并不能反映田间的真实情况。此外，不同地区实验室环境相对湿度的波动会导致土壤风干样品的水分含量产生差异，从而影响 pH 的测定结果，而土壤原位 pH 能很好地解决上述问题，但土壤原位 pH 的动态监测费时费力。如果能够用风干样品的理化性质预测水稻土淹水和排干过程中原位 pH 的变化将能够较好地解决这个问题。最近，Ding 等[14]发现利用土壤风干样品的 pH、有机质、阳离子交换量及淹水或排干时间可以很好地预测水稻土淹水或排干过程中的原位 pH，建立的预测模型如下：

$$pH_{Flooding}=3.02+（0.689\ pH-0.405\log[OM]-0.453\ \log[CEC]）\times t^{-0.218}+0.683\ln[t]$$
$$（n=140，R^2=0.822，P<0.001，RMSE=0.288）$$
$$pH_{Drainage}=5.47+（0.259\ pH+0.143\log[OM]-0.131\ \log[CEC]）\times t^{0.246}-0.641\ \ln[t]$$
$$（n=80，R^2=0.668，P<0.001，RMSE=0.272）$$

此模型经大量文献数据验证后证明其预测的可靠性较高，这对水稻土淹水排干过程中养分和重金属元素有效性的预测、指导我国南方重金属超标稻田水分管理具有重要意义。

（2）Eh

稻田经常处于氧化还原的交替状态，Eh 值反映土壤氧化还原程度，因此土壤的 Eh 值在很大程度上影响着水稻对 Cd 的吸收。一般认为，在 pH=7 的土壤中，Eh 值高于 125 mV 时，土壤以氧化状态为主；Eh 值低于 125 mV 时，土壤以还原状态为主。当稻田淹水时，土壤耕作层水分饱和，土壤处于还原状态。在低 Eh 值下，土壤 Cd 更易于由有效态转化为稳定态，从而降低自身的活性。土壤在还原状态下，Cd 可与硫化物形成难溶化合物、与有机质络合、被铁锰氧化物吸附，使土壤溶液中的 Cd 离子减少，从而抑制了植物对 Cd 的吸收。研究发现，随着 Eh 值下降，水稻对 Cd 吸收显著降低，籽粒 Cd 含量下降，全生育期淹水栽培方式下，水稻糙米中的 Cd 含量低于旱作或不同生育期烤田下糙米中的 Cd 含量。而对于 As，在淹水期，土壤 Eh 显著降低，铁（氢）氧化物被还原溶解、As^{5+} 被还原成 As^{3+}，大量 As 迅速释放到土壤溶液中，移动性强的 As^{3+} 成为主要形态，As 生物有效态因而显著升高；在非淹水期，稻田土壤 As 主要与铁（氢）氧化物结合，其移动性显著降低，土壤溶液中的 As 含量降至淹水条件下的 10%以下。淹水条件下糙米、谷壳 As 含量比非淹水条件下高出 $10\sim15$ 倍，茎叶 As 含量升高 $7\sim35$ 倍。

pe 表示参加反应的电子活度的负对数，pH 表示参加反应的质子活度的负对数。氧化还原反应有电子的转移和质子的参与，因而 pe+pH 能更好地表示参加化学和电化学反应的反应物与生成物的浓度变化。pe+pH 越小，表示还原势越强；pe+pH 越大，表示氧化势越强。土壤淹水后，土壤还原程度加强，pe+pH 下降，且土壤类型不同，下降的程度也不同。pe+pH 可用来表征土壤铁矿物的形态转化，其变化影响土壤 Cd 的形态。淹水使酸性土壤 pe+pH 下降，Cd 活性降低，主要受土壤铁氧化物控制；淹水使碱性土壤 pe+pH 下降，Cd 活性降低，主要受土壤碳酸铁控制。随着 pe+pH 的下降，土壤 Cd 由可交换态转化成其他形态，且 Cd 固相组分逐级发生变化。在 pe+pH 为 14.16～11.34、pH<5.0 时，土壤 Cd 组分以可交换态 Cd 为主；在 pe+pH 为 14.16～6.04、pH>5.0 时，土壤 Cd 组分以碳酸盐态和氧化物结合态为主；在 pe+pH 为 6.48～5.38、pH>5.78 时，土壤 Cd 组分以有机结合态为主；在 pe+pH<5 时，土壤 Cd 组分以硫化物为主[13]。

（3）有机质

土壤有机质含量对重金属移动性及有效性的影响可通过静电吸附和配位-螯合作用来实现，固相有机质能吸附重金属并降低其移动性。此外，有机质降解过程中会消耗大量氧气，使土壤处于还原状态，有利于形成 CdS、PbS 等沉淀，从而降低重金属离子的活性。但与此同时，被有机质络合或螯合的重金属也有可能随着有机质的矿化重新释放出来，有机质分解所产生的低分子量有机酸也会活化一部分重金属。

与通气良好的土壤相比，淹水土壤中 O_2 的减少可降低有机质的分解速率，从而导致有机质的累积。一方面，有机质通过改变土壤负电荷量、pH 等提高土壤对 Cd 的吸附；另一方面，有机质具有大量的功能团，对 Cd^{2+} 具有螯合作用，可导致 Cd 活性降低。但有机质对土壤 Cd 的影响不稳定，随着有机质的分解，吸附的 Cd 会释放出来，并向交换态 Cd 转化，提高 Cd 的活性。对于稻田生态系统，淹水后土壤有机质的分解使可溶性有机物（DOM）大量溶出。DOM 具有比土壤更多的吸附点位，可以作为土壤重金属的"配位体"和"迁移载体"。它可以提供一系列螯合能力不同的结合点位与 Cd 螯合，形成有机-重金属离子配合物，从而提高土壤中 Cd 的溶解性。有研究发现，DOM 与 Cd^{2+} 螯合形成的水溶性络合物可提高 Cd 的活性和迁移能力，降低土壤对 Cd 的吸附。也有报道认为，Cd 溶解度增大的原因在于 DOM 通过与 Cd^{2+} 竞争土壤表面的吸附点位，从而减少土壤对 Cd^{2+} 的吸附。但也有相反的研究发现，在较强酸性土壤中，土壤带有很强的正电荷，对 DOM 的吸附使自身的负电荷增加，进而促进土壤对 Cd^{2+} 的吸附。同时，DOM 在 Cd^{2+} 与土壤之间的螯合桥梁作用也会增大 Cd^{2+} 在土壤表面的吸附量，导致 Cd 的溶解度减小。DOM 对土壤 Cd 的活性有增大和减小的双重影响，可能与土壤类型和 DOM 种类等有关[13]。

（4）土壤质地结构

土壤质地也会对重金属有效性产生影响，一般土壤质地越细，黏粒含量越高，阳离子交换量越高，因此比沙土有更强的吸持金属阳离子的能力。当土壤中的重金属总量相同时，在富含黏粒的土壤上生产的作物体内重金属（阳离子）含量会较低。土壤团聚体是土壤结构的基本单元，是土壤最基本的物质成分，代表着土壤形成过程中有机物、无机物与生物相互作用的自然特征，并且在某种程度上可能以整体的微系统参与或调节土壤中各种生物和环境过程，进而影响土壤的物理化学性质。土壤团聚体是污染物质的主要携带者，在污染元素的保持、供应与转化方面发挥着不可忽视的作用。Fedotov 等[15]的研究发现，在俄罗斯 Klyazma 河流域泛滥平原的生草灰化土各粒级团聚体中，粒径为 $1 \sim 2$ mm 的团聚体中潜在可移动态 Cu、Cd、Pb、Ni 含量最高，粒径为 $0.25 \sim 0.5$ mm 的团聚体中可移动态 Cu、Pb 含量最高。此外，重金属在土壤团聚体结构不同部位的形态和含量也是不平衡分配的。

（5）铁锰氧化物

水稻土中最为丰富的金属氧化物是铁氧化物，包括晶型的赤铁矿、磁铁矿、针铁矿、纤铁矿和无定形的水铁矿，其还原溶解作用依次降低。土壤淹水后，铁氧化物发生还原溶解，水溶性 Fe^{2+} 浓度增加，同时 Fe^{2+} 形成 $FeCO_3$、$Fe(OH)_2$、$Fe_3(OH)_8$ 等沉淀。尤其在有机质和 SO_4^{2-} 含量丰富的土壤中，Fe^{2+} 与 S^{2-} 反应形成黑色的 FeS，这些沉淀又被氧化为溶解度较低的无定形氧化铁，导致无定形氧化铁浓度增加。土壤铁氧化物的变化是影响 Cd 活性的重要因素，一方面，铁氧化物具有较大的比表面积和可变表面电荷，对土壤中的 Cd 有很大的吸附容量，因此在淹水条件下铁氧化物还原溶解也是其自身对 Cd 的释放；另一方面，不同铁氧化物具有不同表面活性吸附点位，对 Cd 的吸附也不同，因此 Fe 形态的再分配决定了 Cd 形态的再分配。有研究表明，土壤淹水后可交换态 Cd 占总 Cd 的比例明显下降，且下降的部分向活性较低的晶形铁氧化物结合态转化。因淹水引起缺氧造成氧化还原点位较低时，氧化锰氧化成易溶于水的 Mn^{2+}。研究认为，在淹水还原环境，溶解还原的 Mn^{2+} 阻止水稻对 Cd 的吸收。淹水后交换态 Cd 的含量明显下降而铁锰氧化物结合态 Cd 的含量显著增加，推测其主要原因是新形成的铁锰矿物对 Cd 的吸附导致 Cd 由交换态向铁锰氧化物结合态转化[13]。在土壤排干氧化过程中，Fe^{2+} 氧化、水解过程释放质子导致土壤 pH 降低，这又进一步提高了稻田排干过程 Cd 的生物有效性。硫化物氧化和土壤 pH 降低是导致稻田土壤氧化阶段 Cd 的生物有效性大幅增加的两个主要因素，这个时期对应的是水稻抽穗至成熟阶段，也是稻米 Cd 积累较高的主要原因[1]。

值得注意的是，在淹水厌氧环境下，铁锰氧化物在水稻根表形成一种红色或红棕色氧化物胶膜，普遍认为铁膜形成的机制是由于在厌氧土壤中，Fe^{2+} 被水稻根系分泌的氧气和氧化性物质氧化成 Fe^{3+}，并沉积在水稻根表及质外体，从而形成铁氧化膜。此胶膜对土壤重金属具有吸附和吸收作用，从而影响水稻对土壤重金属的吸收，其作用方向和程度主要取决于铁膜形成量、老化程度及水稻品种对重金属的富集和转运能力。

（6）其他因素

除上述因素外，重金属在土壤中的有效性还受土壤盐碱度、碳酸钙、溶液中的阴离子和其他竞争性金属离子等性质的影响。土壤中的 Cl^- 能与 Cd^{2+} 形成可溶性离子化合物，Cl^-

属于非专性吸附的阴离子，不易被土壤胶体表面吸附，且和 Cd 之间有极强的络合能力。农田灌溉会将 Cl⁻带入土壤中，Cl⁻与 Cd^{2+}的配位可以促进土壤 Cd 的释放，土壤 Cd 溶解度增大，进而影响土壤 Cd 的活性。因此，Cl⁻存在时 Cd 不易被土壤吸附，且吸附后也容易被解吸下来。土壤中主要的碳酸盐有 Na_2CO_3、$CaCO_3$、$MnCO_3$ 和 $FeCO_3$，且一般存在于中性或碱性土壤中。许多研究表明，碳酸盐对 Cd 有较强的吸附能力，且 $CdCO_3$ 的形成本身就能降低土壤中 Cd 的溶解度。Zn 与 Cd 为同族元素，是土壤中氧化物、黏土矿物及阳离子交换吸附位点的主要竞争者，该竞争因土壤理化性质、Cd 和 Zn 含量不同而存在差异，向土壤中施适量锌肥及通过开花期叶面喷施锌可明显抑制植物对 Cd 的吸收，这可能是因为 Cd^{2+}与 Zn^{2+}有相同的离子半径，且有相似的化学性质，它们在土壤和植物体内极易竞争相同的离子通道。土壤中存在多种重金属复合污染时，土壤胶体表面会发生不同重金属间的相互作用（吸附、解吸、氧化、还原、配位等），从而影响各自在土壤中的形态分布及生物有效性，其影响方式和影响程度与重金属种类、浓度、土壤类型、作物种类等有关。复合污染土壤重金属间的相互作用一般存在 3 种效应：协同作用、加和作用和拮抗作用，如 Cd-As 复合污染对苜蓿生长表现为加和作用，Pb-Cd 复合污染对冬瓜生长表现为拮抗作用，Pb-As 复合污染对土壤孔隙水中 Pb/As 的移动性表现为协同作用[16]。

3. 重金属形态和价态

在土壤-植物系统中，不同形态和价态重金属的毒性和迁移富集规律存在明显的差别。以 Hg 为例，水稻茎叶和籽粒可以直接从环境大气中吸收 Hg，而水稻根表的铁膜组织对土壤中的无机汞（IHg）表现出潜在的"屏障"作用，大部分 IHg 聚集在水稻根部。水稻是 MeHg 的富集植物，其体内的 MeHg 含量远远高于其他农作物。在微生物作用下，稻田土壤具有较强的甲基化能力，来自污染灌溉水和大气沉降的 Hg 易于被转化为 MeHg，成为陆地生态系统重要的 MeHg "源"。稻田土壤是水稻体内 MeHg 的主要来源，水稻对 MeHg 的吸收、富集过程完全不同于 IHg，表现为水稻成熟之前，根部从土壤中吸收 MeHg 并运移至地上部分（主要为茎和叶部）；果实成熟期间，累积在水稻茎和叶部的大部分 MeHg 则被运移、富集至稻米中。水稻籽粒对 MeHg 的富集能力要远大于 THg 或 IHg，并且稻米中的 IHg 主要储存在米壳和米糠中，而 MeHg 主要储存在精米中[17]。

对于 As 来说，在还原环境中，As 通常以亚砷酸盐阴离子（$H_xAsO_3^{x-3}$）的三价态（As^{3+}）形式存在；在氧化环境中，As 通常以砷酸盐阴离子（$H_xAsO_4^{x-3}$）的五价态（As^{5+}）形式存在，其中 As^{5+}对铁、铝和锰的氧化物具有较强的特异性亲和力，从而可以吸附在土壤/沉积物中的矿物质上。除无机砷 As^{3+}和 As^{5+}以外，土壤中还存在较低含量的有机砷，如单甲基砷（MMA）和二甲基砷（DMA）。无机砷的毒性远大于有机砷，As^{3+}的毒性是 As^{5+}的几十倍，因而总砷（TAs）浓度及 As 形态都是评价 As 污染环境风险的主要指标。稻田土壤长期处于淹水还原状态，淹水环境下稻田土壤中 As^{5+}可被还原成 As^{3+}，生成溶解

性更大的 As^{3+} 并可能导致稻米中更多的 As 积累。不同 As 形态吸收机制存在差异：无机砷酸盐（As^{5+}）是一种磷酸盐类似物，可以被磷酸盐转运蛋白吸收从而进入根中；而无机亚砷酸盐（As^{3+}）可通过水稻根部细胞的硅酸运输通道进入水稻植株，因而土壤中的硅酸会与 As^{3+} 竞争运输通道从而减少水稻对 As 的吸收。研究表明，转运蛋白 Lsi1 是水稻中 As^{3+} 的主要摄取通道，而转运蛋白 Lsi2 在 As^{3+} 迁移和在谷物中的积累上起重要作用。有机甲基砷是在 As 污染土壤中的微生物产生的亚砷酸甲基酶作用下自然生成的。在厌氧条件下，如在水稻稻田中，MMA 进一步生成 DMA，产生的 DMA 可以被吸收进入水稻，并在水稻中积累。稻米中的 DMA 虽然对人类毒性较小，但其可能会在烹饪过程中反向转化为无机砷，从而产生更大的毒性[18]。

4. 土壤重金属有效性的表征

土壤重金属有效态含量（活性）比总量更能反映重金属的生物富集或危害效应。由于方法上的可操作性问题，现行《土壤环境质量　农用地土壤污染风险管控标准（试行）》仍以全量指标作为土壤重金属的管控标准，不能直接用于评价土壤钝化措施的修复治理效果。目前，土壤中重金属的有效态提取方法主要包括化学提取法（土壤溶液、$CaCl_2$、EDTA、DTPA、HNO_3 等）和梯度扩散薄膜技术（DGT）等。化学提取法具有操作方便、测定迅速等优点，通常基于操作方法进行定义，根据操作过程可以将其分为单一形态的单独提取法和多种形态的连续提取法。单一提取法常用的提取剂按照不同性质分为稀酸溶液、中性盐溶液和络合剂等。稀酸溶液提取剂主要有醋酸（HAc）、盐酸（HCl）和硝酸（HNO_3）等，常用于酸性土壤中重金属生物有效性的研究，研究发现 0.1 mol/L 的 HCl 提取态重金属含量与植物吸收量相关性显著，但也有研究认为 0.43 mol/L 的 HNO_3 更好。中性盐溶液提取剂主要有氯化钙（$CaCl_2$）和硝酸钠（$NaNO_3$）等，该类型提取剂主要通过离子交换作用对水溶态和部分可交换态重金属进行提取，其中 $CaCl_2$ 提取态重金属含量与多种作物累积重金属含量存在极显著的相关关系，是目前应用最多的中性盐提取剂。络合剂包括二乙三胺五乙酸（DTPA）、乙二胺四乙酸（EDTA）和乙二胺四乙酸二钠（$EDTA-Na_2$）等，该类提取剂通过络合作用将土壤中的重金属离子提取出来，可以模拟植物根系分泌物对重金属的活化作用，并且对碱性土壤中的重金属的提取效果也较好。连续提取法中目前应用最为广泛的是 Tessier 和 BCR 连续提取法及它们的改进方法。Tessier 等提出的"五步连续提取法"是区分土壤与沉积物中重金属形态的最经典方法。该方法对土壤分级较细，划分为交换态、碳酸盐结合态、铁锰氧化物结合态、有机结合态和残渣态 5 种形态。其中，交换态的有效性最强、易被植物吸收，残渣态的有效性最弱、难以被植物利用。BCR 法是原欧共体标准物质局（European Community Bureau of Reference）[1] 基于 Tessier 法提出的，修正的 BCR 法将 Tessier 法中的交换态与碳酸盐合并

---

[1] 现为欧盟标准测量和测试机构（Standards Measurements and Testing Programme）。

为弱提取态，其余 3 种形态区分与 Tessier 法相同。同时，BCR 法引入了相应的标准物质 CRM 601，解决了可比性和标准化的问题。DGT 是一种原位监测和形态分析技术，自 1999 年以来，诸多研究将其广泛应用于土壤、水体、沉积物等多种环境介质中重金属的植物有效性解释和预测。大量研究发现，与其他传统的植物有效性评价技术相比，DGT 预测能更好地反映植物对重金属的吸收。与基于分配平衡原理的有效性评估方法（如毒性浸出实验等）不同，DGT 是一种基于解离、扩散动力学的方法。DGT 测定的有效态浓度包括溶液中的离子态物质、络合态物质中的可解离部分及固相向液相的补给部分，该浓度反映了环境介质对目标元素的再补给能力及对补给过程有所贡献的形态。植物对重金属的吸收过程也引起了目标物质从环境介质到植物体表面的动力学过程，这与 DGT 吸收待测物质的过程机制类似，因此 DGT 技术是一种研究植物有效性机制的工具。

土壤中重金属的有效性是一个相当复杂的问题，不同重金属元素、作物类型、提取剂种类及提取条件等都会直接影响最终的有效性数据，提取剂的科学性与广谱性，即不同类型土壤和作物的适用性问题目前仍待解决。例如，《土壤质量　有效态铅和镉的测定　原子吸收法》（GB/T 23739—2009）中采用的 DTPA 法主要适用于中性和偏碱性旱作土壤，而我国南方稻田土壤多呈酸性，在表征我国南方稻田土壤 Cd 的有效性时可能存在较大偏差。

3.1.2　重金属在土壤−植物系统中的迁移预测模型

建立重金属从土壤到作物的迁移预测模型是确定农产品土壤重金属安全阈值的关键环节，对提出重金属污染治理对策具有重要的指导意义。目前，常用的有经验模型和机制模型。

1. 经验模型

经验模型的演变主要分为 3 种模式。

一是一些研究者把 K_d（固液分配系数=吸附态/水溶态）与土壤属性中的有机质、酸碱度和阳离子交换量等相联系，判定主要影响因子，提出经验性的预测模型。K_d 并非一个常数，会受到元素本身特征及土壤固相和土壤孔隙水性质的影响。探讨土壤属性与 K_d 之间的关系可以实现不同土壤中重金属在固相和孔隙水中的分布，高 K_d 值表明金属已被固体通过吸附反应保留，而低 K_d 值表明大部分金属仍然保留在可用于运输和生物或地球化学反应的溶液中。

二是通过 Freundlich 方程发展预测模型，并与土壤属性中的 pH、有机质、阳离子交换量、黏粒含量和铁铝氧化物等相联系，以此来预测不同污染程度土壤中自由离子态和可溶态重金属的浓度。通过逐步回归分析推导出基于土壤因子扩展的 Freundlich 函数，以预测重金属在土壤-植物系统中的迁移，由此建立的作物体内重金属含量预测模型因需要测量的指标较少和预测精度高被广泛应用，其中考虑的土壤因子主要包括土壤重金属含量、pH 和有机质等理化性质。Freundlich 方程的优点在于相对简单、适用性强。大多数方程中包含的变量都是可以通过土壤调查采样获得的 pH、OC、CEC 等土壤基本性质。Freundlich 型函数的形式为

$$\log[C_{plant}] = a + b \times \log[C_{soil}] \tag{3-1}$$

式中：C_{plant}——植物中的重金属浓度，mg/kg；

　　　　C_{soil}——土壤中的重金属浓度，mg/kg；

　　　　a 和 b——回归系数。

可通过逐步回归分析利用 pH、有机质和阳离子交换量等土壤性质扩展 Freundlich 方程。

三是生物富集系数（BCF）常用来预测植物体内重金属的生物有效性，并在经验模型中得到广泛应用。BCF 定义为生物受体与环境介质中污染物浓度的比值，且通常采用污染物总量表征。有研究表明，将 BCF 与显著影响植物吸收重金属的土壤性质如 pH、有机质等建立预测模型，可将土壤性质与 BCF 间的关系量化，这样植物可食部位中 Cd 的含量就能被较准确地估算出来。

丁昌峰[19]、吴亮[20]、刘克[21]等在全国范围内分别采集了有代表性的 21 种水稻土和旱地土，外源添加重金属，经老化 3 个月后获得不同浓度的 Cd、Pb、Cr、Hg、As 污染土壤，选择我国广泛种植的水稻、蔬菜和小麦品种，通过盆栽试验，利用多元线性逐步回归分析等手段，确立了影响重金属在土壤-水稻、土壤-蔬菜、土壤-小麦系统中重金属的迁移预测模型（表 3-1）。

表 3-1　土壤-水稻、土壤-蔬菜、土壤-小麦系统中重金属的迁移预测模型

作物	元素	回归方程	n	R^2	P
水稻	Cd	$\log[BCF] = -0.205pH - 0.312\log[OC] + 0.943$	42	0.713	<0.001
	Pb	$\log[BCF] = -0.309pH - 0.166\log[OC] - 0.726$	42	0.845	<0.001
	Cr	$\log[BCF] = -0.177pH - 0.475\log[OC] - 0.602$	42	0.838	<0.001
	Hg	$\log[BCF] = -0.109pH - 0.432\log[OC] - 0.370$	42	0.802	<0.001
	As	$\log[BCF] = 0.103pH - 0.347\log[OC] - 1.988$	42	0.627	<0.001
蔬菜	Cd	$\log[BCF] = -0.200pH - 0.313\log[OC] + 1.033$	42	0.829	<0.001
	Pb	$\log[BCF] = -0.291pH - 0.611\log[CEC] + 0.147$	42	0.867	<0.001
	Cr	$\log[BCF] = -0.187pH + 0.782\log[OC] - 2.582,\ pH<6.9$	20	0.543	<0.001
		$\log[BCF] = 0.676pH - 0.924\log[OC] - 6.966,\ pH{\geqslant}6.9$	20	0.877	<0.001
	Hg	$\log[BCF] = -0.161pH - 1.181\log[TAl] + 0.488$	42	0.343	<0.001
	As	$\log[BCF] = 0.129pH - 1.387\log[TFe] - 1.977$	42	0.668	<0.001
小麦	Cd	$\log[BCF] = -0.254pH + 1.227$	36	0.796	<0.001
	Pb	$\log[BCF] = -0.106pH - 2.360$	36	0.540	<0.001
	Cr	$\log[BCF] = -0.103pH - 2.339$	36	0.811	<0.001
	Hg	$\log[BCF] = -0.084pH - 1.331$	36	0.691	<0.001
	As	$\log[BCF] = 0.205pH - 3.205$	36	0.840	<0.001

注：BCF 为生物富集系数，即作物可食部位重金属含量除以土壤重金属含量。

2. 机制模型

经验模型构建所需数据和变量较少，且计算相对简便，适合大范围地应用，但通常缺乏普适性，而机制模型对土壤-植物系统中重金属的迁移行为解释度较高，但建模过程通常需要较大的数据量，需要对土壤-植物系统中不同界面重金属的反应过程有较深入的探索，目前的机制模型研究主要基于人为改变土壤组分和性质而进行模拟，与实际土壤性质存在较大差异，或缺少广泛的代表性，因此建模难度大且难以大范围应用。

近年来，研究人员基于大量水环境中重金属形态与其生物有效性或毒性关系的研究结果提出了一些描述重金属毒性的机制模型，最具代表性的是生物配体模型（Biotic Ligand Model，BLM）和自由离子活度模型（Free Ion Activity Model，FIAM）。生物配体模型等机制模型的应用范围已呈现出向陆地环境领域拓展的趋势。通过机制模型预测重金属形态和分布是土壤重金属有效性研究的发展方向，但需要加强对土壤中复杂组分和作用过程的研究，如各种天然吸附物质表面的复杂性、各表面间相互作用对重金属吸附的影响机制。这些模型的主要缺陷在于它们重点关注的是植物根系的吸收过程，并未考虑重金属向地上部分的迁移。此外，由于模型参数匮乏，获取相对较难，导致机制模型在实际应用上受到很大限制。

BLM 具体是指环境介质中的自由金属离子进入生物体内，与生物位点相结合从而形成金属-生物配体络合物，当络合物的浓度积累到一定程度，将会导致生物毒性发生。研究发现，重金属的生物有效性及毒性与环境中的理化因子相关，如阳离子（Ca^{2+}、Mg^{2+}、H^+）会与金属离子竞争生物位点，无机和有机配体也能结合金属离子从而减少其在生物配体上的积累。另外，不同 pH 条件下，不同重金属存在形态的毒性有所不同。因此，BLM 将金属络合的化学平衡、金属离子浓度和 pH 等纳入整体框架，通过建立相应数学模型来预测重金属的生物有效性。BLM 理论最初应用于水环境研究中，目前已被一些国家成功地应用于确定地区水质标准的金属基准值及评价地区水环境风险。随着土壤环境污染问题的不断加重，越来越多的学者尝试将 BLM 应用于土壤中，建立起陆地生物配体模型（terrestrial BLM，t-BLM）。t-BLM 的理论基础就是土壤孔隙水中的重金属离子浓度决定其生物有效性，也就是土壤生物受重金属毒害的主要途径为孔隙水。除此之外，土壤的 pH、阳离子交换量、黏粒含量及老化程度都有可能影响重金属对土壤生物的毒性，所以 t-BLM 将土壤重金属离子和形态、Ca^{2+}、Mg^{2+}、H^+、非生物配体（腐殖酸、胡敏酸等）、土壤溶液中其他有机、无机配体等与生物毒性效应联系起来，从而更加准确、科学地预测土壤重金属对植物、动物和微生物的毒性和生物有效性。

多表面形态模型（Multi-surface Speciation Model，MSM）是近年来发展起来的机制性地球化学形态模型，此模型基于化学热力学平衡计算，将重金属在土壤复杂固相表面的吸附行为处理为重金属在各单一固相表面（如黏土矿物、土壤有机质、金属氧化物等）

吸附作用的加合，并采用表面络合模型描述在各表面的吸附行为。此外，土壤溶液中的有机-无机络合作用、沉淀-溶解平衡过程等采用热力学反应描述，基于计算机程序实现复杂土壤体系中各种反应的综合计算。该模型最初主要用于水环境中离子的形态计算，但随着模型的不断发展和完善，逐渐应用于复杂体系（如土壤环境）中的金属形态预测，已成功应用于描述多种重金属元素在土壤固/液相间的分配。

3.2 有机污染物在土壤-植物系统中的迁移与转化

3.2.1 POPs 概述及其在土壤中的环境行为

POPs 是有机污染物中最受关注和最为重要的一类，已经成为全球性的问题，引起了各国政府的高度重视。一般而言，POPs 有以下四大特点：①有半挥发性，可以长距离传输；②在环境中有很长的半衰期，难以在环境中降解，可以长期在环境中滞留；③具有高脂溶性，其水溶性很低，可以在食物链中浓缩、富集和放大；④具有较强的毒性，其中许多污染物不仅具有致癌、致畸和致突变的作用，而且具有环境内分泌干扰作用，对人类健康和生态环境具有较大的潜在威胁。早在 1995 年，联合国环境规划署就对 POPs 进行了定义并号召在全球范围内对 12 类典型的 POPs 进行研究，包括艾氏剂（aldrin）、狄氏剂（dieldrin）、异狄氏剂（endrin）、氯丹（chlordane）、七氯（heptachlor）、六氯苯（hexachlorbenzene）、灭蚁灵（mirex）、毒杀芬（toxaphene）、滴滴涕、多氯联苯（PCBs）、多氯代苯并二噁英（PCDDs）和多氯代苯并呋喃（PCDFs），并于 2001 年 5 月将其列入具有强制效力的《关于持久性有机污染物（POPs）的斯德哥尔摩公约》（以下简称《斯德哥尔摩公约》）中要求消减或消除的 POPs 名单。2009 年 5 月，第 4 次《斯德哥尔摩公约》大会在原有 12 类 POPs 的基础上又新增了 9 类：α-HCH、β-HCH、开篷、六溴联苯（Hexa-BBs）、商业化五溴联苯醚混合物组分（主要为四溴代 BDEs 和五溴代 BDEs）和商业化八溴联苯醚混合物组分（主要为六溴代 BDEs 和七溴代 BDEs）、林丹（γ-HCH）、五氯苯、全氟辛基磺酸及其盐（PFOS）和全氟辛基磺酰氟（PFOSF）。

POPs 进入土壤后，其环境行为大致可分成以下几种：挥发作用或随土壤微粒进入大气、被土壤颗粒吸附而存在土壤中、随地表径流迁移至地表水或随土壤水渗滤到地下水中、生物降解作用、化学降解作用等。

土壤 POPs 的挥发作用受多种环境因素的影响。POPs 的挥发过程首先是土壤内部 POPs 迁移至土壤表层，其主要是伴随土壤水分蒸发作用进行的，而在没有水分蒸发的情况下，POPs 的迁移扩散则主要受逸度梯度的驱动。POPs 从土壤表面向大气的挥发则主要是通过分子扩散穿过数毫米的层流边界层来实现的，而这一过程又受到层流边界层厚度、扩散系数及挥发速率等因素的影响。土壤 POPs 的挥发速率取决于 POPs 在土壤中的浓度、性质、土壤理化性质及温度、空气湿度、空气湍流和地形特征等周围环境条件等因素的影响。对于一些 POPs 污染浓度高的土壤来说，特别是一些化学性质较稳定的 POPs，如滴滴涕和 HCHs，挥发作用对降解其残留浓度的贡献率是极其有限的。

土壤对 POPs 的吸附作用主要通过土壤有机质和矿物质来实现，可分为物理吸收、化学吸附、氢键结合和配价结合等方式。由于 POPs 分子大部分属于非极性分子，因此与土壤有机质相比，土壤中的矿物质对 POPs 的吸附作用是次要的，并且这种吸附作用以物理吸附为主，在动力学上符合线性等温吸附模式。另外，水是极性分子，在土壤中的吸附位上与 POPs 存在竞争性关系，因此土壤对 POPs 的吸附作用随着有机质含量的增加和含水量的减少而增加。近年来，国内外对 POPs 在土壤中的老化现象开展了较多研究。老化指的是随着有机化合物进入土壤时间的延长，有机化合物与土壤有机质吸附或土壤有机矿质复合键合并固定，很难发生迁移，生物有效性和毒性逐渐下降的过程。老化对有机污染物的有效性和行为归趋有着重要的影响，特别是其毒性的降低有效提高了土壤的质量，老化也可以看作一种对土壤污染的自然修复过程。POPs 在土壤中的迁移可分为横向迁移和纵向迁移，其中又以纵向迁移为主。前者受 POPs 物质属性、地表径流、风向及土壤性质等因素的影响；后者同样受到土壤理化性质（如有机质含量、矿物组成、土壤水分和温度等）和 POPs 自身性质及其他环境因素的影响。

POPs 的生物降解是指 POPs 在生物所分泌的各种酶的催化作用下，通过氧化、还原、水解、脱氢、脱卤、芳烃羧基化和异构化等一系列生物化学反应，使复杂的有机化合物转化为简单的有机物质或无机物质的过程。生物降解作用又可分为植物降解、动物降解和微生物降解，其中微生物降解作用占主导地位。植物降解是通过植物根系分泌物中的一些物质直接或间接地在其根部将 POPs 降解，很多植物也可通过直接吸收而达到降解 POPs 的目的，如西红柿、胡萝卜、卷心菜和莴苣等对土壤中的有机氯农药有较强的吸收能力，可降低土壤有机氯农药的浓度。动物降解是利用土壤动物及其肠道内微生物对土壤 POPs 进行破碎、分解、消化和富集的作用，从而使 POPs 浓度下降或消除的过程，土壤动物在土壤中的活动、生长和繁殖都会直接或间接影响土壤物质组成与分布，从而影响土壤 POPs 的环境行为。微生物降解其实包括植物降解和动物降解中间的一些过程，如动物降解过程中，其体内的微生物实际上也参与了对 POPs 的降解。对 POPs 具有代谢作用的微生物主要有假单胞菌属、诺卡式菌属和曲霉菌属等。近年来，对于利用微生物来实现 POPs 降解的相关报道较多，由于高分子量 POPs 具有较大的降解空间，降解过程的研究对同类 POPs 来说具有完整性，因此在同一类 POPs 中针对高分子量 POPs 的研究相对较多。土壤表面的光解作用是土壤 POPs 化学降解的一个重要途径。POPs 在土壤中的光降解受到光照强度、土壤理化性质、POPs 本身物质属性及周围环境的影响，即使是同一种 POPs，若分子量或分子结构不同，它们的光降解效果也不一样。但是光解作用一般只发生在土壤表层，由于光照只能照射到土层的表面，土壤内层的光解作用几乎没有影响，光化学降解土壤 POPs 的贡献率非常有限。

土壤中有机污染物生物有效性的化学评价方法一般称为总量或耗竭式提取，如索氏提取、超声提取、加速溶剂萃取、超临界流体萃取等，这些方法往往提取了土壤中所有相态的污染物，导致过高地估计其生物有效性，不能客观地评价污染物的生态风险。因此，人们试图用部分提取方法来反映土壤中有机污染物的生物有效性，温和溶剂萃取、环糊精提取、Tenax 树脂提取等是常用的方法，其中温和溶剂萃取被大量地应用于评价疏水性有机污染物在固相中的生物有效性。温和溶剂萃取的优点在于方法简便、可操作性强，但也受溶剂类型、固水比、提取时间等操作条件的限制。环糊精是一系列天然无毒的环状低聚糖的总称，它具有一个外亲水、内疏水的环状纳米尺寸空腔，可以作为主体分子选择性的包合客体污染物，生成水溶性的包合物，从而增加其溶解性和稳定性。其中，HPCD 是环糊精的一类衍生物，常被用于评价 PAHs、有机氯农药、PCBs 和脂肪烃等在土壤或沉积物中的生物有效性。HPCD 提取的主要优势在于在采样过程中无须附加装置，快速易行，但 HPCD 提取的容量限制会低估生物有效性。有研究者进一步开发了吸附性生物有效性提取（Sorptive Bioaccessibility Extraction，SBE）方法，该方法在 HPCD 提取时引入高吸附容量的聚合物，连续吸附 HPCD 溶液中的目标物，避免因 HPCD 吸附量饱和而造成的低估。Tenax 是一种对疏水性有机污染物极具亲和力的多孔聚合物。Tenax 颗粒本身质地轻、密度小于水，离心后一般浮于提取液表面，易于过滤分离回收，同时可以耐高温，因此被认为是较好的吸附剂，目前被广泛应用于不同环境介质中疏水性有机污染物的生物有效性评价。为了进一步提高化学预测手段的准确性，人们又进行了仿生技术的研究，进一步提出了被动采样方法。被动采样包括所有以非耗竭方式测定污染物从基质自由流动到采样器的方法。这种方法使分析物选择性分配和吸附到替代相而不断从土壤中解吸，达到平衡后，通过计算孔隙水中的自由溶解态浓度预测生物有效浓度。目前，开发应用的方法有固相微萃取（Solid Phase Micro Extraction，SPME）、聚甲醛采样（Poly Oxymethylene Samplers，POM）、半透膜被动采样（Semi-permeable Membrane Device，SPMD）等技术。

3.2.2　POPs 在土壤–植物系统中迁移、转化的影响因素

作物作为植被的重要组成部分是 POPs 环境多介质迁移中的重要一环，由于作物的生长过程受人类活动扰动较大，且 POPs 会通过捕食等过程进入食物链，并随着营养级的升高不断富集，进而产生生物放大效应，对人体健康造成威胁，因此对 POPs 在作物中迁移过程和健康风险的模拟具有特殊性和极其重要的研究价值。传统的观点认为，大多数

POPs 具有亲脂性，并难溶于水，不易被作物吸收，因而针对 POPs 作物吸收效应和模拟的研究较少，其研究重点主要集中在全球环境过程、传输机制和生态毒性等方面。但随着许多学者深入研究发现，部分 POPs 能够在作物中富集，对作物产生不良效应，并存在人体健康潜在风险。

POPs 进入农作物主要有 3 个途径：①土壤中的 POPs 被作物根部吸收，然后进入木质部并在蒸腾作用下迁移到植株的其他组织中；②使用污水处理厂的再生水、受污染河水或工业废水浇灌，水体中的 POPs 随着作物对水分的吸收进入植物体内；③大气中的 POPs 可从植株表皮和气孔直接吸收。例如，PAHs 可以通过植物根系直接从土壤水溶液中吸收，再利用蒸腾作用造成的上行传输过程沿木质部向地上部分的茎叶迁移，然后累积在植物体内的其他有机体组分中，也可通过植物地上部分吸收空气中或悬浮颗粒中的 PAHs，并富集在植物体内的有机组分中，而空气中的 PAHs 是通过颗粒和气态物质沉降到叶片的蜡质表皮或通过气孔吸收进入植物体内。作物对不同类型 POPs 的吸收途径也有差异，小分子量、易挥发的 POPs 通常经土壤或水溶液被作物根部吸收或者以气态形式被作物叶片吸收，而分子量较大、疏水性较强的 POPs 因挥发性较弱，主要通过根部吸收的方式进入作物体内[22]。

作物组织吸收 POPs 的过程及速率主要受污染物本身的物理化学性质（如酸碱常数、蒸汽压、水溶解度、正辛醇-水分配系数和亨利常数等）、环境因素（如温度、风速风向和 POPs 在土壤中的浓度等）、作物的种类及性质（如表面积和脂质含量）等因素影响。例如，pH 是影响植物富集 PFOS 的一个重要因素，随着 pH 从 4 上升到 6，小麦根部吸收 PFOS 并向茎部传输的速率不断增加，在 pH=6 时富集浓度最高，之后逐渐降低。也有研究表明，土壤中 PFOS 浓度与作物（小麦、燕麦、玉米、大豆和黑麦草）浓度呈对数线性相关关系。另外，针对有机氯农药（OCPs）和 PAHs，其吸收速率与作物品种和耕作方式关系密切。研究结果显示，脂质有利于亲脂性污染物的富集，作物的富集因子随着植物脂质的增加而增加，随着土壤有机质含量的增加而逐渐降低[23]。

植物对 POPs 的吸收累积特征存在显著的品种间和品种内遗传差异。以邻苯二甲酸酯（PAEs）为例，研究表明在不同类型的蔬菜中，对邻苯二甲酸二（2-乙基己基）酯（DEHP）的累积量大小次序依次为叶菜类（小麦菜和油菜）＞果菜类（丝瓜和茄子）＞根茎类（萝卜）。相较于其他科属的蔬菜作物，十字花科蔬菜因其有较宽大的叶面积结构可以从周围的空气中吸收较多的 PAEs，因而对 PAEs 表现出更强的累积效应，菜心茎叶中 PAEs 含量与其叶面积大小存在一定的正相关关系。PAEs 在植物根、茎、叶、果实、籽粒等不同器官的含量分布也会因植物种类不同而存在差异，PAEs 被根茎类和果菜类农作物吸收后主要在表皮累积，只有少量的 PAEs 会累积于肉质部。植物对 PAEs 的吸收累积还存在种内差异，同类作物的不同品种吸收累积 PAEs 的效应不同。例如，对 8 种基因型菜心的研究发现，

PAEs 高累积品种菜心"油青 60 天"的茎叶和根中 DEHP 累积量最大,"特青 60 天"和"油青四九"为 PAEs 低累积品种菜心。进一步对高低累积 PAEs 菜心根系形态与生理生化特征、根际土壤微生物等差异的研究表明,PAEs 高累积品种(油青 60 天)与低累积品种(特青 60 天)主要是根系形态和生理特性存在差异,两个品种的根际土壤微生物之间的差异不显著。不同生菜品种对全氟辛酸(PFOA)的吸收累积存在显著的品种(或基因型)差异,且这种差异性在不同 PFOA 暴露条件下是稳定的,筛选出的 3 个 PFOA 低累积生菜品种具有生物量大、地上部(可食部分)PFOA 含量低且在高浓度 PFOA 暴露条件下(1 mg/kg)仍能保证食品安全的特征,所有筛选出的 PFOA 低累积品种均属于散叶生菜亚类,该生菜亚类可食部 PFOA 含量总体低于直立生菜亚类和结球生菜亚类;高、低累积生菜品种对 PFOA 的吸收方式及分布转运方式存在显著差异,前者为涉及水通道蛋白和阴离子通道的主动运输过程,后者为被动吸收过程,前者对 PFOA 的吸收速率显著高于后者,吸收后的 PFOA 表现出更高的 PFOA 横向转运性能,且其细胞壁和细胞器中的 PFOA 分布低于后者,从而有利于 PFOA 向地上部转运,表现出较高的 PFOA 吸收转运性能;空白及 PFOA 暴露条件下,高累积生菜品种的根系生物量(根伸长、根体积、根表面积等)及根结构发达程度(根尖数、根交叉数、根分叉数等)均显著高于低累积生菜品种;同时其根际土壤中的 DOC 含量也显著高于后者,导致其根际土壤中 PFOA 脱附态的含量显著高于后者,从而有利于其对 PFOA 的吸收和捕获,呈现高累积的特征[24]。鲁磊安[25]的研究发现,不同品种水稻茎叶和根系中 PAEs 的含量分布存在显著差异,其含量随水稻生育期(拔节期、开花期、分蘖期、成熟期)及器官(叶片、根、茎、穗)而异,并筛选出对 PAEs 高累积水稻品种培杂泰丰和低累积水稻品种丰优丝苗。

农作物不同部位对 POPs 的富集能力也有所差异,在大多数农作物中根部的 POPs 浓度高于茎、叶、果实等其他部位的浓度。通过在施用污泥的土壤(PFOS 含量为 319.49 ng/kg)中种植小麦、芹菜、萝卜、西红柿和甜豌豆的实验发现,小麦根部 PFOS 浓度为 31.98 ng/kg,大于茎的 6.34 ng/kg;芹菜根的 PFOS 浓度为 209.77 ng/kg,大于茎的 69.27 ng/kg;西红柿根的 PFOS 浓度为 225.14 ng/kg,大于茎的 210.65 ng/kg;甜豌豆根的 PFOS 浓度为 118.65 ng/kg,大于茎的 64.57 ng/kg[23]。POPs 易被土壤颗粒吸附而不易移动,主要通过根部的水通道蛋白或一些阴离子通道进入农作物,在农作物体内传输主要依靠蒸腾流,较低的水溶性影响了其传输速率,且会遇到很多生物屏障(如凯氏带和渗透膜等),从而影响了 POPs 在植物各部分中的分布。对于萝卜而言,根部浓度(34.86 ng/kg)反而小于茎叶(185.52 ng/kg),造成这种结果的原因可能是萝卜从根部到茎叶的凯氏带较少,更容易在茎叶富集,此外逐渐增大的根部质量也降低了 PFOS 浓度。PFOS 一般通过木质部从根部直接吸收或通过韧皮部从其他茎叶中吸收后运输到果实或籽粒,可能遇到更多的生物屏障,所以浓度最低。针对 OCPs 和 PAHs 的实验研究发现,小麦穗末期和成熟期各部分中 PAHs 含量大小顺序均为根＞茎＞种子；大豆、马铃薯、胡萝卜、花生、白薯和谷子等作物吸收滴滴涕和六六六同样呈现出根部＞茎叶＞可食部位的趋势。种植蔬菜 75 天后，植物根中 PAHs 分配以 4 环和 5～6 环 PAHs 为主，比例分别为 21.9%～58.1%、15.5%～65.7%，而植物茎叶中不同环数 PAHs 的分配比例不同于其根部，茎叶中以 3 环 PAHs 为主，比例为 41.2%～82.6%。

目前，针对 POPs 在农作物中富集效应的研究大多还停留在实验室阶段，在实际野外条件下的研究甚少，相关的风险评价标准和调控措施还比较缺乏。从粮食安全的角度考虑，深入认识作物对土壤中 POPs 的主要吸收途径及 POPs 的生态毒理效应，并依此构建和完善风险评价体系，对保障食品安全和人体健康至关重要。此外，系统研究不同类型 POPs 在土壤-作物系统中迁移富集能力差别及其农产品风险，有利于提出优先修复的污染类型和区域，从而更加有效地对有机污染农田进行风险管控。

3.3 新型污染物在土壤-植物系统中的迁移与转化

近年来，人们制造和使用的化学品种类和数量逐年增加，随着现代分析手段的发展和人们环保意识的提高，环境科学研究热点逐渐从传统污染物转向新型污染物。新型污染物是指在环境中新发现或早前已被发现但新近引起关注且对人体健康及生态环境具有风险的污染物，它们往往具有较高的毒性和风险，日益引起广泛的重视，并形成了一个独特的研究领域。新型污染物种类较多，主要包括纳米颗粒、抗生素、抗性基因、增塑剂、溴代阻燃剂、全氟化合物、微塑料等。本节以抗生素及抗性基因、纳米颗粒和微塑料为例讨论新型污染物在土壤-植物系统中的迁移转化。

3.3.1 抗生素及抗性基因在土壤-植物系统中的迁移、转化

抗生素的发明与使用是人类医学史上具有里程碑意义的成就。但是，随着抗生素的大量生产、使用，甚至滥用，抗生素及抗性基因（耐药性）污染已经成为一个全球性的环境健康问题（图 3-3）。世界卫生组织确定 2011 年世界卫生日的主题是"抗生素耐药性：今天不采取行动，明天将无药可用"。相关数据显示，全球每年约有 44 万个耐药结核病新发病例，至少造成 15 万人死亡。2015 年 5 月，世界卫生组织发布全球报告，呼吁建立全球抗生素耐药性监测系统。之后，许多国际组织和机构相应提出了行动方案，阻击抗生素耐药性的蔓延。在 2016 年 9 月召开的第 71 届联合国大会上，联合国各成员国采纳了抗生素耐药性高级别会议的政治宣言，显示了联合国各成员国在预防后抗生素时代抗生素耐药性行动上的共识。为此，联合国秘书长宣布成立抗生素耐药性问题机构间协调小组（IACG）。为积极应对细菌耐药带来的挑战，提高抗菌药物的科学管理水平，遏制

细菌耐药发展与蔓延，维护人民群众身体健康，促进经济社会协调发展，2016 年 8 月，国家卫生计生委等 14 个部门联合制定了《遏制细菌耐药国家行动计划（2016—2020 年）》（国卫医发〔2016〕43 号）。

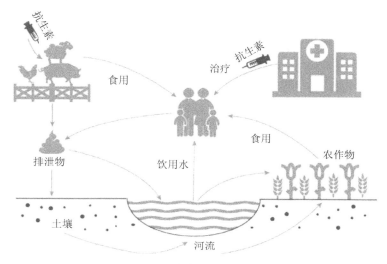

图 3-3　抗生素使用恶性循环链条

1. 抗生素在土壤-植物系统中的迁移、转化

抗生素是一类对细菌、真菌、支原体、衣原体等致病微生物具有抑制或杀灭作用的天然、半合成或完全人工合成的药物，按其化学结构可以分为磺胺类、喹诺酮类、四环素类、大环内酯类和 β-内酰胺类等。抗生素因具有预防和治疗疾病、促进生长的作用，被广泛应用于人类和动物医疗及牲畜饲养业。抗生素进入人体或动物体后仅有一小部分被吸收，有10%～90%以原药形式随着动物粪便排放到环境中。另外，抗生素在城市污水处理系统中的去除效果并不理想，导致部分抗生素随出水或者污泥排放进入环境，目前已在土壤、沉积物和地表水等多种环境介质中检出抗生素。抗生素最受关注的生态环境效应是能够导致抗性基因和抗性细菌的产生。近些年，已经在土壤、沉积物和地表水中检测到磺胺类、β-内酰胺类、四环素类、氯霉素和大环内酯类等多种抗生素的抗性基因。国内外一系列研究表明，很多农作物可以从土壤中吸收抗生素，导致人体的低剂量暴露，这已引起较广泛的关注和研究。

土壤是环境中抗生素重要的汇。在农业生产中，作为有机肥施用的畜禽粪便和市政污泥，以及再生水灌溉是抗生素进入土壤中的主要途径。我国是世界上抗生素生产和使用的第一大国，据估计，仅 2013 年抗生素使用总量就达 16.2 万 t。在一些区域的畜禽粪便中抗生素浓度高达几十到几百毫克/千克。我国不少区域的土壤中存在磺胺类、四环素类和喹诺酮类等抗生素检出，其浓度在微克/千克至毫克/千克（干重）水平。研究表明，不少农作物（如生菜、菠菜、芹菜、萝卜、番茄和黄瓜等）可以从土壤中吸收抗生素，植物吸收抗生素受植物种类（品种）、抗生素理化性质（如正辛醇-水分配系数 K_{ow} 和解离常数 pKa 等）、培养介质及暴露浓度等多个因素的影响[27]。土壤抗生素污染易导致作物大量吸收抗生素并积累，从而影响农产品品质。浙北平原蔬菜基地调查结果表明，从施用过畜禽粪便的农田中采集的蔬菜中的抗生素检出率和含量明显高于从没有施用过畜禽粪便的农田中采集的蔬菜。

（1）作物种类和品种的影响

浙北平原蔬菜基地的调查结果表明，不同类型蔬菜产品中抗生素的检出率和含量由高至低依次为根菜和薯芋类＞葱蒜与叶菜类＞瓜与茄果类＞豆类，葱蒜与叶菜类中抗生素的浓度与相应土壤中抗生素的残留量明显相关，但这种相关性在豆类蔬菜中并不明显[28]。针对喹诺酮类环丙沙星高累积菜心品种（四九菜心）和低累积菜心品种（粗苔菜心）的研究发现，两种菜心根系在吸收环丙沙星的过程中同时存在主动吸收和被动吸收，其中四九菜心和粗苔菜心根系对环丙沙星的主动吸收能力分别是被动吸收的 2.39 倍和 1.71 倍，说明两种菜心均以主动吸收为主，且四九菜心根系对环丙沙星的主动吸收过程是粗苔菜心的 1.6 倍，这可能是导致高累积形状形成的关键过程。两种菜心韧皮部作用相对于根系吸收作用非常小，但蒸腾作用显著促进两种菜心根系吸收环丙沙星，是导致高累积吸收过程的重要因素。另外，四九菜心根系对环丙沙星的吸收速率和根系细胞膜对环丙沙星的亲和力，即搬运能力均大于粗苔菜心，因此其根系可以更好地吸收和转运环丙沙星，形成高累积特性。此外，四九菜心的根表面积和根体积显著大于粗苔菜心，而根直径显著低于粗苔菜心，四九菜心根系输导组织中导管数变多、导管变粗等有利于四九菜心对环丙沙星的吸收和转运，粗苔菜心根细胞壁中环丙沙星的分配比例（分别为 40.6% 和 31.8%）均高于四九菜心（分别为 36.5% 和 19.5%），即粗苔菜心根部细胞壁对环丙沙星的滞留更加明显，减少了环丙沙星向细胞内部转运和地上部累积。同时，两种浓度（1 mg/L 和 10 mg/L）环丙沙星处理下，四九菜心对环丙沙星的吸收量（分别为 17.3% 和 22.0%）显著高于粗苔菜心（分别为 3.70% 和 2.07%）[29]。

（2）抗生素性质的影响

与疏水性化合物不同，大多数抗生素属于可电离化合物，有 2 个或多个 pKa 值，使其在不同的 pH 条件下能够以阴离子、阳离子或者两性离子的形式存在。不同形态的抗生素化学属性差异很大，与生物膜的作用机制也存在差异，因此也会影响其植物吸收过程。一般实验室模拟条件下，抗生素的暴露水平较高，造成植物中抗生素浓度也较高。例如，Ahmed 等[30]的研究发现，磺胺类抗生素暴露浓度为 20 mg/kg 时，番茄根部中磺胺甲噁唑的积累浓度可达 34 mg/kg。但是，在接近实际环境水平下对植物进行暴露，植物吸收抗生素的浓度水平一般较低，检出水平为微克/千克。Hu 等[31]研究了土壤施用畜禽养殖场粪便后油菜、芹菜、香菜和胡萝卜对 11 种抗生素的吸收，结果表明植物中土霉素和四环素的含量分别为 76.8 μg/kg 和 79.3 μg/kg，其他抗生素含量都小于 10 μg/kg。

不同水平（0 mg/kg、50 mg/kg 和 150 mg/kg）的四环素类抗生素（四环素 TC、土霉素 OTC、金霉素 CTC）对生菜和小白菜生长、抗生素含量及其富集转运特征影响的土培试验结果表明，3 种四环素类抗生素提高了小白菜地上部分和地下部分鲜重，但抑制了生菜的生长，两种蔬菜四环素类抗生素的含量均为地下部分大于地上部分，小白菜对 3 种抗生素的富集和转运能力大于生菜，以 CTC 处理的小白菜和生菜 TCs 含量较高，种植生菜的土壤 TCs 残留量高于小白菜土壤；以 OTC 处理的土壤 TCs 残留量最高，3 种四环素类抗生素中 OTC 和 CTC 的生态风险较大[32]。对添加不同剂量的土霉素进行的萝卜生长试验结果表明，萝卜可吸收土壤中的土霉素，其体内土霉素的含量随土壤中土霉素含量的增加而增加，但随萝卜生长时间的增加而有所下降；土霉素在萝卜根系中的积累相比地上部分更明显，粉壤土（清水砂）中土霉素的生物有效性高于黏壤土（青泥紫田）。不同时期添加土霉素种植青菜的试验结果表明，在营养生长旺盛期和出苗-幼苗期添加土霉素 20 天后采集的青菜地上部分的土霉素含量已较高，而对于生长 60 天后收获的青菜地上部分的土霉素含量则随土霉素添加时间至收获时间间隔变短而增加，并随土壤中土霉素污染水平的增加而增加。在青菜不同生育期添加抗生素的模拟试验结果表明，青菜生长前期比后期更易受抗生素污染的毒害，生育后期添加抗生素污染的青菜中积累的抗生素含量要显著高于前期添加抗生素污染的青菜。这是因为在蔬菜生长前期，由于土壤中残留的抗生素浓度较高，抗生素随植物吸收的水分进入蔬菜的数量也相对较多，导致蔬菜中抗生素残留较高；生长后期，随着土壤抗生素残留量的下降，特别是根际土壤中抗生素含量的下降，进入蔬菜体内的抗生素有所下降，加之后期蔬菜快速生长促进其生物量的明显增加，这在一定程度上对蔬菜中抗生素起到稀释作用，使蔬菜中残留的抗生素含量发生明显下降[28]。

实际田间条件下较易出现抗生素复合污染，不同浓度（0 mg/kg、25 mg/kg、50 mg/kg）的土霉素和磺胺二甲嘧啶单一与复合污染的土培试验结果表明，在抗生素复合污染条件下，番茄可同时从土壤中吸收土霉素和磺胺二甲嘧啶，并转移至叶、茎和果等器官中。番茄中土霉素和磺胺二甲嘧啶含量随土壤中抗生素污染水平的提高而增加，生长初期高于生长后期。不同器官中抗生素的含量以根最高，其次为叶、茎和果。当土壤中土霉素和磺胺二甲嘧啶浓度为 25 mg/kg 和 50 mg/kg 时，土霉素和磺胺二甲嘧啶均可对番茄生长产生影响，降低光合速率、叶绿素含量、株高及生物量。高浓度的抗生素可导致植株叶中 N、P、K 的积累，降低叶中 C/N 比，降低果品中维生素 C 和还原糖的含量，但对硝酸盐积累无明显影响。综上所述，复合污染对植物吸收土霉素和磺胺二甲嘧啶及植物中两种抗生素的积累无交互作用，但两者同时存在时可加强对植物生长、生理指标及生物量的影响[28]。

（3）农艺措施的影响

土壤环境中的抗生素及其代谢物不会在短时间内消失，其活性会长期存在，从而不同程度地影响农田系统内的动植物及微生物活动。抗生素在土壤中的持久性通常依赖其水中淋洗性、降解速率、光稳定性、温度等，抗生素稳定性主要取决于抗生素种类与土壤性质，施肥、耕作和水分管理措施可调控土壤-作物系统中抗生素的迁移。有研究表明，种植作物可促进土壤中抗生素的降解，生物降解是农地土壤抗生素降解的重要途径。种植蔬菜土壤（非根际土壤）中磺胺二甲嘧啶残留量比不种植蔬菜土壤下降了 12%，根际土壤中磺胺二甲嘧啶残留量比非根际土壤的低 7.69%～18.6%，平均下降量为 10.65%。高养分水平土壤抗生素的降解速率快于低养分水平的土壤，施用有机肥可促进土壤中磺胺二甲嘧啶的降解，施有机肥、施氮磷钾肥及施氮肥处理的土壤中磺胺二甲嘧啶残留量比不施肥的对照处理分别下降了 39.5%、23.3%和 20.9%，有机肥的下降效果明显高于化肥。翻耕可促进土壤中磺胺二甲嘧啶的降解，干湿交替和长期湿润比长期干燥与长期潮湿环境下更有利于磺胺二甲嘧啶的降解，这是因为翻耕可促进土壤中磺胺二甲嘧啶的光降解强度，湿润和干湿交替更有利于磺胺二甲嘧啶的生物降解。施肥，特别是施用有机肥和氮磷钾配合施用可明显降低蔬菜中磺胺二甲嘧啶的残留。因此，通过施用有机肥、翻耕、干湿交替、种植作物等农艺措施可明显加速土壤中抗生素的降解，减少蔬菜对土壤中抗生素的吸收[28]。

2．抗性基因在土壤-植物系统中的迁移、转化

抗生素抗性基因是一类使细菌具有抗生素抗性的编码基因，属于环境中自然存在的组分，主要包括四环素类抗性基因、磺胺类抗性基因及喹诺酮类抗性基因。抗生素滥用导致环境抗生素污染加剧，影响环境微生物群落结构，加剧抗生素抗性细菌和抗性基因的出现，甚至引发"超级细菌"，大大降低了抗生素对抗人和动物病原体的治疗潜力。抗生素抗性基因作为一类新型环境污染物，其在不同环境介质中的传播扩散可能比抗生素本身的环境危害更大。其中，水平基因转移（Horizontal Gene Transfer，HGT）是抗生素抗性基因传播的重要方式，是造成抗性基因环境污染日益严重的原因之一。HGT 是基因组中可移动遗传元件（质粒 plasmid、转座子 transposon、整合子 integron 等）通过接合、转化、转导等方式从一种菌株转移到另一菌株中，从而使后者获得该抗生素抗性的过程。抗生素抗性基因的水平转移是细菌在抗生素药物的选择压力下长期进化的结果，也是细菌适应抗生素的主要分子机制之一[33]。食物链被认为是动物细菌和人体细菌之间耐药性转移的主要途径，抗性基因在食物链中的转移是以微生物为载体进行的。图 3-4 展示了蔬菜叶表面抗性基因的可能来源。已有研究表明，有机种植与只施化肥的传统施肥方式种植的蔬菜相比可能含有更多的抗性基因，这些抗性基因可能直接来自有机肥里面的抗性

微生物。由于有机肥的添加直接导致植物地下部分抗性微生物增加，进而通过地下和地上联系导致地上部分微生物的抗性增加。因此，当人们食用那些可以生食或者不要烹饪的蔬菜时，会导致含有抗性基因的微生物直接进入人体从而威胁人类健康。

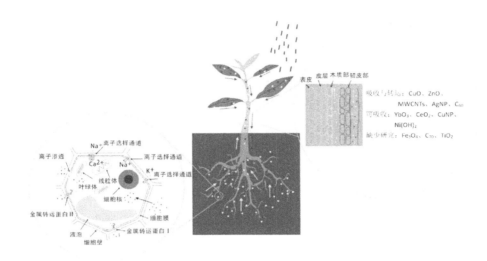

图 3-4　植物体内纳米颗粒的吸收与转运[34]

我国既是农业大国，又是抗生素使用大国，农业生产中普遍将畜禽粪便作为有机肥施用到农田，使我国土壤抗生素污染问题非常严峻，作物吸收可能引起的抗生素人体暴露问题非常值得关注和研究。合理的畜禽粪便堆肥技术可以有效地削减抗生素抗性基因，今后应更关注田间实际生产条件下植物对抗生素的吸收及影响因素研究，以更准确地评估抗生素通过食物链对人体的暴露风险，并采取合适的措施减少农田土壤抗生素抗性基因水平。

3.3.2　纳米材料在土壤–植物系统中的迁移、转化

纳米科技的发展使越来越多的纳米材料在各个领域得到广泛应用。纳米材料是指空间结构上至少有一个维度在 1～100 nm 的材料，而纳米颗粒（Nanoparticles，NPs）是指至少有两维尺度在 1～100 nm 的颗粒状材料。金属型纳米颗粒（Metal-based Nanoparticles，MNPs）是极其重要的一类纳米材料，具有金属材料和纳米材料的双重特性，包括典型的零价金属 NPs（Ag、Cu、Fe、Al 和 Zn 等）和金属氧化物 NPs（以 TiO_2、ZnO、Fe_3O_4、CuO、Al_2O_3 和 CeO_2 为代表的稀土氧化物等）。NPs 具有小尺寸效应、表面效应、量子尺寸效应和宏观量子隧道效应等特殊性质，这些特性使 NPs 容易被生物体吸收并与生物体的各级结构相互作用，影响生物的生长和健康。

1. 纳米材料在土壤中的环境行为

由于纳米技术的广泛应用，NPs 进入环境的途径是复杂多样的，目前 NPs 主要通过污水污泥处理的方式进入土壤。NPs 在土壤中的环境行为十分复杂，这在生态系统中是一个非常值得关注的问题。NPs 的特性影响其行为，包括团聚和聚合、物理性质（形状和粒径）、化学性质（如表面酸基官能团、表面吸附和金属及金属氧化物的溶解能力）。土壤中有多种复杂介质，会直接影响 NPs 的环境行为，如土壤水中的腐殖酸能吸附到 NPs 表面，影响其稳定性；土壤 pH 和离子强度也会影响 NPs 在土壤中的环境行为。研究表明，土壤溶液中二氧化钛纳米颗粒（TiO_2 NPs）的聚合程度与有机质和黏粒的含量呈负相关，与离子强度、Zeta 电位和 pH 呈正相关。NPs 一旦进入土壤，将与含量丰富的有机配体相互作用，产生一系列环境化学行为。土壤有机质可以吸附 NPs 并改变其分散性和稳定性，进而影响其生物有效性和生物毒性。土壤的吸附行为和 NPs 的稳定性直接影响 NPs 的移动、去向和毒性。胡敏酸会使吸附在表面的颗粒整体带负电荷，增加颗粒的稳定性，减少 NPs 的聚集和沉淀。表面电荷的改变会减弱细胞膜对 NPs 的亲和力，从而降低其生物可利用度。另外，有机质对 MNPs 释放离子的络合，改变了 NPs 及离子浓度，间接影响了 NPs 和金属离子对生物的毒性[35]。

纳米材料可穿透土壤颗粒间的间隙，比常规颗粒物有更大的迁移范围。目前纳米材料在饱和多孔介质中的迁移规律研究主要集中于模型多孔介质（石英砂以及砂岩填充柱）。但是模型介质的理化性质与实际土壤相差很大，如土壤颗粒的形状、粒径分布、土壤矿物的组成、含量、表面粗糙度、表面电荷性质、土壤孔隙粒径分布等，而且离子专性吸附、矿物沉淀或有机质包被等化学过程都会导致土壤表面电荷性质发生改变。因此，纳米材料在实际土壤中的迁移规律与模型多孔介质相差其远，通常由模型多孔介质得到的结果并不能很好地解释和预测纳米材料在实际土壤中的迁移和归趋。因此，需要针对 NPs 在我国主要类型土壤中的分配、团聚、溶解和转化过程及其影响因素开展系统性研究[36]。王睿[37]选取我国 10 种典型土壤，对比研究银纳米颗粒（Ag NPs）与 Ag^+ 在土壤上的吸附行为，发现 Langmuir 模型可以很好地拟合 Ag NPs 和 Ag^+ 在 10 种土壤上的吸附等温线。对于同一土壤而言，Ag^+ 在土壤上的吸附量大于 Ag NPs，相关性分析结果进一步表明，Ag^+ 在土壤上的吸附主要受有机质含量的影响，而铁氧化物含量则是影响 Ag NPs 在土壤中吸附的主要因素；进一步研究发现，Ag NPs、针铁矿和赤铁矿的同质团聚行为受 pH 和离子强度（IS）影响较显著，Ag NPs 粒径随 pH 的增大而减小，随 IS 的增大而增大，与同质团聚相比，Ag NPs 与铁氧化物的异质团聚过程受 IS、pH 和反应时间等因素的影响较小，当 Ag NPs 与铁氧化物混合时，两者会迅速发生异质团聚，较 Ag NPs 或铁氧化物的同质团聚而言，两者异质团聚占主导地位。

2. 纳米材料在土壤-植物系统中的迁移、转化

近年来，NPs 的植物累积、NPs 与植物的相互作用及 NPs 对植物的生态效应等问题逐渐引起了科研人员的关注。研究发现，土壤中分别添加 50 mg/kg、500 mg/kg、2 000 mg/kg 的 Ag NPs 抑制了花生植株的生长，花生地上部分、地下部分及籽粒组织中 Ag 含量显著增加，Ag NPs 处理使花生根系与荚果中抗氧化酶活性及其同工酶表达显著增加，影响脂肪酸相对含量，降低花生籽粒产量甚至可能降低籽粒营养品质。土壤中添加不同浓度氧化铜纳米颗粒（CuO NPs）均会抑制花生植株的生长，并且降低产量，减小果实大小和饱满度，降低花生籽粒不饱和脂肪酸的含量；三氧化二铁纳米颗粒（Fe_2O_3 NPs）、TiO_2 NPs 则促进花生植株生长，Fe_2O_3 NPs 降低花生产量，减小果实大小和饱满度，TiO_2 NPs 增加花生产量，但是减小果实大小和饱满度，Fe_2O_3 NPs、TiO_2 NPs 增加不饱和脂肪酸含量；3 种纳米材料均降低氨基酸含量，CuO NPs、TiO_2 NPs 诱导白藜芦醇的积累，3 种纳米材料均对花生食用部分产生显著的影响[38]。

MNPs 具有溶解性，可以溶出部分金属离子，植物可以 NPs 形式或金属离子形式进行吸收。因此，不仅需要分析植物组织中金属元素的总累积量，还要对金属元素的分布和化学形态进行分析。MNPs 主要在植物的根部累积，而且其中大部分是吸附在根的表面，进入植物组织的 MNPs 主要沉积在细胞壁和细胞间隙，只有少数 MNPs 进入原生质体。某些 MNPs 被根吸收后可以纵向转运到茎叶组织。在吸收转运过程中，NPs 首先吸附在植物的表面。在植物的地下部分，根系经 NPs 暴露后，根表会吸附大量的 NPs，根毛可能会促进 NPs 的吸附。NPs 可以通过共质体（symplast，由胞间连丝把细胞相连而形成的连续体）和质外体（apoplast，由细胞壁及细胞间隙等空间组成的体系）两条途径进入植物组织。与共质体相比，质外体的阻力较小，大多数 MNPs 在植物中的分布位点主要是细胞壁和细胞间隙，说明质外体途径可能是 MNPs 的主要运输方式。MNPs 在植物表面或植物体内还可能发生溶解性变化、氧化还原和化合态变化等化学形态的转化[39]。

以 CuO NPs 为例，CuO NPs 能被水稻根直接吸收并转移到地上部分，其转移系数与其浓度呈负相关，且迁移行为与 CuO 普通颗粒和 Cu^{2+} 明显不同。与嫩叶相比，CuO NPs 更倾向于累积在老叶中。CuO NPs 能够进入植物根表皮、外皮层和皮质，并最终到达内皮层，却仍然很难穿过凯氏带。然而，侧根的形成为 CuO NPs 进入中柱提供了可能途径。CuO NPs 在植物体内迁移的同时会发生生物转化，且部分 Cu^{2+} 被还原成 Cu^+。CuO NPs 主要位于水稻根细胞间隙中，细胞内则多为柠檬酸铜。水稻根是 Cu 累积的主要部位，且地上部分的 Cu 累积随水稻的生长而增加。CuO NPs 处理后成熟期水稻根、叶和谷壳中均有少量 CuO，而在水稻籽粒中并没有发现 CuO。水稻籽粒中 Cu 元素累积的高值区域为糊粉层、谷皮和种皮，添加同浓度 CuO NPs 处理后的稻米中 Cu 累积量高于添加 CuO 普通颗粒处理[40]。

植物对土壤中纳米材料的吸收，受土壤性质的显著影响。土壤性质可以改变 NPs 的聚集和传输，影响其生物有效性和毒性。Zhang 等[41]采用 BCR 连续提取法，研究纳米氧化铈（CeO_2）在土壤中的生物有效性，在 500 mg/kg 纳米 CeO_2 处理下，粉质壤土中可交换态铈（Ce）高于壤质砂土，粉质壤土中萝卜地上部 Ce 含量高于壤质砂土，表明土壤类型影响纳米 CeO_2 的生物有效性，从而影响纳米 CeO_2 在植物组织中的迁移和积累。土壤中的螯合剂，如 EDTA 能够与颗粒形成表面配合物，提高 CeO_2 的溶解。土壤中的天然有机物和腐殖质吸附在 NPs 表面，可以显著改变它们的聚集状态、表面性质和毒性效应。Zhao 等[42]研究了玉米在土壤中对纳米 CeO_2 的吸收，认为有机质提高了 Ce 的迁移率和生物利用率，从而提高了玉米根系中 Ce 的积累量。但 Chen 等[43]研究表明，可溶性有机质单宁酸把纳米 Nd_2O_3 的表面电荷由正变负，减少了其在根系表面的吸附、根系吸收和积累，减轻了 Nd_2O_3 的植物毒性。水分条件显著影响土壤中 CuO NPs 的生物有效性及其存在形态，研究表明，土壤中 CuO NPs 的生物有效性随水稻生育期的延长而大幅降低，但成熟期淹水—落干交替过程导致土壤中植物可利用态 Cu 含量急剧上升，土壤中 CuO 和胡敏酸结合态 Cu 逐渐转化成 Cu_2S 和针铁矿吸附态 $Cu^{[40]}$。

3.3.3　微塑料在土壤-植物系统中的迁移、转化

塑料及塑料制品在工业、农业和日常生活中被大量生产和使用，给人们带来了极大的便利，但大量的废弃塑料难以回收且对环境造成严重污染。近年来的研究发现，这种"白色污染"正以一种新的形式——微塑料威胁着生态和环境安全（图 3-5）。微塑料是指环境中粒径小于 5 mm 的塑料碎片或颗粒，主要包括聚乙烯（PE）、聚丙烯（PP）、聚氯乙烯（PVC）、聚苯乙烯（PS）、聚酯（PEst）和聚对苯二甲酸类（PET）等，在形状上分为碎片、泡沫、颗粒、纤维和薄膜状等。微塑料污染已无处不在，在淡水、海洋和陆地环境中均存在大量的微塑料，从海滩到海底最深处（马里亚纳海沟），从城市到偏远地区（青藏高原湖区），从南极到北极。另外，在食盐、蜂蜜、啤酒等产品及家禽、海鲜、饮用水中均检出了微塑料。微塑料的粒径较小、密度低，能够在强风、河流、洋流、潮汐等外力作用下发生迁移和转化。此外，微塑料还可以作为其他有毒污染物（PAHs、PBDEs 和重金属等）的载体。微塑料的大量赋存会对环境中的生物产生毒性效应，造成严重的生态风险，甚至通过食物链传递和富集，威胁人类的生存和健康。微塑料的化学性质稳定，在环境中的存在具有持久性，可达数百年甚至数千年，而且环境中微塑料的数量还在持续增加[44]。

微塑料污染已成为全球性的环境问题，尤其是海洋和潮滩环境中的微塑料的来源、丰度、环境行为及生态效应受到普遍关注，陆地尤其是土壤中的微塑料污染也应引起足够重视。有研究指出，陆地中存在的微塑料丰度可能是海洋的 4～23 倍，每年农地土壤

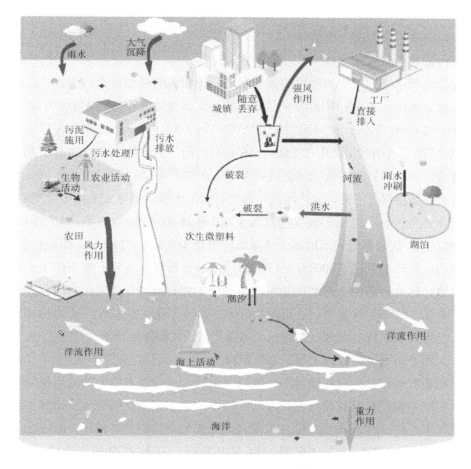

图 3-5　微塑料的环境行为[44]

中输入的微塑料就远超过全球海洋中的输入量。迄今为数不多的几例调查数据显示，部分土壤中存在相当高含量的微塑料污染。针对瑞士洪泛平原的调查发现，90%的土壤样品中存在微塑料污染，其污染水平与流域人口密度相关，显示了人类活动对土壤微塑料污染的贡献。有报道认为，我国是塑料垃圾的排放大国，仅沿海地区估计每年排放的塑料垃圾就高达 132 万～353 万 t，排放量在全球居首位[45]。

1．土壤中微塑料的来源

环境中微塑料的来源比较复杂，可分为初生微塑料和次生微塑料两大类。初生微塑料的来源主要包括塑料/树脂颗粒的工业原料、含有微塑料颗粒或清洁微珠的工业化产品，如药物、抛光料、个人护理品（化妆品、洗面奶、牙膏和沐浴露）等。城镇、旅游、农业及工业区塑料垃圾的不当处置、船舶运输、水产养殖、捕鱼等过程会对水环境造成一定程度的塑料污染。塑料进入水体后，经过物理（磨损、水体扰动、波浪击打、风力）、化学（紫外光辐射、冻融循环）和生物过程（降解）发生破裂、分解或体积减小而形成微小的塑料碎片，称为次生微塑料。

（1）污泥农用带入微塑料

国际上对污水处理厂中微塑料的调查发现，约90%的微塑料在污水处理后积累到污泥中。美国、德国、芬兰和瑞典等一些城市的污泥调查也表明，污泥中微塑料的含量范围为1 500～24 000个/kg。针对我国11个省28个污水处理厂的79个污泥样品分析结果表明，污泥中微塑料的含量范围在1 600～56 400个/kg，平均值为（22 700±12 100）个/kg，这与国外情况类似。目前，常规污泥预处理方法（如石灰稳定、厌氧发酵、加热干化等）难以有效去除微塑料。因此，这些污泥作为肥料施入土壤后会导致土壤中微塑料的积累。据估算，北美地区每年通过污泥农用进入土壤中的微塑料量为6.3万～43万t，欧洲为4.4万～30万t。该数据已经远远高于全球海洋中每年9.3万～23.6万t微塑料的输入量。我国每年的污泥产生量在3 000万～4 000万t，农业利用率虽然不到10%，但仍在逐年增加。显然，污水污泥的土地利用是农用地土壤中微塑料的重要来源。以往对污泥农用过程中重金属、POPs、抗生素、病原菌及寄生虫卵等有毒有害物质在土壤-植物系统中的积累及其危害开展了较多研究，但针对土壤微塑料污染问题的研究才刚刚起步。

（2）长期施用有机肥导致土壤积累微塑料

有机肥在农业生产中已经成为不可或缺的肥料，在设施农业中的施用量更大。相比污泥，有机肥中微塑料及其通过农用输入土壤中的数据更少。研究人员比较了德国波恩某有机肥加工厂的3个有机肥样品，发现肉眼可见的塑料碎片（粒径>0.5 mm）含量在2.38～180 mg/kg；而在斯洛文尼亚的调查中发现，有机肥中塑料含量更高，达到1 200 mg/kg。可以预料，有机肥中粒径<0.5 mm特别是微纳米级的微塑料的丰度会更高。我国是有机肥生产和使用大国，仅商品有机肥的年生产量就在2 500万t以上，实际施用量在2 200万t左右。如果按照目前有机肥中调查的微塑料含量来估算，我国农田土壤中每年投入的微塑料量在52.4～26 400 t，若考虑到粒径<0.5 mm的微塑料含量及有机肥产量和施用量的逐年增幅，其数量会更高。因而，有机肥施用是农田土壤中微塑料积累的又一个重要途径。

（3）农用地膜残留分解造成微塑料污染

我国农用塑料薄膜使用量在2015年达到260.36万t，其中地膜使用量为145.5万t，约占世界地膜使用总量的90%，地膜覆盖面积达到1 833万hm^{2}以上，但农田地膜回收率不到60%。农用地膜的主要成分是聚乙烯（PE），包括高密度聚乙烯（HDPE）、低密度聚乙烯（LDPE）和线性低密度聚乙烯（LLDPE）。聚氯乙烯（PVC）膜因其高毒性在美国已被禁用。与欧洲、日本等发达国家相比，我国使用的农用地膜的厚度通常要薄得多，个别地区使用的地膜厚度甚至小于0.005 mm，而发达国家通常要求地膜厚度在0.02 mm

以上。地膜厚度小就会导致易老化、碎片化严重、回收不易，残留的地膜在土壤中更易形成微塑料污染，同时易释放酞酸酯等增塑剂污染物。残留地膜会分解形成塑料碎片其至微塑料，因此残留地膜分解是农用地土壤中微塑料的又一个重要来源。

（4）大气沉降、地表径流、灌溉等将微塑料带入土壤

土壤除了可以接纳来自污泥、有机肥和地膜残留的微塑料，还可以接纳通过大气沉降带入的微塑料，流域水灌溉、地表径流或渗透也是土壤中微塑料的来源途径。此外，污水中也含有大量的微塑料，这些含有微塑料的污水虽然经过污水处理厂处理后排放，但由于微塑料粒径小，在处理过程中不能被完全拦截。生活及工业废水的排放会通过地表径流或灌溉等方式进入土壤，造成土壤中微塑料的积累。

2. 土壤生态系统中微塑料的迁移、转化

土壤中的微塑料在光照、高温氧化、物理侵蚀和生物降解等作用下会发生聚合物分子化学结构变化，包括聚合物分子链断裂、歧化、表面含氧官能团（如酯基团、酮基团等）的增加等，这些表面变化意味着微塑料发生降解，并可使其变为更小粒径的微塑料甚至纳米塑料。但是，相对于海洋表面和潮滩环境，微塑料在土壤中由于受到光屏蔽效应和低氧化环境作用，降解效率较低，残留更长。聚丙烯（PP）塑料在土壤中培养 1 年后仅有 0.4%被降解，而 PVC 塑料在土壤中 35 年都没有被降解。

进入土壤中的微塑料，在长期的风化作用、紫外照射及其与土壤中其他组分的相互作用下，表面逐步老化、粗糙，颗粒或碎片裂解，粒径变小，比表面积增大，吸附位点增加，表面官能团增多，疏水性增强，辛醇-水分配系数升高，在土壤 pH、盐度、有机质和离子交换等复杂因素的调控下，对土壤中重金属和 PAHs、PCBs、农药、抗生素等有机污染物的吸附能力显著增强，从而改变了土壤的理化性质，影响土壤生态系统健康。近年来，学者普遍认为微塑料在环境中扮演着污染物迁移载体的角色。研究发现，有机质含量较高的林地土壤中高密度聚乙烯对 Zn^{2+} 的吸附能力更强，且吸附行为符合 Langmuir 方程和 Freundlich 方程。微塑料对有机污染物的吸附能力与污染物的疏水性紧密相关，微塑料可为微生物提供吸附位点，使其长期吸附在微塑料表面，形成生物膜，影响土壤微生物的生态功能。此外，伴随微塑料的迁移，微生物会扩散到其他生态系统中，改变其菌群和功能[46]。

进入土壤后，微塑料在植物根系、生物和机械扰动作用下会发生迁移。目前对生物扰动驱动下微塑料迁移的研究较多。例如，土壤中的蚯蚓可将 60%以上的聚乙烯小球从表层向下迁移至 10 cm 以下的土层，其中小粒径（710～850 μm）微塑料要比大粒径更容易迁移。除蚯蚓外，弹尾目昆虫白符跳（*Folsomia candida*）和小原等节跳（*Proisotoma minuta*）也能将树脂颗粒（100～200 μm）和纤维从表层土壤迁移至下层。在蚯蚓驱动下，微塑料在土体内部的迁移可能会影响土壤团聚体结构和功能，从而影响土

壤水分和养分的运移。微塑料除了受扰动后在土体内迁移外，还可通过侵蚀、地表径流等形式向土体外迁移至水体，甚至进一步迁移进入海洋环境。研究人员以伦敦泰晤士河流域为例，模拟了通过污泥农用进入土壤中的微塑料迁移到水体中的比例，发现残留在土壤中的微塑料比例为16%～38%，其余大部分微塑料最终会从土壤中迁移进入水体，成为水环境中微塑料污染的来源。因此，土壤不仅是微塑料的"汇"，也是水环境微塑料的"源"。

土壤生态系统中微塑料暴露的生物积累与毒性效应研究刚刚起步。有研究发现，蚯蚓可以摄入和排出微塑料，其排出的微塑料具有粒径选择性，如<50 μm的小粒径微塑料更容易被排出；同时，蚯蚓在受到高含量（>28%）PE微塑料暴露后，其生长受到明显抑制，致死率也显著增加，但繁殖率没有受到影响；而对另一种土壤动物——白符跳的研究发现，受PVC微塑料颗粒（80～250 μm）暴露后，其肠道菌群发生改变，生长和繁殖受到明显抑制，摄食行为也发生改变。土壤中的微塑料也可通过食物链发生传递、富集，进而带来健康风险。目前，对土壤中微塑料能否进入植物体内还尚未有报道，有关LDPE和可生物降解塑料地膜碎片影响小麦生长的研究结果表明，土壤中含量为1%（w/w）的两种塑料膜都会干扰小麦的生长，且可生物降解塑料膜对小麦生长影响更大。通过对烟草细胞的培养研究表明，纳米级塑料微珠可通过细胞内吞作用进入烟草细胞，这表明小粒径的纳米级塑料有可能通过植物根际吸收进入植物体内，但还需要通过植物培养试验进行证实。李连祯等[47]基于室内营养液培养实验研究了微塑料在生菜体内的吸收、传输及分布，通过激光扫描共聚焦荧光显微镜和扫描电子显微镜观察发现，聚苯乙烯微球（0.2 μm）可被生菜根部大量吸收和富集，并从根部迁移到地上部，积累和分布在可被直接食用的茎叶之中。

3. 未来研究方向

微塑料在全球环境中的广泛分布和累积已经引起了人们对其来源、迁移分布及生态毒理效应等方面的关注，但是由于环境中的大块塑料在环境外力作用下会不断破裂和降解为粒径更小的微塑料，对于进入环境中的微塑料的大小、数量和形状等还不确定，相关研究方法和分类标准还不完善，导致微塑料环境行为的研究缺乏一致性。微塑料具有特殊的理化特性，并可以通过不同方式与其他污染物结合形成复合污染，其对环境及生物体的毒性效应、生物积累和食物链传递过程仍缺乏系统的分析和总结。从当前研究现状来看，未来需在以下几个方面开展进一步的研究：①建立和完善土壤中微塑料的分离和分析方法。微塑料在土壤中的分布受土壤质地、有机质及团聚体结构的影响，对土壤微塑料的分离鉴定要比水和沉积物更加困难，未来有必要开展不同性质土壤中不同类型微塑料的分离鉴定方法研究，并建立技术规范。②塑料在生产和加工过程中会加入大量的添加剂，如增塑剂、阻燃剂、抗氧化剂、光热稳定剂等，但目前尚无微塑料与添加剂的复合污染对土壤食物链安全、生态系统和人体健康的风险评估标准。未来应重点关注微塑料中化学添加剂在土壤环境中的可释放性研究，建立统一的风险评估标准以评估其对生态环境的风险。③系统认识微塑料污染对土壤功能的影响，发展源头管控和环境降解修复技术。微塑料对土壤蚯蚓、跳虫等具有毒害作用，并且可能通过食物链进行传递、富集，但目前所研究的生物种类还很有限，所获取的生物毒性数据还远未满足暴露风险评估的要求。因此，需要结合土壤生态系统的特点，开展不同土壤中多类别微塑料环境水平下多层次、多尺度的研究，研发微塑料污染的源头控制与降解修复的材料、方法和技术，构建土壤微塑料污染风险管控与治理的技术支撑体系[45]。

参考文献

[1] 汪鹏，王静，陈宏坪，等. 我国稻田系统镉污染风险与阻控[J]. 农业环境科学学报，2018，37（7）：1409-1417.

[2] McLaughlin M J，Palmer L T，Tiller K G，et al. Increased soil salinity causes elevated cadmium concentrations in field-grown potato tubers[J]. Journal of Environmental Quality，1994，23（5）：1013-1018.

[3] Li Y M，Chaney R L，Schneiter A A，et al. Genotype variation in kernel cadmium concentration in sunflower germplasm under varying soil conditions[J]. Crop Science，1995，35（1）：137-141.

[4] Arao T，Ae N. Genotypic variations in cadmium levels of rice grain[J]. Soil Science and Plant Nutrition，2003，49（4）：473-479.

[5] Alexander P D，Alloway B J，Dourado A M. Genotypic variations in the accumulation of Cd，Cu，Pb and Zn exhibited by six commonly grown vegetables[J]. Environmental Pollution，2006（144）：736-745.

[6] 丁仕林，刘朝雷，钱前，等. 水稻重金属镉吸收和转运的分子遗传机制研究进展[J]. 中国水稻科学，2019，33（5）：383-390.

[7] Huang G X，Ding C F，Guo F Y，et al. The role of node restriction on cadmium accumulation in the brown rice of 12 Chinese rice（Oryza sativa L.）cultivars[J]. Journal of Agricultural Food and Chemistry，2017，65（47）：10157-10164.

[8] Uraguchi S，Fujiwara T. Rice breaks ground for cadmium-free cereals[J]. Current Opinion in Plant Biology，2013（16）：328-334.

[9] 李冰，姚天琪，孙红文. 土壤中有机污染物生物有效性研究的意义及进展[J]. 科技导报，2016，34（22）：48-55.

[10] Norton G J，Pinson S R M，Alexander J，et al. Variation in grain arsenic assessed in a diverse panel of rice（Oryza sativa）grown in multiple sites[J]. New Phytologist，2012（193）：650-664.

[11] Xin J，Huang B，Liu A，et al. Identification of hot pepper cultivars containing low Cd levels after growing

on contaminated soil: Uptake and redistribution to the edible plant parts[J]. Plant and Soil, 2013, 373 (1-2): 415-425.

[12] 杜俊杰, 李娜, 吴永宁, 等. 蔬菜对重金属的积累差异及低积累蔬菜的研究进展[J]. 农业环境科学学报, 2019, 38 (6): 1193-1201.

[13] 贺前锋, 桂娟, 刘代欢, 等. 淹水稻田中土壤性质的变化及其对土壤镉活性影响的研究进展[J]. 农业环境科学学报, 2016, 35 (12): 2260-2268.

[14] Ding C F, Du S Y, Ma Y B, et al. Changes in the pH of paddy soils after flooding and drainage: modeling and validation[J]. Geoderma, 2019 (337): 511-513.

[15] Fedotov G N, Omel'yanyuk G G, Bystrova O N, et al. Heavy metal distribution in various types of soil aggregates[J]. Doklady Chemistry, 2008, 420 (1): 125-128.

[16] 黎森, 王敦球, 于焕云. 铅—砷交互作用影响小白菜生长及铅砷积累的效应研究[J]. 生态环境学报, 2019, 28 (1): 170-180.

[17] Meng B, Feng X B, Qiu G L, et al. Distribution patterns of inorganic mercury and methylmercury in tissues of rice(*Oryza sativa* L.) plants and possible bioaccumulation pathways[J]. Environmental Science and Technology, 2010 (58): 4951-4958.

[18] 吴川, 安文慧, 薛生国, 等. 土壤—水稻系统砷的生物地球化学过程研究进展[J]. 农业环境科学学报, 2019, 38 (7): 1429-1439.

[19] 丁昌峰. 根茎类蔬菜土壤镉铅铬汞砷安全阈值研究[D]. 北京: 中国科学院大学, 2014.

[20] 吴亮. 基于水稻富集系数的水稻土铅、铬、汞环境安全阈值研究[D]. 北京: 中国科学院大学, 2014.

[21] 刘克. 我国主要小麦产地土壤镉和铅的安全阈值研究[D]. 杨凌: 西北农林科技大学, 2016.

[22] 林庆祺, 蔡信德, 王诗忠, 等. 植物吸收、迁移和代谢有机污染物的机理及影响因素[J]. 农业环境科学学报, 2013, 32 (4): 661-667.

[23] 薛建芳, 史雅娟, 王尘辰, 等. 持久性有机污染物的作物吸收及迁移模型研究进展[J]. 生态毒理学报, 2018, 13 (1): 75-88.

[24] 陈雷. 不同生菜品种吸收转运 PFOA 的差异及机理研究[D]. 广州: 暨南大学, 2018.

[25] 鲁磊安. 珠三角地区水稻邻苯二甲酸酯污染特征研究[D]. 广州: 暨南大学, 2016.

[26] 冯宇希, 涂茜颖, 冯乃宪, 等. 我国温室大棚邻苯二甲酸酯（PAEs）污染及综合控制技术研究进展[J]. 农业环境科学学报, 2019, 38 (10): 2239-2250.

[27] 杨晓静, 薛伟锋, 陈溪, 等. 面向人体暴露评价的植物中抗生素分析进展[J]. 生态毒理学报, 2018, 13 (1): 1-15.

[28] 徐秋桐. 土壤—蔬菜系统典型污染物的污染特征及抗生素的生理效应[D]. 杭州: 浙江大学, 2019.

[29] 吴小连. 环丙沙星（CIP）高、低累积菜心根际特性及其吸收累积影响机制[D]. 广州: 暨南大学, 2017.

[30] Ahmed M B M, Rajapaksha A U, Lim J E, et al. Distribution and accumulative pattern of tetracyclines and

sulfonamides in edible vegetables of cucumber，tomato and lettuce[J]. Journal of Agricultural and Food Chemistry，2015，63（2）：398-405.

[31] Hu X，Zhou Q，Luo Y. Occurrence and source analysis of typical veterinary antibiotics in manure，soil，vegetables and groundwater from organic vegetable bases，Northern China[J]. Environmental Pollution，2010，158（9）：2992-2998.

[32] 迟苏琳，王卫中，徐卫红. 四环素类抗生素对不同蔬菜生长的影响及其富集转运特征[J]. 环境科学，2018，39（2）：935-943.

[33] 杨凤霞，毛大庆，罗义，等. 环境中抗生素抗性基因的水平传播扩散[J]. 应用生态学报，2013，24（10）：2993-3002.

[34] 陈怀满，朱永官，董元华，等. 环境土壤学[M]. 北京：科学出版社，2018.

[35] 张莹，陈光才，刘泓. 纳米颗粒的土壤环境行为及其生态毒性研究进展[J]. 江苏农业科学，2018，46（13）：8-12.

[36] 周东美. 纳米 Ag 粒子在我国主要类型土壤中的迁移转化过程与环境效应[J]. 环境化学，2015，34（4）：605-613.

[37] 王睿. 纳米银在不同类型土壤及铁氧化物上的吸附机制研究[D]. 北京：中国科学院大学，2018.

[38] 芮蒙蒙. 金属基纳米材料对花生生长、产量及品质的影响[D]. 南宁：广西大学，2017.

[39] 张海，彭程，杨建军，等. 金属型纳米颗粒对植物的生态毒理效应研究进展[J]. 应用生态学报，2013，24（3）：885-892.

[40] 彭程. 氧化铜纳米颗粒在土壤-水稻系统中的形态转化机制研究[D]. 杭州：浙江大学，2016.

[41] Zhang W，Musante C，White J C，et al. Bioavailability of cerium oxide nanoparticles to *Raphanus sativus* L. in two soils[J]. Plant Physiology and Biochemistry，2017，110：185-193.

[42] Zhao L，Peraltavidea J R，Varelaramirez A，et al. Effect of surface coating and organic matter on the uptake of CeO_2 NPs by corn plants grown in soil：Insight into the uptake mechanism[J]. Journal of Hazardous Materials，2012，225-226（31）：131-138.

[43] Chen G，Ma C，Mukherjee A，et al. Tannic acid alleviates bulk and nanoparticle Nd_2O_3 toxicity in pumpkin：A physiological and molecular response[J]. Nanotoxicology，2016，10（9）：1-34.

[44] 刘沙沙，付建平，郭楚玲，等. 微塑料的环境行为及其生态毒性研究进展[J]. 农业环境科学学报，2019，38（5）：957-969.

[45] 骆永明，周倩，章海波，等. 重视土壤中微塑料污染研究　防范生态与食物链风险[J]. 中国科学院院刊，2018，33（10）：1021-1030.

[46] 朱永官，朱冬，许通，等.（微）塑料污染对土壤生态系统的影响：进展与思考[J]. 农业环境科学学报，2019，38（1）：1-6.

[47] 李连祯，周倩，尹娜，等. 食用蔬菜能吸收和积累微塑料[J]. 科学通报，2019，64：928-934.

第4章

耕地土壤污染调查监测

我国农业环境监测工作始于 1979 年，经过多年的建设和发展，农业环境监测网络已初具规模。截至 2020 年年底，已在全国 31 个省（区、市）建立了 4 万个国控监测点的农产品产地环境监测网络。本章主要介绍耕地土壤污染调查监测的全过程，以期使读者对调查监测工作有一个全面的认识。

4.1 背景资料收集与整理

农田土壤环境监测不同于一般的土壤环境监测，其根本目的是以土壤的使用功能为出发点，通过监测确定土壤在进行农业生产时是否满足安全产出优质农产品的需要，是否存在农产品质量安全风险隐患。因此，从事农田土壤环境监测时，除了了解土壤污染本身，有关农业生产的情况及可能影响到农业生产或农产品质量安全的诸多情况都需要进行充分调查和了解，以全面分析、系统评价、充分掌握农产品产地土壤现状和潜在风险。

4.1.1 基础数据的类别和内容

农田土壤环境的影响因素众多，现有的研究着重于土壤性质本身的影响及农作物种类和品种的影响两个方面。但是，除此之外，一些与农业生产相关、与环境污染相关的背景因素，特别是区域性的背景因素也能够成为我们判断土壤污染状况、特征、成因、来源、危害等方面的重要支撑资料。

1. 点位数据

完善的点位属性信息是监测数据统计分析与制图过程能否实现多角度、多层次、立体化深入解析的重要前提。点位数据中有很大一部分数据信息需要监测人员在现场进行调查和记录，因此监测前应根据监测目的、任务和内容等，系统设计需要采集的各项点位属性信息，必要时应组织对相关点位属性信息表格的专家论证和一线人员预填写，以确保采集的各项点位属性信息科学、合理、全面、系统。

监测目的、任务和内容不同时，需要采集的点位属性信息也不尽相同，但一般而言，可以包括以下几个方面的内容：①地块信息，即监测采样点位所在农田地块的相关基础信息，如地块所属村组、乡镇、县域，地块面积、承包人，是否为基本农田，周边污染源类别及距离，灌溉水来源及相关水利设施等；②土地条件，即监测采样点位所在农田地块的土地基本属性，如土壤类型、亚类、土种，土地利用类型、地力等级，地貌类型、海拔高度等；③农业生产，即监测采样点位代表范围内的常年农业生产特征，如种植模式、主栽作物及品种、播种面积、常年产量，化肥/有机肥用量、农药种类及用量、农膜用量等。

2. 区域数据

依据监测采样点位周边主要污染源类型及风险等级，可将监测范围划分为以下四类区域，因此区域数据侧重采集污染源相关信息。

一是工矿企业周边风险区，指历史上较长时间或据现实状况，因为某家或若干家企业污染治理不当，致使企业废水、废气、废渣等直接或间接进入农产品产地，并造成产地土壤和/或农产品在近 30 年内发生超标现象的区域。主要采集企业或企业集群名称、区域的地点、范围、面积、人口，污染排放及治理情况，企业分布及与农田的距离、运营现状等。

二是污水灌溉风险区，指历史上较长时间或据现实状况，因为引用工业废水、城市下水道污水等超过《农田灌溉水质标准》（GB 5084—2021）的水体灌溉，造成产地土壤和/或农产品在近 30 年内发生超标现象，或因污染致使鱼虾基本绝迹的区域。主要采集污灌水体名称、区域的地点、范围、面积、人口，污染物来源、水体污染状况、灌溉历史、污灌方式等。

三是大中城郊风险区，指按照行政区划所确定的省会和地市级城市郊区，因为使用城市混合污水、垃圾、污泥、农用化学物质等，造成产地土壤和/或农产品在近 30 年内发生超标现象的区域。对于居住人口多、工业企业发达的县级城市的郊区，符合上述情况的也可列入。主要采集郊区行政区域名称、区域地点、范围、面积、人口，使用城市混合污水、垃圾、污泥、农用化学物质情况。

四是无风险区，一般不做单独调查，但应尽可能收集该类区域以往背景值调查数据结果，以进一步判断污染物累积态势。

同时，需要说明的是，上述四类区域的划分，若有历史监测结果支持或已由相关工作划定，监测时可沿用；若无历史资料支持，可先进行污染源实地调查，并依据调查结果划出疑似风险区进行布点采样，待监测数据采集完毕时，可依据相关技术方法完成风险区划定。

3. 乡镇数据

乡镇层次的数据主要采集农业生产相关信息，包括主要农作物种类、产量、播种面积、复种指数、耕作制度，大宗农产品、优势农产品、特色农产品及有机农产品、绿色农产品、无公害农产品、地理标志农产品生产基地的面积及常年产量，成土母质及土壤分类情况，土壤肥力及有机质、pH、土壤质地、阳离子交换量等，农用化学品投入情况等。乡镇数据的获取应以农业农村部门的统计数据为准。

4. 县域数据

一般来说，县域行政单元每年都应有制度化的统计结果，并正式出版公布，因此主要是从统计年鉴、县志等资料中获取自然地理、社会经济、水文气象、污染排放等方面的官方统计数据。自然地理方面，一般应调查国土面积、土地利用类型及比例、地形地貌及比例、县域行政单元范围、水系分布及流量、矿产资源分布及储量等。社会经济方面，一般应调查人口规模、国民经济结构、科技发展水平、教育水平、当地支柱产业等。水文气象方面，一般应调查年均降水量、年均蒸发量，年积温、年均温度，年均日照时数、无霜期等。污染排放方面，一般应调查工业废水及废气中相关污染物的排放量、废渣及污泥的排放量及处置方式等。

4.1.2 基础图件的类别和要素

随着监测工作信息化程度的不断提升，基础图件对监测的辅助作用愈加凸显，当前，主流的文件格式是shape文件，是美国环境系统研究所公司（ESRI）开发的一种空间数据开放格式。目前，该文件格式已经成为地理信息软件界的一个开放标准。shape文件实际上是由多个文件组成的。其中，有3个文件是必不可少的，它们分别是".shp"".shx"".dbf"文件。

.shp——图形格式，用于保存元素的几何实体。

.shx——图形索引格式，几何体位置索引，记录每一个几何体在.shp文件之中的位置，能够加快向前或向后搜索一个几何体的效率。

.dbf——属性数据格式，以dBase IV的数据表格式存储每个几何形状的属性数据。

表示同一数据的一组文件，其文件名前缀应该相同。而其中"真正"的shape文件的后缀为.shp，然而仅有这个文件数据是不完整的，必须把其他2个附带上才能构成一组完整的地理数据。除了这3个必需的文件以外，还有8个可选文件，使用它们可以增强空间数据的表达能力，在此不再一一介绍，有兴趣的读者可以参阅ArcGIS相关教材。

基础图件包括底图和辅助数据图两大类。

1. 底图

底图对于农田土壤重金属污染监测而言，至少应包括行政区划图、土地利用现状图（含公路）、水系分布图，有时也包括土壤类型图和污染源分布图。

（1）行政区划图

行政区划图是按省、自治区、直辖市、特别行政区等行政区及其范围划分的地图，是最常见的地图品种。行政区划图应包括国家、省、市、县四级行政单元的名称和边界线；省级行政区划图应包括省、市、县、乡镇四级行政单元的名称和边界线；地市级以下行政区划图应包括市、县、乡镇三级行政单元的名称和边界线，尽可能带有村级单元名称和边界线；对于海岛、飞地等小型独立区域，应按照行政区划代码或行政单元名称对行政区划图进行融合，并将融合后的行政区划图作为后续图件制作的基础底图。

（2）土地利用现状图

针对农产品产地土壤环境质量的监测一般只涉及四种土地利用方式，包括耕地、园地、林地、草地四类。其中，耕地一般需要细分为水田、水浇地、旱地、草地，草地中更多关注的是人工牧草地。因此，土地利用现状图在使用前应对图中内容做进一步处理。常用的土地利用现状图一般都是依据《土地利用现状分类》（GB/T 21010—2017）来进行绘制的，其定义了农用地、建设用地和未利用地三大类土地利用方式，以及 12 个一级类和 73 个二级类。实际使用时，一般仅需要在土地利用现状图中区分耕地、林地、园地、草地、其他非农用地、建设用地、水域即可。与行政区划图相同，原则上应采用农产品产地土壤环境质量监测工作基准年的图件。此外，随着遥感技术的不断发展，高分辨的卫星遥感图有时也可用来替代土地利用现状图。

（3）水系分布图

水系分布图是不用地形等高线表示地貌形态，而着重表示水系分布的一种地理底图，常根据航空像片绘制。水系分布图通常包括 1～6 级水系的相关信息，其中，水系级别是指划分水系支流规模大小和相互关系的等级。在 1∶50 000 地形图或航空照片上可以辨认出的最小水系（>1 cm）称为一级水系；两条以上一级水系或一级水系与二级水系汇合后构成的水系称为二级水系；两条二级水系或二级水系与三级水系汇合后构成的水系称为三级水系。这种命名方法使不同图幅上同一级别的水系可以互相比较，不会发生水系级别划分上的错误。

（4）土壤类型图

土壤分类是为了科学认识土壤、系统区分土壤、合理利用土壤，根据土壤的发生、发展规律和自然性状，按照一定的标准把自然界的土壤划分为不同类别的过程。土壤类型图应根据制图区域的行政级别和辖区国土面积确定图中的主要内容，一般来说，全国土壤类型图应包含土壤类型信息，省级土壤类型图应包含土壤类型和土壤亚类信息，地市级以下土壤类型图应包含土壤类型、土壤亚类及土种信息。

（5）污染源分布图

污染源分布图是标记污染源位置与类别的地理地图。污染源是指造成环境污染的污染物发生源，通常指向环境排放有害物质或对环境产生有害影响的场所、设备、装置或人体。按人类社会活动功能分为工业污染源、农业污染源、交通运输污染源和生活污染源。一般污染源分布图大多是标记工业污染源的地图，且以点状污染源为主。

2. 辅助数据图

绝大多数的背景信息都是在一定行政单元内的统计数据，或省级，或地市级，或县级，或乡镇级，或村级，其中比较常用的统计数据是县、乡两级背景信息。省级、地市级太粗，统计数据会掩盖很多内涵信息；村级的统计队伍不健全，一般来说，统计资料很难获取。

（1）分类数据图

分类数据的表现形式包括数值和比例两种。例如，主要农用地包括耕地、园地、林地、草地 4 种，对于某一个特定的行政单元来说，每种土地利用方式的表述可包括面积和所占比例 2 种，即耕地 80 万亩，占 80%；园地 10 万亩，占 10%；林地 2 万亩，占 2%；草地 8 万亩，占 8%。因此，制图时也应该考虑到数值和比例这两种表述方式，并相应地对数值型表述选用条形图/柱状图进行展示，对比例型表述选用饼图进行展示。

（2）定值数据图

定值数据是指每个统计单元只有一个数值，如化肥/农药施用量、温度、降水量等都属于这种情况。常用的制图方法是将要表达的统计数值赋值给相应的行政单元，并以同一颜色不同深浅标识相应统计数值的大小。

4.1.3　数据来源及获取方式

耕地土壤环境监测工作中所获取的监测数据不仅指样品检测分析的结果，还包括与之相关的点位信息、生产情况及其他背景资料等。涉及的数据信息类型多样，有定量的，也有定性的；有数值的，也有文本的；有空间的，也有属性的。众多数据信息的来源也是多样的，获取方式也不尽相同。农产品产地土壤环境质量监测数据的来源主要包括以下四个方面。

1. 样品测试数据

土壤和农产品样品各项指标的检测结果是最为重要的监测数据，是我们开展农产品产地土壤环境质量监测的主体工作目标。样品测试数据主要是对检测机构提供的检测结果经过样品编码转换后得到的与原始样品编码对应的指标检测数据。

2．现场记录信息

采样时，应做好采样记录，特别是样品编码、GPS 定位、农田生产现状、周边污染信息、现场影像资料等，以确保采样点位的代表性和可追溯性。

3．统计年鉴资料

在监测过程中，应从各类统计年鉴中详细调查、收集、整理农产品产地安全质量状况、污染源、农业生产、自然及社会经济情况等历史和现状资料。

4．其他来源

除上述 3 种主要来源之外，部分农产品产地土壤环境质量监测所需的支撑数据还可能来自地方县志、科研项目、调研报告、以往工作或研究的成果图件，特别是某些社会关注热点地区的数据资料，往往会有大量科研文献从多个角度给予支撑。

此外，以往工作或研究的成果图件也是一种十分重要的数据来源渠道，很多监测和调查工作都是对点位的活动，所得数据也多为分散点位的数据。对于农产品产地安全管理而言，面上的趋势性信息价值更高。因此，在以往的一些工作或研究过程中，通过对原始数据的加工整理得到的成果图件对后续监测工作的指导意义是十分巨大的。

4.2　监测点位布设

监测点位是监测工作的最基础单元，为了确保监测数据的代表性和评价结果的科学性，必须根据监测目的、点位功能和点位的空间尺度，结合实际情况合理布设监测点位。

4.2.1　最低布点数量的确定

监测布点工作中经常遇到的一个问题是对于指定的监测区域，最少需要布设多少个监测点位。这个问题可以从两个方面进行回答。

1．基于历史数据的布点数量确定方法

对于有历史数据的情况，可以通过分析土壤污染物或其他监测指标的变异性来确定最少的监测点位数量。

（1）数值上的变异性

这就是指监测数据在数理统计上的变异性，有两个计算公式可以进行监测点位数量的估算。

一是由均方差和绝对偏差计算点位数，见式（4-1）：

$$N = \frac{t^2 s^2}{D^2} \tag{4-1}$$

式中：N——监测点位数；

t——选定置信水平（土壤环境监测一般选定为 95%）一定自由度下的 t 值；

s^2——均方差，可从先前的其他研究或者从极差 R $[s^2=(R/4)^2]$ 估计；

D——可接受的绝对偏差。

二是由变异系数和相对偏差计算点位数，见式（4-2）：

$$N = \frac{t^2 C_v^2}{m^2} \tag{4-2}$$

式中：N——监测点位数；

t——选定置信水平（土壤环境监测一般选定为 95%）一定自由度下的 t 值；

C_v——变异系数，可从先前的其他研究中获取；

m——可接受的相对偏差，土壤环境监测一般限定为 20%～30%。

（2）空间上的变异性

这就是指空间半变异函数中的变程值。所谓半变异函数，是地统计学中研究土壤变异性的关键函数，是用来描述土壤性质的空间连续变异的一个连续函数，它可以反映土壤性质的不同距离观测值之间的变化。所谓变程是半变异函数模型首次呈现水平状态的距离，比该变程近的距离分隔的样本位置与空间自相关，而距离远于该变程的样本位置不与空间自相关。因此，可用变程值来确定两个监测点位之间的最短距离，从而设置为网格边长。

2. 无历史数据的布点数量确定方法

对于没有历史数据的情况，可以采用以下两种方法估算监测点位的数量。

一是根据变异系数估算。在土壤变异程度不太大的地区，可以采用式（4-2）进行估算，其中变异系数 C_v 可粗略地设定为 10%～30%。

二是根据调查目的判断。在《农田土壤环境质量监测技术规范》（NY/T 395—2012）中相关表述如下：

- 农田土壤背景值调查：每个点代表面积 200～1 000 hm²。
- 农产品产地污染普查：污染区每个点代表面积 10～300 hm²，一般农区每个点代表面积 200～1 000 hm²。
- 农产品产地安全质量划分：污染区每个点代表面积 5～100 hm²，一般农区每个点代表面积 150～800 hm²。
- 禁产区确认：每个点代表面积 10～100 hm²。
- 污染事故调查监测：每个点代表面积 1～50 hm²。

4.2.2 监测点位布设基本方法

1. 监测点位的布设方法

点位布设的核心工作是完成监测点位的分配，确定监测点位的位置，绘制监测点位分布图。其中，点位分配，就是确定不同行政区、不同区域类型、不同种植制度、不同土地利用方式、不同土壤类型等的监测点位密度，根据各类监测区域的面积大小计算所需的监测点位数量。确定位置，一般是由指定的布点方法在数字化地图上完成监测点位位置的确定，比较常用的点位布设方式有 2 种：①系统网格布点方式，指把所研究的区域分成大小相等的网格，网格线的交点或中心点即为采样点；②系统随机布点方式，指把所研究的区域分成大小相等的网格，在每个网格内随机布设一个采样点。这里需要注意的是，系统随机布点方式不是完全在监测区域内随机，而是建立在网格基础上的随机。此外，还有一种完全随机的布点方式，就是在监测区域内通过一定的随机算法布设监测点位，随机的同时一般也需要同时设置一个点位之间最小距离的参数，以避免点位过分集中，而降低代表性。表 4-1 给出了常见的土壤环境监测布点方法。

表 4-1　常见土壤环境监测布点方法及适用条件

布点方法	适用条件
系统随机布点方式	适用于污染分布均匀的产地
专业判断布点方式	适用于潜在污染明确的产地
分区布点方式	适用于污染分布不均匀，并已获得污染分布情况的产地
系统网格布点方式	适用于各类产地情况，特别是污染分布不明确或污染分布范围较大的情况

绘制分布图时，可以利用 ArcGIS 等软件，借助地理信息系统，在包括监测范围等的地图上，完成网格的划分及点位坐标的识别和标识。随着计算机技术的不断发展，监测点位分布图的绘制往往是与点位位置的确定同步完成，借助 ArcGIS 等软件可以很便捷地按照布点要求自动生成相关监测点位的分布图，同时可以导出分布图的数据文件，其中就包括了详细的监测点位位置信息（经纬度坐标和所在区域信息）。

（1）系统网格布点方式

系统网格布点方式又称网格布点法，是将监测区域的地面按地理坐标划分成若干均匀方格，采样点可设在方格中心。方格的划分有 2 种方式：①地理网格，即由等度数间隔的经线和纬线交叉组成的方格；②公里网格，即将研究区域按照统一的标准划分为若干个 1 km × 1 km 的方格。当然，根据监测工作的需要也可以进一步将网格细分为 n^2 个小网格。例如，在全国土壤污染状况详查工作中，对于中重度污染地区，网格的设置就被进一步细化为 250 m × 250 m、500 m × 500 m 的网格，以进一步加密调查土壤环境质量。网格的布设通常可由 ArcGIS 等专业的地理信息系统软件辅助完成（图 4-1）。

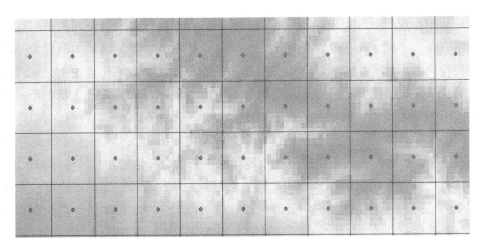

图 4-1　ArcGIS 生成的网格及中心点效果

　　分层网格布点法是在网格布点法的基础上，分不同区域设置不同的网格尺寸，最后叠加各个图层而得到的综合性布点方案。其主要操作方法就是为不同区域给出不同的基础图件，在此图件上按照前述方法设置不同的网格，叠加各个图层，并合并相关数据信息，即可得到完整的分层布点方案（图 4-2）。

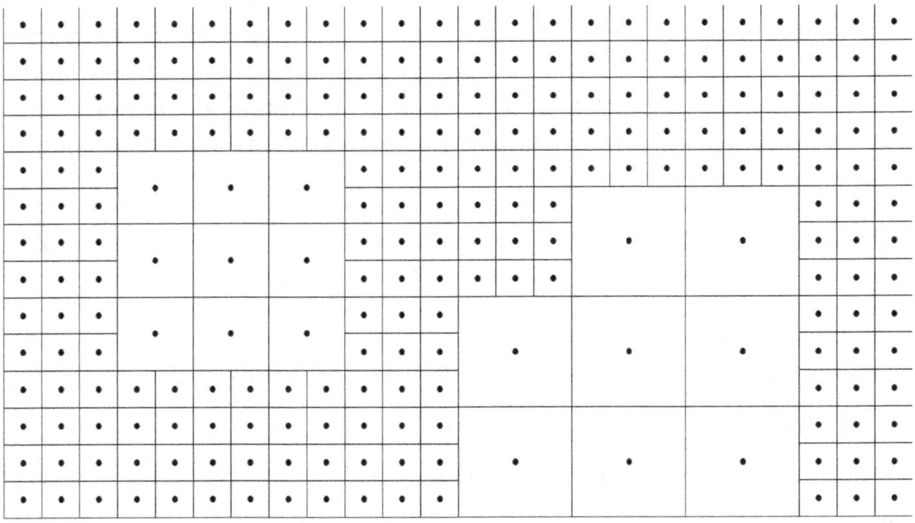

图 4-2　分层网格布点结果

　　所谓不同的区域，一般可以考虑按行政区给出不同网格，或者按污染源类型给出不同网格，或者按所种植农作物的类型给出不同网格，或者按不同土壤类型给出不同网格，或者按土地利用方式给出不同网格。例如，在全国农产品产地土壤重金属加密调查方案中，就对重点污染区、山地丘陵区、一般农区分别设置了 3 种网格以进行监测点位的布设，其网格大小分别为 325 m × 325 m（约 150 亩），575 m × 575 m（约 500 亩）、1 155 m × 1 155 m（约 2 000 亩）。一般来说，农业农村部门的土壤环境监测基本上都是以亩为单位，而网格的设置经常是以米、千米为单位的。因此，在绘制网格时就需要进行单位变换，1 km² = 1 500 亩。

（2）随机布点方式

随机布点方式又称随机布点法，在《土壤环境监测技术规范》（HJ/T 166—2004）中，随机布点法包括以下 3 种形式。

一是简单随机，即将监测单元分成网格，每个网格编上号码，决定采样点样品数后，随机抽取规定样品数的样品，其样本号码对应的网格号，即采样点。简单随机布点是一种完全不带主观限制条件的布点方法。

二是分块随机，即根据收集的资料，如果监测区域内的土壤有明显的几种类型，则可将区域分成几块，每块内污染物较均匀，块间的差异较明显，将每块作为一个监测单元，在每个监测单元内再随机布点。在正确分块的前提下，分块布点的代表性比简单随机布点好，如果分块不正确，分块布点的效果可能会适得其反。

三是系统随机，即将监测区域分成面积相等的几个部分（网格划分），每个网格内布设一个采样点。如果区域内土壤污染物含量变化较大，系统随机布点比简单随机布点所采样品的代表性要好（图 4-3）。

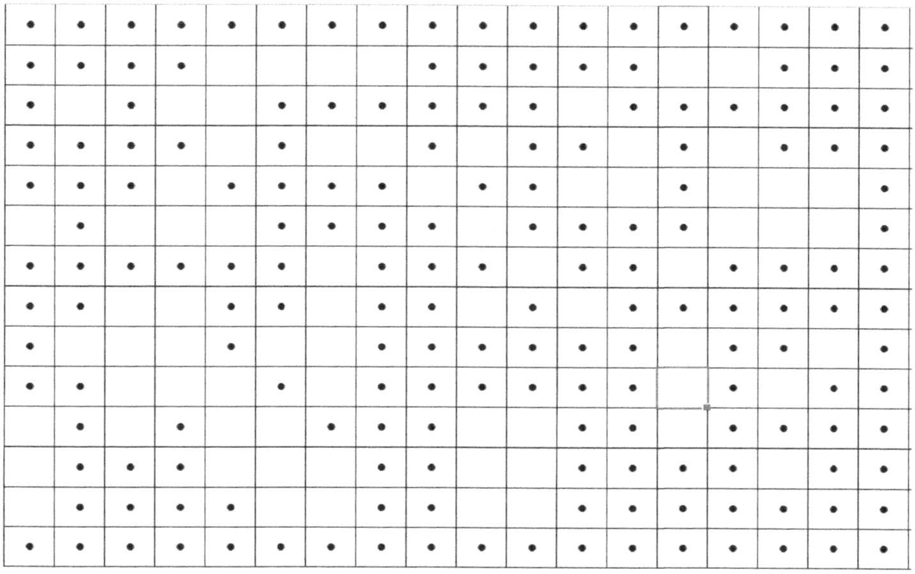

图 4-3　系统随机布点方式

除 ArcGIS 自带的随机算法自动生成监测点位之外，还可以利用历史监测点位和某些随机算法来随机挑选监测点位。在此推荐一种名为 Poisson Disk Sampling 的随机点位布设方法，其基本思想是，设定随机初始点和背景网格，为保证每个网格内至多只有一个点，网格尺寸为 $r/2pi$，r 为任意两点间的最小距离；做如下循环直到没有可选点：第一步，从已知可选点中选择一个，在其外生成一个圆环（内径 r，外径 $2r$）；第二步，从圆环中选择候选点（典型地，$k=30$ 个），检测候选点和已知点之间的最小距离（可以利用背景网格减少计算量），假如距离小于设定值 r，则放弃该候选点，否则加入一个新点；第三步，假如无法增加候选点，那么可以将中心点变为不可选。这类方法的应用前提是必须要有充足的历史监测点位供随机筛选（图 4-4）。

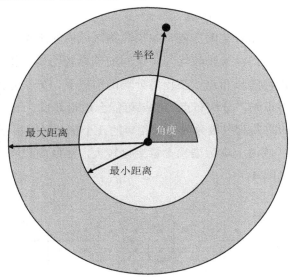

图 4-4 Poisson Disk Sampling 算法

2. 监测点位的踏勘方法

一般来说，现场踏勘在监测点位布设完成之后、实际采样工作开始之前应予以完成。但是，根据长期以来的监测工作经验，在实际操作时较少情况会单独对监测点位进行踏勘，一是费时费力，单独跑一趟只为踏勘，效率低下，浪费时间并增加了人力成本；二是踏勘结果不一定是最终结果，农民种植情况、土地利用情况等都有可能在踏勘之后发生变化，从而不利于或无法顺利完成采样，这样一来，踏勘就失去了意义。因此，经常的做法是，在采样的同时完成踏勘作业，如果适宜采样，则按计划实施采样作业；如果不适宜采样，可及时联系监测组织机构或质量控制机构现场调整监测点位或延后另议。但是无论何种方式，样品采集之前都必须进行监测点位的踏勘和调整。

4.2.3 监测点位的优化方法

在常规监测点获取信息的基础上，从空间及时间两方面入手对土壤环境规律进行分析，而后有针对性地调整布点布置，将一些重复点位删除，以达到运用较少点数获得对监测区域覆盖的目的，该种技术即为点位优化技术。点位优化技术的具体实施有多种方法，如物元分析法、相关系数法、特征分析法、聚类分析法、因子分析法、多目标规划法及一些研究者开创的其他方法等。

物元分析法，是研究物元，探讨如何求解不相容问题的一种方法。物元分析以研究促进事物转化，以解决不相容问题为核心内容，指在众多的监测数据中挑选出最大和最小值，称为最优点与最劣点，并将两者的平均值称为期望点，三个值之间构成标准元矩阵，建立关联函数绘制成点聚图，在图中确定最佳布点位置。相关系数法，是衡量两个随机变量之间线性相关程度的指标。它利用格布点获得的数据，求出监测点和格数间的相关系数，而后利用污染物平均浓度及浓度将各点方差即变异系数求出，分析相关系数后明确最佳布点位置。特征分析法，依据污染浓度归类监测点确定不同类的代表点位，并在参考原始监测数据的基础上构建联系度关系矩阵，进而将联系度折线图绘制出来，完成联系度的大小归类后即可获得最佳点位。聚类分析法，是理想的多变量统计技术，主要有分层聚类法和迭代聚类法。聚类分析也称群分析、点群分析，是研究分类的一种多元统计方法。因子分析法，其基本目的就是用少数几个因子去描述许多指标或因素之间的联系，即将比较密切的几个变量归在同一类中，每一类变量就成为一个因子，以较少的几个因子反映原资料的大部分信息。多目标规划法，是运筹学中的一个重要分支，是在线性规划的基础上，为解决多目标决策问题而发展起来的一种科学管理的数学方法。它涉及多目标函数的优化问题，也是多目标优化问题。多目标优化已经应用到许多领域，包括工程、经济和物流，在两个或更多冲突的目标之间存在取舍时，需要采取最优决策。

监测点位优化算法有很多，但是需要具备很专业的数学基础和环境监测基本常识，才能将优化做得比较合理。其中，主要有 3 个方面的技术难点：①监测点位代表面积和区域的估计，即根据历史监测结果中污染物含量的空间变异性和点位基本属性，合理估计新布设点位代表区域的边界及其面积；②点位合理性和代表性评价指标的确定，即如何定量评价不同点位优化算法的优化效果；③传统优化算法的改进。

4.3 样品采集

土壤样品的采集是农产品产地土壤环境监测过程中的核心环节，通过按照既定的监测点位采集土壤样品，可以进一步分析测试其中各类污染物的含量及与土壤污染密切相关的众多土壤的理化性质，从而得出监测评估的结果和结论，为农产品产地安全管理提供支撑。因此，土壤样品的采集是土壤环境监测的重中之重。

这里的样品采集实际上包含了两层含义：一是土壤和农产品样品的采集，这也是最直接的解读；二是样品及其表征数据的采集。也就是说，对于采样人员而言，既要采集样品，又要采集数据信息，当然这里所说的信息，一般有别于背景资料收集整理中所述的诸多信息。对于大规模调查，需要了解较为全面的信息；对于连续性、例行性监测，仅需要了解变动较大或可能存在突发状况的因素。

4.3.1　采样点位登记表的设计

采样点位登记表最重要的功能是记录采样时农田土壤的基本状态，以及周边污染源的分布情况。由于土壤结构和性质年际变化的幅度并不算大，因此大部分数据可从以往调查和监测的结果中获取，仅有几个可能会突然发生改变且又会对农田土壤重金属安全风险造成重大影响的指标需要进行重点记录。

1．采样时期

土壤污染调查中采集土壤样品不受季节限制，但要避免在肥料、农药施用时及北方冻土季节采集土壤样品。当农产品与土壤协同采样时，应以农产品的适宜采集期为主；受农产品实际采集期限制，可在坚持土壤样品和农产品样品同点采集原则下分步采集。

土壤的采样时期因分析目的可分为 3 种：①一般土壤样品，应在农作物成熟或收获后与农作物同步采集；②污染事故监测样品，应在收到事故报告后立即组织采样；③科研性监测样品，可在不同生育期采样或视研究目的而定。

2．采样位置

一般情况下，采样时均需要记录采样点位的经纬度坐标及所在行政单元的位置，经纬度坐标的作用在于定位，以便下一次监测采样回到原点进行样品采集，以确保数据的可比性。此外，经纬度坐标也是后续监测数据绘图表达的必备条件，没有坐标是无法绘制出各类空间分布图的。

所在行政区划单元名称一般包括省（自治区、直辖市）、市（地区、州、盟、区）、县（市、旗）、乡（镇、街道、林场、农场）、村（屯）、组共计六级，填写得越精确，该采样点位的可溯性越强。但是，由于我国乡镇以下的行政单元变动相对比较频繁，过于精确的行政单元名称也可能对监测采样工作造成一定的误导。不管怎样，一般来说，省、市、县三级是必须要记录的信息。

3．采样地块基本信息

（1）土地利用方式

土地利用方式对于农业生产来说是比较重要的一个因素，农田生态系统是一种人为干扰较强的生态系统，不同的利用方式，土壤重金属污染会呈现不同的安全风险，如同样程度的重金属 Cd 污染，对于水田来说是风险比较大的，很容易运移至农作物体内，对于旱地来说，这种风险就要小很多。因此，在我国南方地区，水稻 Cd 污染远超小麦和玉米 Cd 污染。同时，由于种植收益的考虑及国家农业布局政策的引导，农户有可能会更改土地利用方式，水改旱、旱改水时有发生。因此，土地利用方式的调查必不可少。

（2）基本农田

基本农田是指我国按照一定时期人口和社会经济发展对农产品的需求，依据土地利用总体规划确定的不得占用的耕地。2018 年 2 月印发的《国土资源部关于全面实行永久基本农田特殊保护的通知》（国土资规〔2018〕1 号）提出，"确保到 2020 年，全国永久基本农田保护面积不少于 15.46 亿亩。"调查采样地块是否属于基本农田的目的是后续统计基本农田重金属污染总体程度和分布特征。

（3）主栽作物类别

同样的土地利用方式，种植不同类别作物也会因其富集吸收重金属的能力大不相同而对土壤重金属污染产生很大的影响。一方面，长年种植不同的作物，土壤中残留的重金属全量会有很大区别；另一方面，种植不同的作物，作物可食部位中重金属的累积量也会有很大差异。

（4）采样地块面积

采样地块面积与 2 个方面的因素直接相关：①土地破碎程度，北方地区要好一些，南方地区一亩以上的地块都是比较难找的；②种植规模，目前国家出台了一系列政策，适度放开土地流转，在一定程度上强化规模化种植或者称为集约化种植，而不同的规模化程度决定了化肥、农药等农业投入品的施用量及农机具的应用，而这些都是与农田土壤重金属污染息息相关的因素。

4．周边信息

周边信息包括周边污染源和灌溉水源的信息。其中，周边污染源主要包括工矿企业污染源、农村生活污染源、养殖业污染源、交通污染源、污染物处理与处置设施污染源等类别，对于每类污染源应当记录其名称、位置、方向、距离、污染源类型、排放污染物种类、排放途径等信息；灌溉水源可分为天然降水、地下水、河流、湖泊、水库等，不仅影响农作物的生长，也可改变农田土壤重金属的氧化还原状态，从而增加或减少其安全风险。

5．其他信息

除上述信息之外，采样时还应记录采样人员、采样时间、点位编码、采样深度、海拔高度、联系人姓名和联系方式等信息。但是，这些信息一般来说在布点方案编制之后就应该形成，而不需要现场记录，因此本节中未予讨论。

4.3.2 采样准备

1．采样队伍的组建

土壤和农产品样品的采集工作应由采样小组完成。依据土壤环境监测点位数量及空间分布情况，合理确定采样小组数量，基本上可以按照每个采样小组每天采集 8～12 个土壤样品进行估算。每个采样小组至少应包括一名农业环境监测领域的专职技术人员、一名采样工人、一名现场信息记录员。有时，还需要配置一名专职司机，但更多的时候，司机是由采样人员兼职担任的。采样队伍组建后，为了保证采样相关技术要求落实到位，一般都会安排对采样人员的专项技术培训，在采样小组中，至少一人应参与并通过此培训，并且原则上通过技术培训的人应当担任采样小组的组长一职。

2．采样用品的准备

按照《农田土壤环境质量监测技术规范》，土壤采样用品应当包括采样工具、器材、文具及安全防护用品等。按照《农、畜、水产品污染监测技术规范》（NY/T 398—2000）的要求，农产品样品采集器具一般分为工具类、器具类、文具类、防护用品及运输工具等，包括但不限于表 4-2 所列用具。

表 4-2　样品采集器具清单

分　类	内　容
工具类	铁铲、土钻、土刀、木片、不锈钢剪刀、不锈钢切刀、镰刀等
器具类	GPS 定位设备、手持终端、数码照相机、二维码打印机、样品袋（布袋、塑料袋或锡、铝包装材料）、运输箱等
文具类	样品标签、点位编号标识、采样现场记录表、铅笔、资料夹等
防护用品	工作服、工作鞋、安全帽、雨具、常用药品（防蚊蛇咬伤）、口罩等
运输工具	采样用车辆及车载冷藏箱

3．采样计划的制订

采样计划的制订有 2 个目的：①明确任务分工，落实责任到人，确保每个样品的采集、流转都分配清楚；②统筹规划采样任务，优化各采样小组的工作量，合理确定多个采样点位之间的行进路线。采样计划一般应包括采样用品清单、采样任务的分配和时间要求等几个方面，可以制定相应的表格以辅助完成。其中，采样用品清单包括采样用品名称、型号、数量、产权单位、存放地点、领用人单位、领用人姓名、领用人联系方式等字段；采样任务分配包括采样小组编号、采样小组组长姓名、采样小组组长联系方式、采样小组人员及分工、采样任务编号（一般为监测点位编码）、采样地点、经纬度坐标、最迟采样时间、送样地点、最迟送样时间、送样方式、送样联系人姓名、送样联系方式等字段。

4.3.3　土壤采样方法

土壤样品采集，简称采样，是指将土壤从野外、田间、培养或者栽培单元中取出具有代表性的一部分的过程。采样得到的土壤样品经过适当处理后制备成分析样品，最后在分析测定时所取的测试样品只有几克甚至零点几克，而分析结果则应代表全部土壤，因此必须正确地采取有代表性的平均试样，否则即使分析过程再准确也是无用的，其至会导致错误的结论，给生产或科研带来不必要的损失。

1. 采样类型

（1）单点样品

单点样品即每个样品只采一个点，其中又可分为扰动型样品、原状样品和剖面样品。

扰动型样品，是指不要求保留土壤原有结构的样品，大多数的农产品产地土壤环境监测采样都是这类样品。采样时，只要求采集耕层土壤样品，而对土壤结构的要求几乎没有。

原状样品，要求最大限度地保留土壤原有结构，一般适用于需要测定土壤物理性状的监测工作，如土壤结构，也就是土壤固体颗粒的空间排列方式。自然界的土壤往往不是以单粒状态存在，而是形成大小不同、形态各异的团聚体，这些团聚体或颗粒就是各种土壤结构。根据土壤的结构形状和大小可归纳为块状、核状、柱状、片状、微团聚体及单粒结构等。土壤的结构状况对土壤的肥力高低，微生物的活动及耕性等都有很大的影响。

剖面样品，从地面垂直向下的土壤纵断面称为土壤剖面。土壤剖面中与地表大致平行的层次是由成土作用而形成的，称为土壤发生层，简称土层。由非成土作用形成的层次，称为土壤层次，一般人为地分为三层。①表土层，可分为上表土层与下表土层。上表土层又称耕作层，为熟化程度较高的土层，其肥力、耕性和生产性能最好；下表土层包括犁底层和心土层的最上部分（又称半熟化层）。在森林覆盖地区还有枯枝落叶层。②心土层，又称生土层，是土壤剖面的中层，位于表土层与底土层之间，由承受表土淋溶下来的物质形成，通常是指表土层以下至 50 cm 深度的土层。由于有物质的移动和淀积，所以表土层和心土层最能反映出土壤形成过程的特点。在耕作土壤中，心土层的结构一般较差，养分含量较低，植物根系少。旱作土壤的心土层，一般保持着开垦种植前自然土壤淀积层的形态和性状，耕种引起的变化小；水稻土的心土层，在正常情况下多发育为具有棱块或棱柱状结构的斑纹层。③底土层，也叫母质层，是土壤中不受耕作影响、保持母质特点的一层，如成土母质为岩石风化碎屑，则底土层中也往往掺杂有这些碎屑物。底土层在心土层以下，一般位于土体表面 50~60 cm 的深度。此层受地表气候的影响很小，同时也比较紧实，物质转化较为缓慢，可供利用的营养物质较少，根系分布较少，一般常把此层的土壤称为生土或死土。

（2）混合样品

混合样品，即每个样品是由若干个相邻近的多个样点的样品混合而成的。在采集时应注意每个样点的深度和数量尽量一致，混合后不应对研究目的有任何影响。采样点数应对整个样区或田块有足够的代表性，一般为 5～20 个点。

2. 采样方法的选择

采样方法的选择要依据采样类型而定，对于单点扰动型样品的采集，一般先以铁锹或土铲等工具去除表层浮土及土壤表面的枯枝落叶、大块砾石等杂质，再以土铲铲出一个三角形剖面。对于硬质土壤，可用土铲将三角形剖面的尖端部分铲下，装入塑料袋中；对于软质土壤，可直接用木片或竹片将三角形剖面的尖端部分铲下，装入塑料袋中。三角形剖面的深度依据采样要求的深度而定，要求严格时可用直尺测量，一般性监测采样也可以目测或用手掌、木条或其他物品估测。此外，采样作业时，有时也不一定必须将剖面的形状铲出三角形，只要是一个凸出的剖面便于采样作业即可。

对于单点原状样品的采集，则必须使用土钻进行取样，并根据采样深度的要求，选用相应规格的土钻钻头，若为软质土壤或采样深度不大时，可直接依靠人力将土钻钻入土壤中，达到指定深度后将土钻拔出，以木片或竹片将土钻中的土壤样品剔除，并装入塑料袋中；若为硬质土壤或采样深度较大时，则需要借助减震锤等工具，辅助将土钻钻入土壤中，待达到指定深度后将土钻拔出，以木片或竹片将土钻中的土壤样品剔除，并装入塑料袋中。用取土铲取样时，应先铲出一个耕层断面，再平行于断面下铲取土。

对于混合样品的采集，每个土壤单元至少有 3 个分样点组成（一般会采集 5 个以上的分样点），分样点的设置方法包括对角线法、梅花点法、棋盘法、蛇形法等，其中，对角线法适用于污水灌溉的农田土壤，由田块进水口向出水口引一对角线，至少五等分，以等分点为采样分点，土壤差异性大时可再等分，增加分点数；梅花点法适于面积较小、地势平坦、土壤物质和受污染程度均匀的地块，设分点 5 个左右；棋盘法适宜中等面积、地势平坦、土壤不够均匀的地块，设分点 10 个左右，但受污泥、垃圾等固体废物污染的土壤分点应在 20 个以上；蛇形法适宜面积较大、土壤不够均匀且地势不平坦的地块，设分点 15 个左右，多用于农业污染型土壤。根据以往的监测经验，梅花点法是应用比较多的一种分样点的布设方法。此外，对于每个分样点样品的采集方法，可参照前述单点采样作业的方法。

剖面样品的采集方法是用剖面刀将观察面修整好，自上至下削去 5 cm 厚、10 cm 宽的新鲜剖面。准确划分土层，分层按梅花法，自下而上逐层采集中部位置土壤。分层土壤混合均匀各取 1 kg 样，分层装袋记卡。挖掘土壤剖面要使观察面向阳，表土与底土分放土坑两侧，取样后按原层回填。

污染事故调查土壤样品的采集方法与上述方法有所区别：如果是固体污染物抛撒污染型，等打扫后采集表层 5 cm 土样，采样点数不少于 3 个；如果是液体倾翻污染型，污染物向低洼处流动的同时向深度方向渗透并向两侧横向方向扩散，每个点分层采样，事故发生点样品点较密，采样深度较深，离事故发生点相对远处样品点较疏，采样深度较浅，采样点不少于 5 个；如果是爆炸污染型，以放射性同心圆方式布点，采样点不少于 5 个，爆炸中心采分层样，周围采表层土（0～20 cm）。事故土壤监测要设定 2～3 个背景对照点。

3．采样深度的确定

一般为了解土壤污染状况采样时，对于种植一般农作物，每个分点处采 0～20 cm 耕作层土壤；对于种植果林类农作物，采 0～60 cm 土壤。

为了解土壤污染对植物或农作物的影响采样时，采样深度通常在耕层地表以下 15～30 cm 处；对于根深的作物，也可取 50 cm 深度处的土壤样品。

为了解污染物质在土壤中的垂直分布采样时，沿土壤剖面层次分层取样，耕地土壤剖面的每个柱状样取样深度一般都为 100 cm，土壤剖面规格为宽 1 m，分取 3 个土样，即表层样（0～20 cm）、中层样（20～60 cm）、深层样（60～100 cm）。此外，久耕地取样至 1 m；新垦地取样至 2 m；果林地取样至 1.5～2 m；盐碱地地下水位较高，取样至地下水位层；山地土层薄，取样至母岩风化层。

4．采样量及过量样品的舍弃

对于农产品产地土壤环境监测样品的采集，一般要求样品量至少为 2.5 kg 鲜重，若为 5 个分样点混合采样，每个分样点一般采样量为 0.5 kg 以上。

由于土壤样品不均匀需多点采样而取土量较大时，应反复以四分法缩至所需量。具体操作步骤：①将样品倒在洁净的平面或玻璃板上；②用分样板把样品混合均匀；③将样品摊成等厚度的正方形；④用分样板在样品上画两条对角线，分成两个对顶角的三角形；⑤任取其中两个三角形为样本；⑥将剩下的样本混合均匀后再用以上方法反复分取最后剩下的两个对顶三角的样品，直到达到所需试样重量为止。

5．样品现场包装

将 5 个分样点采集的样品放置于一个样品袋中混匀，可采用双层塑料袋或内层塑料袋、外套布袋。填写土壤标签一式两份，一份放入袋内，另一份扎在袋口或用不干胶标签直接贴在塑料袋上。

使用土壤取样器具采集挥发性、半挥发性有机物样品时，要防止待测物质挥发，注意样品满瓶不留空隙，低温运输和保存。

对于剖面样品，分层土壤混合均匀各取 1 kg 样品，分层装入塑料袋中，并在标签和塑料袋上同时记录采样时间、采样地点、点位坐标、采样深度等信息。

4.3.4　农产品样品采样部位、方法及采样量

1. 粮食类样品

按照《农、畜、水产品污染监测技术规范》的要求，农产品样品混合样是在已定采样地块内根据不同情况与土壤样品同步进行多点取样，至少 5 个分样点，然后等量混匀组成一个混合样品。每个分样点采样量一般要求为 500 g。

主粮样品采集应在采样单元内选取 5～20 个植株，水稻、小麦类采集稻穗、麦穗，玉米第一穗，即离地表最近的一穗，混合成样。

每个单元采样点不少于 5 个，每个点面积为 1 m² 左右，抽样量不低于 0.5～1 kg，各点采样量相同。同时，采样应避开田边、路边、沟边等特殊部位，相隔距离最好不低于 2 m。

在已定采样点地块内，根据不同情况按对角线法、棋盘法、梅花点法或蛇形法随机多点多层采样。对角线采样法适用于较为平整的方形采样地（图 4-5）。设定采样区域后按照 A 到 D、C 到 B 和 E 点采样，一般应最少取 5 个样品。采样数量应按对角线进行对称平行增加。蛇形（S 形）采样法适用于面积较大、地势不平坦的采样地（图 4-6）。采样数量应按 S 形从 A～F 点采样，一般应最少取 6 个样品，增加的采样量应在 A 点到 F 点按 S 形平均分布增加。棋盘采样法适用于较为平整、采样区域中等的采样地（图 4-7）。

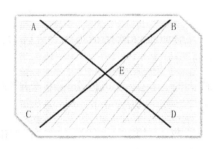

图 4-5　对角线采样法示意图

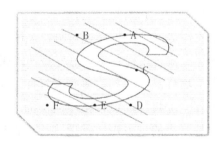

图 4-6　蛇形采样法

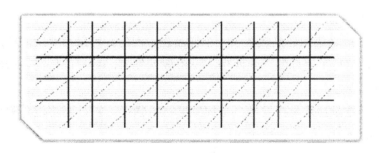

图 4-7　棋盘采样法示意图

需要特别注意的是，应确保所有的采样器具清洁、干燥、无异味。采样器和盛放样品的容器应不受雨水、灰尘等外来物的污染。采样时务必要做到保护样品，所有采样操作应在尽量短的时间内完成，避免样品组分发生变化，如果采样需要很长时间，应将样品保存在密闭的容器中，避免受到污染。采样时，样品要有代表性，必须严格遵守取样规定采取足够的样品数量，以产生有代表性的原始样品。

2．果树类样品

按照《农、畜、水产品污染监测技术规范》的要求，果树类样品采集应在采样单元内选取 5～10 株果树，每株果树纵向四分，从其中一份的上、下、中、内、外各侧均匀采摘，混合成样。细分的话，果树类样品采样分为以下两类。

（1）果实样品

只对果树的果实采样时，应选择品种特征典型的植株，这样才能比较各品种的品质。植株要注意挑选树龄、树形、生长势、载果量等一致的正常植株，幼小、老状或生长过于旺盛的植株都缺乏代表性。在同一果园同一品质的果树中选 5～10 株为代表，从每株的全部收获物中选取大、中、小和向阳或背阴的果实共 10～15 个组成平均样品，一般总重不少于 1.5 kg。

实验面积较大时，在平坦果园可采用对角线法布点采样，由采样区的一角向另一角引对角线，在此对角线上等距离布设采样点，山地果园应按等高线均匀布点，采样点一般不应少于 10 个。对于树形较大的果树，采样时应在果树上、中、下、内、外部的果实生长方位东、南、西、北均匀采摘果实。将各点采摘的果品进行充分混合，按四分法缩分，根据检验项目要求，最后分取所需份数，每份 20～30 个果实，分别装入袋内，粘贴标签，扎紧袋口。

（2）叶片样品

采集叶片样品时，一般分为落叶果树和常绿果树。落叶果树，在 6 月中下旬至 7 月初为叶片养分相对稳定期，采集新梢中部第 7～9 片成熟正常叶片，要完整无病虫叶；采样分树冠中部外侧的 4 个方位进行；常绿果树，在 8—10 月采集叶片，应在树冠中部外侧的 4 个方位采集生长中等的新梢顶部向下第 3 叶，要完整无病虫叶。采集时间一般以上午 8—10 时为宜。一个样品采 10 株，样品数量根据叶片大小确定，苹果等大叶一般 50～100 片；杏等一般 100～200 片；葡萄要分叶柄和叶肉两部分，用叶柄进行养分测定。

3．蔬菜类样品

一般蔬菜生长的成熟期延续时间很长，采样应在其主要成熟期进行，必要时也可在其成熟过程中采 2～3 次样品。采样时应在试验区或地块中不少于 10 个样株上采集部位相同、成熟度一致的果实或块根茎若干个组成平均样品。平均样品的采样量：较小的果实或块根茎，如青椒之类应不少于 40 个；番茄、洋葱、马铃薯应不少于 20 个；黄瓜、茄子、大蒜、胡萝卜及小萝卜不少于 15 个；大的瓜果、白菜球、甘蓝球、萝卜不少于 10 个，总重以 1 kg 为宜。

蔬菜样品繁多，可大致分成叶菜、根菜、瓜果三类，按需要确定采样对象。菜地采样可按对角线或蛇形法布点，采样点不应少于 10 个，采样量根据样本个体大小确定，一般每个点的采样量不少于 1 kg。

从多个样点采集的叶类蔬菜样品，按四分法进行缩分，其中个体大的样本，如大白菜等可采用纵向对称切成 4 份或 8 份、取其 2 份的方法进行缩分，最后分取 3 份，每份约 1 kg 分别装入塑料袋，粘贴标签，扎紧袋口。如需用鲜样进行测定，采样时最好连根土一起挖出，用湿布或塑料袋装，防止萎蔫。采集根部样品时，在抖落泥土或洗净泥土过程中应尽量保持根系的完整。

果菜类植株采样一定要均匀，取 10 棵左右植株，各器官按比例采取，最后混合均匀。收集老叶的生物量，同时收获时茎秆、叶片等也都要收集称重。设施蔬菜地中的植株取样时，应统一在每行中间取植物样，以保证样品的代表性。收获期如果多次计产，则在收获中期采集果实样品进行养分测定；对于经常打掉老叶的设施果类蔬菜试验，需要记录老叶的干物质重量，多次采集计产的蔬菜需要计算经济产量及最后收获时茎叶重量，即打掉老叶的重量；所有试验的茎、叶、果实分别计重，并进行养分测定。

4. 烟草、茶叶类样品

在科学试验中，不同地理区域或同一区域不同处理的烟草生长状况、内在质量有较大差异，各部位、各等级烟叶的成分分布也很不一致。即使在同一区域内部的烟叶，由于烟株生产的微环境或施肥差异等因素，同一处理区域内的植株生长受到多种因素的影响，因此采样一定要有代表性。

烟草、茶叶类样品采集在采样单元内随机选择 15～20 个植株，每株采集上、中、下多个部位的叶片混合成样，不可单取老叶或新叶作为代表样。

4.4 样品制备

4.4.1 样品制备的场所和工具

制样场所的基本要求：①根据本地区样品量分设相应数量的风干室和制样室，风干室应通风良好、整洁、无易挥发性化学物质，并避免阳光直射，制样室应通风良好，每个制样工位应做适当隔离；②制样室内应具备宽带网络条件，并安装在线全方位监控摄像头。

土壤样品制备工具：①晾干用白色搪瓷盘及木盘；②磨样用玛瑙研磨机、玛瑙研体、白色瓷研钵、木滚、木棒、木槌、有机玻璃棒、有机玻璃板、硬质木板、无色聚乙烯薄膜等；③过筛用尼龙筛，规格为 20～100 目；④分装用的具塞磨口玻璃瓶、具塞无色聚乙烯塑料瓶，无色聚乙烯塑料袋或特制牛皮纸袋，规格视量而定。此外，现今很多农产品产地土壤样品的制备采用机器制样的方式进行，比较常用的制样机器包括烘干设备、破碎设备、研磨设备和筛分设备（表 4-3）。

表 4-3　自动化制样机器及参数

名称		图片	参数
筛分机	圆振动筛		型号：ZXS 系列 筛网直径：50 cm 目数：5～300 目 机器总高度：1 m 左右 电压：380 V、220 V
	直线振动筛		型号：XF520-1P、ZF-ZX80、HYSF525、YBVS-3L 外形尺寸：500 mm × 200 mm × 1 400 mm、1700 mm × 900 mm × 900 mm、500 mm × 2 500 mm × 1 000 mm、1 500 mm × 740 mm × 1 000 mm
	椭圆筛		型号：YK2448 筛面层数：1～6 层 筛面长度：4 800 mm 筛孔尺寸：1～100 mm 最大入料粒度：300 mm 重量：8.9 t 功率：22 kW
研磨仪	臼式研磨仪		型号：MG100 进样尺寸：<10 mm 转速：50～130 r/min 样品处理量：10～200 mL 仪器尺寸：400 mm × 456 mm × 502 mm 仪器重量：34 kg

名称		图片	参数
研磨仪	行星式研磨仪		型号：PM-12L 转速：580 r/min 给料粒度：≤10 mm 电机功率：1.5 kW 重量：150 kg
干燥箱	电热鼓风干燥箱		型号：101-2AB 容积：43 L、71 L、136 L、225 L 使用温度范围：10～250℃ 电压：220 V
	真空干燥箱		型号：DZF-1 温度范围：50～250℃ 功率：0.3 kW
破碎机	颚式破碎机 （老虎口）		给料粒度：165 mm 生产能力：4 000 kg/h 电动机功率：11 kW

名称	图片	参数
破碎机	圆锥破碎机	型号：CZS、HPC、PY、HCC 给料粒度：小于 391 mm 生产能力：13～136 t（kg/h） 耗电：30～400 kW
	辊式破碎机	类型：齿辊破碎机、双棍破碎机、四棍破碎机 型号（给料粒度 mm）： 齿棍破碎机： 2PGC450×500（100～200）、 2PGC600×750（300～600）、 2PGC900×900（<800）、 2PGC1 200×1 500（<800） 双棍破碎机： 2PGC400×250（<32）、 2PGC610×400（<36）、 2PGC600×500（<60）、 2PGC750×500（<40）、 2PGC900×900（<40） 四棍破碎机： 4PGC750×500（30～60）、 4PGC900×700（10～100）
	冲击式破碎机	型号（进料尺寸）： 6×8 626（≤30）、6×9 640（≤35）、 6×1 150（≤45）、6×1 270（≤50）
	磨矿机	型号：1MZ-200 转速：1 400 r/min 进料粒度：20 mm 电机功率：1.1 kW 外形尺寸：530 mm×530 mm×800 mm

农产品样品制样工具：①晾干、盛样用搪瓷盘或木盘；②稻穗、麦穗脱粒用脱粒机，去皮用砻谷机，玉米脱粒用硬质木搓板或木块；③磨碎风干样品用高速粉碎机、玛瑙或氧化锆研磨机，切碎新鲜样品用营养调理机、细胞破壁机、硅制刀、不锈钢切刀、不锈钢剪刀等；④过筛用孔径为 0.25～0.4 mm 的尼龙筛；⑤具塞磨口玻璃瓶、具塞玻璃瓶、具塞无色聚乙烯塑料瓶、无色聚乙烯塑料瓶或特制牛皮纸袋，用其分装农产品样品，规格视样品量而定，在分装样品时，应避免使用含有待测组分或对测试有干扰的材料制成的样品瓶分装样品；⑥电子天平、样品制备手持终端、便携式蓝牙打印机、样品标签打印纸、计算机、常规打印机、原始记录表等。

4.4.2 土壤制样方法

土壤样品的制备包括以下步骤。

湿样晾干：在晾干室将湿样放置晾样盘，摊成 2 cm 厚的薄层，并间断地压碎、翻拌，拣出碎石、沙砾及植物残体等杂质。

样品粗磨：在磨样室将风干样倒在有机玻璃板上，用槌、滚、棒再次压碎，拣出杂质并用四分法分取压碎样，全部过 20 目尼龙筛。过筛后的样品全部置于无色聚乙烯薄膜上，充分混合直至均匀。经粗磨后的样品用四分法分成两份，一份交样品库存放，另一份做样品的细磨用。粗磨样可直接用于土壤 pH、土壤阳离子交换量、土壤速测养分含量、土壤元素全量、元素有效性含量分析。

样品细磨：用于细磨的样品用四分法进行第二次缩分成两份，一份留备用，另一份研磨至全部过 60 目或 100 目尼龙筛。过 60 目土样，用于农药或土壤有机质、土壤全氮量等分析；过 100 目土样，用于土壤元素全量分析。

样品分装：经研磨混匀后的样品分装于样品袋或样品瓶。填写土壤标签一式两份，瓶内或袋内放 1 份，外贴 1 份。

4.4.3 农产品制样方法

农产品样品要经缩分分为正样与副样，正样按要求加工，副样分类保存。在加工过程中应尽可能使每一份测试样品均匀取自该样品总量。

1. 粮食等粒状样品加工

粮食等粒状样品应采用四分法缩分。先将粮食样品风干或烘干，用小型脱粒机或凭借硬木搓板于硬木块进行手工脱粒（稻穗、麦穗用小型脱粒机脱粒，玉米用硬木搓板与硬木块进行手工脱粒），反复混合均匀，铺成圆形，过中心点画十字线，把圆分为四等分，去对角线两等分，如此继续缩分至所需数量为止。

2．水果等块状样品及大白菜、包菜等大型蔬菜样品加工

水果等块状样品及大白菜、包菜等大型蔬菜样品应用对角线分割法缩分。先用自来水将样品清洗，至自来水清澈，再用去离子水冲洗 2 次，置于阴凉通风无污染处晾至无水，或用洁净纸（布）擦干。将清洗晾干后的样品垂直放置，中间部分横切，然后上、下两部分分别进行对角线切割，除去非可食部分（可食部分见表 4-4），取所需量的样品。

表 4-4　果、菜、烟、茶监测的可食部分

样品名称	检测部位
苹果、梨等薄皮水果	去蒂、去芯（含籽）带皮果肉和去皮果肉分别供测
柑橘、柚子等厚皮水果	外皮和果肉（含内皮和筋丝）分别供测
番茄、茄子	去蒂供测
黄瓜	去果柄供测
萝卜、胡萝卜	叶、根（用水轻轻洗去根泥，稍晾干）分别供测
烟叶、茶叶	鲜叶、干叶分别供测

3．小型叶菜类样品加工

小型叶菜类样品应采用随机取样法进行缩分。先用自来水清洗至自来水清澈，然后再用去离子水清洗 2 次，置于阴凉通风无污染处晾至无水，或用洁净纸（布）擦干。将清洗晾干后的整株植株（可食部分见表 4-4）粗切后混合均匀，随机取所需量的样品。

4.5　样品检测

4.5.1　土壤重金属全量的检测方法

农田土壤重金属污染监测一般会同时检测土壤理化性质，如 pH、阳离子交换量、有机质、机械组成、Eh 等指标，以及重金属全量指标，一般包括 Cd、Hg、As、Pb、Cr、Cu、Zn、Ni。其中，由于 Cu、Zn、Ni 属于农作物生长必需的微量元素，有时在农田土壤环境监测时也可以不涉及此三项指标。

土壤理化性质中，只有 pH 是每次监测时必须要进行测定的，其余指标一般年际变化不大，可按比例抽样测定，或设定频率几年测定一次即可。

1．标准检测方法

土壤重金属全量的测定，一般情况下应采用国家标准方法，有时也可以考虑某些行业标准。表 4-5 汇总了目前主流的几种土壤重金属全量的检测方法。

表 4-5 土壤重金属全量检测方法汇总

重金属	方法名称	标准号	样品消解方法	方法检出限	优缺点	适用条件
As	二乙基二硫代氨基甲酸银分光光度法	GB/T 17134—1997	电热板消解法	0.5 mg/kg（按称取 1 g 试样计算）	该方法准确度高，但操作步骤较多，容易出现零管吸光度值高、标准曲线相关系数较低、标准曲线中某浓度的吸光度值下降等	适用于土壤 TAs 的测定
	硼氢化钾-硝酸银分光光度法	GB/T 17135—1997	电热板消解法	0.2 mg/kg（按称取 0.5 试样计算）	—	适用于土壤 TAs 的测定
	原子荧光法	GB/T 22105.2—2008	王水沸水浴消解法	0.01 mg/kg	自动化程度高、回收率高、仪器简单、灵敏度高、检出限低、谱线简单、干扰少、试剂用量少等；测定大批量样品耗时较长，消解定容后溶液酸度不一致，导致全程空白平行及样品平行测定值偏差大	适用于少量土壤样品的测定
As	氢化物-原子荧光光谱法（标准中未命名）	NY/T 1121.11—2006	王水沸水浴消解法	0.4 μg/L	干扰离子少、操作简便快速、灵敏度高，适合大批量土壤样品的分析，缩短了分析时间，提高了分析效率，节约了成本	适合大批量土壤样品的分析
	微波消解/原子荧光法	HJ 680—2013	微波消解法	0.01 mg/kg，测定下限为 0.04 mg/kg（样品为 0.5 g）	酸的用量减少，降低了试剂的污染，减少了测试过程中酸对环境的污染和对人体的危害，并具有精密度精确、回收率好、准确度较高等优点	适用于土壤和沉积物中 As 的测定
Cr	火焰原子吸收分光光度法	HJ 491—2009	电热板消解法/微波消解法	5 mg/kg（按称取 0.5 g 试样消解定容至 50 mL 计算），测定下限为 20.0 mg/kg	操作简便、精密度和准确度比较高、干扰少	适用于土壤中 TCr 的测定
	二苯碳酰二肼光度法	NY/T 1121.12—2006	电热板消解法	0.11 mg/kg（标准中未规定，文献中提供）	消解完全、准确度和精密度高、误差小、灵敏度高	适用于各类土壤 Cr 的测定

重金属	方法名称	标准号	样品消解方法	方法检出限	优缺点	适用条件
Cr	王水回流消解原子吸收法	NY/T 1613—2008	王水回流消解法	5 mg/kg	省时、省力、效率高，可一次消解分别测定 6 种元素（Cr、Cd、Pb、Cu、Ni、Zn）	适用于土壤中 Cu、Zn、Ni、Cr、Pb 和 Cd 的测定
Cd	石墨炉原子吸收分光光度法	GB/T 17141—1997	电热板消解法（文献中常用微波消解法）	0.01 mg/kg（按称取 0.5 g 试样消解定容至 50 mL 计算）	简便、操作快速、重现性好、灵敏度高、结果准确等	适用于土壤 Pb 的测定
	王水回流消解原子吸收法	NY/T 1613—2008	王水回流消解法	0.01 mg/kg（石墨炉法），0.2 mg/kg（火焰法）	排除了高沸点酸对测含量的干扰，降低了测量的空白值，极大地缩短了样品前处理时间，简化了操作流程，大幅提高了工作效率，检出限、精密度和准确度均满足土壤分析方法的要求	土壤中 Cd 含量在 5 mg/kg 以上时适用于火焰原子吸收法，Cd 含量在 5 mg/kg 以下时适用于石墨炉原子吸收法
Cd	KI-MIBK 萃取火焰原子吸收分光光度法	GB/T 17140—1997	电热板消解法（文献中也用微波消解法）	0.05 mg/kg（按称取 0.5 g 试样消解定容至 50 mL 计算）	分析速度快、测定结果准确度和精密度高、节省人力等	适用于测定土壤 Cd
Pb	石墨炉原子吸收分光光度法	GB/T 17141—1997	电热板消解法	0.1 mg/kg（按称取 0.5 g 试样消解定容至 50 mL 计算）	快速灵敏、准确、重现性好等	适用于土壤 Pb 的测定
	原子荧光法	GB/T 22105.3—2008	电热板消解法	0.06 mg/kg	灵敏度高、线性范围宽、准确度高、干扰少	适用于土壤中 TPb 的测定
	王水回流消解原子吸收法	NY/T 1613—2008	王水回流消解法	5 mg/kg（火焰法）、0.1 mg/kg（石墨炉法）	操作简单、快速、灵敏度高等	土壤中 Pb 含量在 25 mg/kg 以上时适用于火焰原子吸收法，Pb 含量在 25 mg/kg 以下时适用于石墨炉原子吸收法
	KI-MIBK 萃取火焰原子吸收分光光度法	GB/T 17140—1997	电热板消解法	0.2 mg/kg（按称取 0.5 g 试样消解定容至 50 mL 计算）	分析速度快、测定结果准确度和精密度高、节省人力等	适用于测定含 Pb 量较低的土壤

重金属	方法名称	标准号	样品消解方法	方法检出限	优缺点	适用条件
Pb	冷原子吸收分光光度法	GB/T 17136—1997	电热板消解法	0.005 mg/kg（按称取 2 g 试样计算）	灵敏度低	适用于测定土壤 Pb
Hg	原子荧光法	GB/T 22105.1—2008	王水沸水浴消解法	0.002 mg/kg	检测灵敏度高，对非检测元素的抗干扰能力较强，检出限低，能够检测样品中极少量的微量元素，设备简单、经济	适用于土壤中 THg 的测定
	氢化物-原子荧光光谱法（标准中未命名）	NY/T 1121.10—2006	王水沸水浴消解法	本部分最低检出量为 0.04 ng Hg，若称取 0.5 g 样品测定，则最低检出限为 0.002 mg/kg，测定上限可达 0.4 mg/kg	操作简单、灵敏度高、消解速度快、用酸量少	本部分适用于一般土壤中痕量 Hg 的测定
	微波消解/原子荧光法	HJ 680—2013	微波消解法	0.002 mg/kg，测定下限为 0.008 mg/kg	酸的用量减少，降低了试剂的污染，减少了测试过程酸对环境的污染和对人体的危害，并具有精密度精确、回收率好、准确度较高等优点	适用于土壤和沉积物中 Hg 的测定
Cu	火焰原子吸收分光光度法	GB/T 17138—1997	电热板消解法	1 mg/kg（按称取 0.5 g 试样消解定容至 50 mL 计算）	操作过程烦琐，消解不完全，待测成分易损失，准确度不易把握	适用于土壤 Cu 的测定
	王水回流消解原子吸收法	NY/T 1613—2008	王水回流消解法	2 mg/kg	省时、省力、效率高，可一次消解分别测定 6 种元素（Cr、Cd、Pb、Cu、Ni、Zn）	适用于火焰原子吸收法
Ni	火焰原子吸收分光光度法	GB/T 17139—1997	电热板消解法	5 mg/kg（按称取 0.5 g 试样消解定容至 50 mL 计算）	消化过程中酸的消耗量大，消化时间长，试样易沾污；在高氯酸冒烟赶氟的操作中，时间不够或过长均将直接导致土壤中金属测定结果的偏高和偏低	适用于土壤 Ni 的测定
	王水回流消解原子吸收法	NY/T 1613—2008	王水回流消解法	2 mg/kg	省时、省力、效率高，可一次消解分别测定 6 种元素（Cr、Cd、Pb、Cu、Ni、Zn）	适用于火焰原子吸收法

重金属	方法名称	标准号	样品消解方法	方法检出限	优缺点	适用条件
Zn	火焰原子吸收分光光度法	GB/T 17138—1997	电热板消解法	0.5 mg/kg（按称取 0.5 g 试样消解定容至 50 mL 计算）	操作过程烦琐，消解不完全，待测成分易损失，准确度不易把握	适用于土壤 Zn 的测定
	王水回流消解原子吸收法	NY/T 1613—2008	王水回流消解法	0.4 mg/kg	省时、省力、效率高，可一次消解分别测定 6 种元素（Cr、Cd、Pb、Cu、Ni、Zn）	适用于火焰原子吸收法

2．非标准检测方法

在某些特殊的情况下，土壤重金属全量的检测会选择一些非标准的检测方法，如随着电感耦合等离子体质谱（Inductively Coupled Plasma Mass Spectrometry，ICP-MS）的快速发展，其高效的检测能力为越来越多的检测机构所接收。但是，到目前为止，利用 ICP-MS 检测土壤重金属全量尚未制定相应的国家标准，因此在实际监测工作中，特别是国家组织的大规模监测活动中，必须经过特殊的审批程序才可以进行应用。

4.5.2　土壤重金属有效态的检测方法

土壤重金属有效态这个概念在业内一直存在较大的争议。支持做有效态分析的专家认为，相比土壤重金属全量，有效态含量更能体现出于农作物吸收、富集之间的相关关系，但是反对做有效态分析的专家则认为，有效态概念不明晰，众说纷纭。有效态与重金属全量不同，它并不是一个稳定的数值，受影响因素众多，难以客观反映土壤和农作物之间的对应关系。

1．重金属有效态的定义

土壤重金属有效态，有时也被称为可利用态、可提取态、化学提取态、活性态等。由此可见，不同的专家对土壤重金属有效态的理解是不太一样的。从理论上说，对于土壤中的重金属元素，凡能够被植物直接吸收利用的部分就可以被称为有效态。但现实情况是，除非在植物成熟期采样检测，否则难以直接测定植物真正吸收利用的部分。因此，更多是以化学试剂提取的方式模拟植物吸收利用的过程，也就是化学提取态。

化学浸提法，即采用一种适当组成与组成量度的试验溶液（一种或几种试剂）按照一定的土液比与浸提方法进行浸提，然后测定浸提液中的重金属含量。虽然能在一定程度上表征重金属的生物有效性，但由于多种因素（土壤类型、酸度、多金属间的作用、金属在不同植物不同部分的迁移）对生物提取剂的影响，使其很难准确表征多种金属的生物有效性。

2. 重金属有效态的检测方法

我国当前土壤重金属有效态的标准方法主要有《土壤有效态锌、锰、铁、铜含量的测定　二乙三胺五乙酸（DTPA）浸提法》（NY/T 890—2004）、《土壤质量　有效态铅和镉的测定　原子吸收法》（GB/T 23739—2009）、《土壤检测　第 9 部分：土壤有效钼的测定》（NY/T 1121.9—2012）、《森林土壤有效锌的测定》（LY/T 1261—1999）、《森林土壤有效钼的测定》（LY/T 1259—1999）、《森林土壤有效铜的测定》（LY/T 1260—1999）和《土壤 8 种有效态元素的测定　二乙烯三胺五乙酸浸提-电感耦合等离子体发射光谱法》（HJ 804—2016）等，基本都采用二乙基三胺五乙酸（DTPA）或 0.1 mol/L 盐酸浸提剂，也有部分采用硝酸-高氯酸-硫酸、草酸-草酸铵或 EDTA 浸提剂。

各种浸提剂各有其适用范围，对于不同类型的土壤，它们提取的有效态重金属元素与作物吸收的吻合程度不同，有时这种"化学有效性"重金属与真正的生物有效性尚有差异。对于不同类型的土壤，同一种浸提剂的提取效果往往可比性不好；反之，对于不同类型的浸提剂，同一土壤的提取效果也没有什么可比性。这也是有效态分析经常被业内诟病的一个原因。不过，经过多年的实践，对于有效态的分析也得到一些粗浅的规律。例如，对于我国重金属污染的重灾区——南方酸性土水稻产区，$CaCl_2$ 浸提剂是比较适宜的一种土壤有效态测定方法。但是，对于北方地区，还没有找到一种普适性的提取方法，目前来看使用 0.1 mol/L 的盐酸效果还可以接受。

4.5.3　农产品重金属含量的检测方法

1. 农产品样品的前处理方法

（1）湿法消解

该方法指利用强酸、过氧化氢、高锰酸钾等强氧化剂将样品中的有机物质分解、氧化，使待测组分转化为可测定形态的方法，常用的强酸有硝酸、高氯酸、硫酸，氧化剂有过氧化氢。一般称取干试样 0.3～1.0 g、鲜试样 1～3 g（水分含量高的可适当增加称样量），放置于三角锥形瓶中，再放数粒玻璃珠，加 10 mL 左右的酸溶液，保鲜膜包裹浸泡过夜，加一小漏斗，在电热板上进行消解。最好选用可控温的电热板，精确控温可有效防止待测元素因温度过高造成损失。一般先低温后高温进行缓慢消解，若消解液呈棕黑色，需补加硝酸消化至溶液澄清、无色或略带微黄色。

根据样品基体的类型，选择不同的湿法消解体系。湿法消解的试样可分为三大类：简单易消解的试样、有机物含量低的试样、有机物含量高的试样。不同试样选择不同的酸体系，易被氧化消解的样品选择单一硝酸即可，但是一般单一性酸不易将样品分解彻底，且操作较危险，因此选用两种或两种以上的酸和氧化剂能使有机物质平稳快速地消解。合适的酸体系对加快破坏有机物是非常关键的，同时要注意对温度的控制，以达到快速、安全的消解效果。

（2）干法灰化

该方法指将试样置于坩埚内，于 500～550℃加热，使待测物质分解、灰化，所得残渣再用适当溶剂溶解后进行测定。一般多用稀 HCl 或稀 HNO₃，若直接用浓 HNO₃ 溶解，容易使某些元素钝化而难以全部转入溶液中进而造成损失。该方法试剂用量少，适合微量元素分析，但不宜处理易挥发组分的样品。在灰化过程中，灰化损失会因元素在试样中的存在形式、元素性质及样品基体成分而有所不同。元素损失率较大，可能是因其在样品中的存在形式是挥发性的，如 Cr、As 等元素。Cd 在灰化过程中，易被碳化的有机物因还原成金属镉而挥发损失。待测元素残留于坩埚壁内壁也会造成不同程度的灰化损失。在灰化快结束时加入少许硝酸，可加速除去残留于内壁上的微量碳分。但测定 Cr 等元素时不可使用硝酸，因为它会加速待测元素的挥发损失。

（3）微波消解

该方法是近年来比较热门的消解技术，是一种快速、高效、节能的样品前处理方法，主要利用温度和压力来提高酸的沸点，以加速样品的消解。微波消解选择的温度和压力是样品消解的关键，温度起决定性作用，压力是在温度的影响下产生的结果，再有适当的时间来保证样品的完全消解，而功率则是根据样品的多少来设定的。农产品样品因种类繁多、成分多样、形态不一，消解条件也随之不同。微波消解的好坏不仅与微波的时间和功率有关，还与试样的组成及酸的种类和用量有关。酸体积的用量因消解管容积而异，一般干试样 0.3～0.5 g、鲜试样 1～2 g，样品和加酸体积最好保持在微波管容积的 1/3 左右，最大不超过 1/2，否则易引起爆管，如容量为 20 mL 的微波管，消化液大概在 6 mL 即可，因取样较少，对含量较低的应定容至 10 mL。另外，可根据消解液的颜色来判断是否消解完全，样品消解不完全会出现不同程度的浑浊，液体呈深黄色或深绿色，消解完全的样品应澄清透明，消解液颜色会因样品消解难易和加酸量的多少而不同，多为无色或淡黄色。一般易消解的样品，如液体类样品、蔬菜水果等为无色透明状，难消解的样品，如植物油、高脂肪肉及制品、糕点、纤维含量高的芹菜等为黄色，即使赶酸至近干，定容后仍为黄色。

2．农产品样品的检测方法

目前，我国农产品中重金属含量的检测方法基本上采用的是国家标准 GB 5009 系列（表 4-6）。

表 4-6　农产品中重金属含量的检测方法汇总

检测项目	检测方法	引用标准
总砷	电感耦合等离子体质谱法	GB 5009.268
	氢化物发生原子荧光光谱法	GB 5009.11
总铅	电感耦合等离子体质谱法	GB 5009.268
	石墨炉原子吸收光谱法	GB 5009.12
总镉	电感耦合等离子体质谱法	GB 5009.268
	石墨炉原子吸收光谱法	GB 5009.15
总汞	电感耦合等离子体质谱法	GB 5009.268
	原子荧光光谱分析法	GB 5009.17
	冷原子吸收法	GB 5009.17
总铜	电感耦合等离子体质谱法	GB 5009.268
	石墨炉原子吸收光谱法	GB/T 5009.13
	火焰原子吸收光谱法	GB/T 5009.13
总锌	电感耦合等离子体质谱法	GB 5009.268
	火焰原子吸收光谱法	GB 5009.14
总镍	电感耦合等离子体质谱法	GB 5009.268
	石墨炉原子吸收光谱法	GB/T 5009.138
总铬	电感耦合等离子体质谱法	GB 5009.268
	石墨炉原子吸收光谱法	GB 5009.123
无机砷	液相色谱-原子荧光光谱法	GB/T 5009.11
	液相色谱-电感耦合等离子体质谱法	GB/T 5009.11

4.6　样品保存

4.6.1　土壤样品长期保存

　　农业环境样品的妥善保存对研究农业环境的历史变迁具有重要的战略意义。然而，我国目前的农业环境样品，特别是土壤样品的保存条件依然称不上条件完善。以农业农村部环境保护科研监测所为例，从 20 世纪 70 年代开展国家土壤背景值调查开始进行农业土壤样品的收集和整理工作，同时依托"全国农产品产地土壤重金属污染普查""全国土壤污染状况详查"等全国性专项调查监测，已收集了覆盖全国的 130 多万份农产品产地土壤样品和 2 万多份农产品样品。但是，由于缺乏专业的土壤样品库，只能存放在市郊临建仓库和租赁库房，不具备专业存放条件。此外，农业农村部办公厅和生态环境部办公厅联合出台的《国家土壤环境监测网农产品产地土壤环境监测工作方案（试行）》（农办科〔2018〕19 号）明确要求"农业农村部门基于农产品质量安全，布设农产品产地风险点位，开展农产品产地土壤与农产品协同监测工作""建立农产品产地土壤环境监测样品库，包括土壤样品、农产品样品及其他相关资料"。生态环境部办公厅出台的《关于做好全国土壤污染状况详查农产品样品入库工作的通知》（环办土壤函〔2018〕1375 号）明确指出，"科学规范开展农产品样品入库工作是长期、有序保存农产品样品的重要前提。"这意味着还将有百余万份样品需要保藏。但受限于资金、场所、保存技术等，现代化、智能化样品保藏欠缺，农业农村环境样品库建设还是短板，不能实现农产品产地环境样品的长期战略性保藏。

国际上，土壤样品保存主要采用国际标准化组织（ISO）发布的《土壤质量　土壤样品长期和短期保存指南》（ISO 18512：2007），该指南已经被英国等国家直接采纳，成为英国土壤样品保存的规范。该指南可对土壤样品保存，包括长期保存和短期保存提供指导。由于该指南已经在国际上得到应用，我们建议直接采纳该指南，用来规范我国土壤样品保存的条件。我国于 2016 年颁布了《土壤质量　土壤样品长期和短期保存指南》（GB/T 32722—2016）全文翻译了 ISO 的上述指南。该标准规范了光照、温度、湿度、方便性、保存时间、容器种类和样品保存量等因素，以及样品和保存条件的文档记录等内容。

4.6.2　农产品样品长期保存

农产品样品长期保存场所需要满足以下几个条件。①仓库结构。土壤样品库房结构一般应包括土壤样品处理室、土壤无机样品陈列室、土壤有机样品保存室、监控和配电室等，其中样品陈列室要求房间开阔，便于展示和管理，为避免阳光直射样品，朝阳面可设参观走廊，样品库地面（楼板）承重力一般在 $800\,kg/m^2$ 以上，最好设在一层。②光照。光照会影响某些物质的含量，特别是有机成分，对此应加以考虑和注意，如使用棕色玻璃瓶或在完全黑暗的条件下保存样品。③温度。温度的选择往往十分重要，因为温度会影响样品中生物的活性，因此温度是设置保存设施时考虑的主要因素。在有些情况下，室温条件就可以了，但是在许多情况下需要冷藏或冷冻来减弱生物活性。在特殊情况下，需要液氮保存。有些高质量的样品宜考虑在−80℃甚至更低的温度下保存，以便论证样品在低温下是否稳定。④湿度。除非温度足够低，否则湿度会引起土壤样品的微生物活性或化学性质的改变，所以控制湿度十分重要。如果样品不是保存在密闭的容器里，保存设施应常年维持低湿度，如果使用密闭的容器，保存期间样品的湿度不会变化。此种情况下，应该确保样品的原始湿度足够低，以抑制微生物的活性。⑤防虫。样品库内定点放置防虫防鼠设施和药品，以保证室内不出现害虫和老鼠。⑥监控。样品库设置影像监控设备、污染防控和环境条件控制措施，如参照种子库的保存温度，根据样品的保存期限，建议短期库10℃、中期库0℃、长期库–18℃，如果温度正负超过了2℃，就会发出警报。⑦样品架。土壤样品存放应充分利用空间，将样品置于多层抽屉保存，样品抽屉架规格自定。样品抽屉架材料需考虑到样品承重，注意增加抽屉架的高度，以防架子变形。可考虑定制质量好的钢架。⑧样品库装修特殊要求。样品库中高Hg含量的土壤样品，可保存在（4±2）℃的冷藏柜（立式）中防止其挥发，冷藏柜加房屋用电不低于10 kVA；样品库可有杀菌和通风换气功能，安装紫外灯和内吸式换气扇，对房间屋顶进行无尘化处理。

对于长期保存的农产品样品，应着重注意以下几点。①湿度检测。采用湿度检测仪检查其湿度，若湿度高于10%，应尽快进行充分风干。②干燥。应及时利用风干设备对样品进行风干处理，将样品放入干净的玻璃宽口容器中，放入烘箱在60℃及以下烘干至恒重且湿度不超过10%，风干过程中勤于观察、翻动样品，防止样品霉变、腐蚀、变质，直至样品连续称重为衡重。③防虫。在铝箔样品袋外、棕色玻璃瓶内按照每500 g样品放入无纺布包装的0.25 g谷虫净或6%防虫磷颗粒剂或0.02 g的保粮磷，以防止虫害。对于不测试无机指标的样品，可按照每500 g样品使用0.25 g谷虫净或6%防虫磷颗粒剂或0.02 g的保粮磷的量将防虫剂散落放入样品袋内。

第 5 章

耕地土壤环境风险评价

环境风险评价是指对人类经济活动所引发的一系列对人体健康、社会经济及生态系统可能造成的损失进行评估、决策和管理的过程，其中土壤环境风险评价是其重要组成部分[1]。土壤污染环境风险评价大致可分为两大类：基于人体健康风险的评价和基于生态环境风险的评价，而对于耕地土壤环境风险评价来说，核心是基于农产品质量的生态环境风险评价。本章我们将介绍耕地土壤重金属污染风险评价的相关方法和案例。

5.1 耕地土壤重金属污染风险评价方法

5.1.1 污染风险评价的标准基础

耕地土壤、农产品重金属污染风险评价标准值是根据生态毒理学数据、土壤 pH、土壤及农产品种类等，基于不同暴露情景及途径下的暴露模型，参考相关毒理学模型模拟得出的生态阈值。具体来说，它们都是基于累积概率或经验分布函数拟合不同生物样本对污染物胁迫的敏感度差异，构造物种敏感性分布（Species Sensitivity Distributions，SSD）曲线，以描述生物对重金属污染物的累计概率分布，最终根据生物对外源污染物的敏感性来估算其毒性阈值的（一定时间间隔内引起生物体10%毒害效应的浓度 EC_{10} 或半数致死浓度 LC_{50} 等毒性阈值）。SSD 法可从污染物环境浓度出发，获得潜在影响的比例（Potential Affected Fraction，PAF），用于表征农作物或土壤的生态风险[2]。

土壤环境质量标准依据有限的土壤生物毒性测试数据，以 EC_{10}/NOEC 或 EC_{50}/LC_{50} 或 NOEC 为毒性试验终点，基于不同 pH 下的农产品产地土壤（包括水稻产地、蔬菜产地及其他农产品产地）构建暴露模型，确定其风险筛选值，如作物减产 10% 时的土壤中污染物浓度。由于土壤类型复杂多样，不同区域土壤性质差异较大，同一种污染物进入土壤后的生物毒害不同，土壤生态阈值的建立更多地考虑了土壤和植物性质的差异。

美国国家环保局基于植物毒性值数据集，计算了90%的重金属元素的最低观测效应浓度（Lowest Observed Effects Concentrations，LOECs），并以此为植物毒性的毒理学终点（toxicological endpoints）确定了陆生植物的潜在污染物毒性筛选基准。研究表明，植物毒性值（LOECs）可以指示重金属对生态环境的毒性效应，能够为人体摄入重金属元素提供更严格的风险筛选水平（Soil Screening Levels，SSLs）[3]。荷兰公共卫生与环境保护国家研究所（RIVM）根据阈值效应将污染物分为非致癌物质和致癌物质，针对人体和土壤污染物的生态毒理影响，根据 CSOIL 模型和潜在风险暴露模型推导了人体毒性风险限值[4]，定义生态毒理学风险限值为生态系统的 50%受影响的危害水平（Hazardous Concentration 50，HC_{50}），采用 TRIAD 方法（毒理学模型）计算了生态风险[5]。为保护人体健康和生态环境，土壤综合干预值取人体毒性风险限值和生态毒理学风险限值中的最低值。

农产品重金属污染风险标准依不同农产品种类而不同，农产品种类包括水稻、玉米、小麦、大豆、水果、蔬菜（茄果类、叶菜类、豆类、根茎类）、茶叶，基于农作物生长环境中的生物对农作物可食部位中重金属元素的敏感性构造累计概率分布函数，确定限量标准值。20 世纪 90 年代，加拿大已将 SSD 应用到土壤及沉积物的环境质量标准的制定工作中[6]，用以保护与土壤及沉积物有联系的动植物。荷兰政府应用 SSD 制定了各类环境单元的环境风险极限，丹麦利用 SSD 较好的生态毒理基础建立了旨在保护陆生和水生生物的生态质量标准[2]。

物种敏感性分布或生态毒性阈值与暴露模型的结合，为建立不同土壤条件下的风险评价筛选值、不同农产品种类下的限量标准值奠定了科学基础。

5.1.2　土壤重金属污染风险评价

土壤环境质量标准是衡量土壤环境质量的标尺。如何选用适应当地的土壤环境质量标准已经成为区域土壤环境质量管理面临的首要问题。目前，现有的农田土壤重金属评价参比标准主要为国家和地方两级尺度上的标准，且多为国家标准。长期的农田土壤重金属环境质量评价标准使用实践表明，现行国家土壤环境质量标准是根据最严的基准值制定的，对于各区域标准来说，国家标准偏离区域实际风险估计。国家标准基于全国主要农田土壤类型、土地利用方式及污染介质中的重金属平均元素含量等评价指标，用于宏观评价全国区域大地理背景下的农田土壤环境质量；地方标准根据区域实际情况制定最符合当地需求的土壤污染风险标准，每一区域在国家标准的基础上，考虑当地自然地理和地球化学等区域特征，根据主要污染物的类型和特点，制定符合本区域实际情况的更为详细可靠的土壤环境质量评价标准。针对某一特定地区的重金属污染风险，国家标准的评价误差往往较地方标准大，甚至在某些地区得出与实际情况相矛盾的结果。地方标准则较好地考虑了地区土壤背景暴露，在实际应用过程中更符合区域实际情况，更有利于地区社会经济发展对土壤环境质量的要求。

另外，《土壤污染防治行动计划》要求各地基于国家标准制定相应的地方土壤污染风险防治方案，健全土壤污染防治相关标准和技术规范，划定农用地土壤环境质量类别，实施农业土地分类管理。各地落实工作中最重要的任务之一就是制定适应当地的土壤污染风险防治方案。因此，土壤环境质量污染风险标准筛选及使用具有重要的理论和现实意义。

全国性土壤环境质量污染风险评价标准是《土壤环境质量　农用地土壤污染风险管控标准（试行）》，在第 1 章中已对其做过详细介绍，此处不再赘述。在地方层面，如《土壤重金属风险评价筛选值　珠江三角洲》（DB44/T 1415—2014）是广东省根据珠江三角洲区域土壤理化性质、成土母质、土壤类型、土地利用方式等特点，基于全面科学的农田土壤与农作物的采样调查获取的丰富的土壤环境质量数据，借鉴国际上土壤和农作物污染风险管理的先进经验而制定的地方性土壤环境质量污染风险标准。同时，必须指出的是，仅仅依靠土壤重金属风险估计无法明确地表达污染物的危害性、人体暴露于污染物的脆弱性，必须引入农产品重金属污染评价与土壤环境质量污染风险协同考虑。

5.1.3　土壤与农产品重金属污染风险协同评价

当我们用土壤环境质量标准去评价土壤是否污染时会发现，受污染土壤上的农作物可食部分的污染物含量可能存在没有超过相关食品中污染物限量标准的情况，即土壤污染超标而农作物不超标。这可能是由于作物对土壤中某些重金属的吸收能力较弱，或该区域土壤性质调控的作物生物有效性较低，或吸收后达到可食部分较少等缘故。所以，土壤是否污染最终应该根据其地上农作物来判断，即利用土壤环境质量标准（筛选值）初步评价后，还应该进一步采用农作物标准分析农作物对重金属的累积能力，以此来判断最终的风险水平。《食品安全国家标准　食品中污染物限量》（GB 2762—2017）是原国家卫计委基于人体健康、污染物的种类及理化性质、重金属含量、农产品种类权威发布的农产品中重金属限量标准，该标准不分地域，具有广泛的适用性，是防控农田土壤重金属污染影响人体健康的最后一道防线，尤为关键。

理论上，仅仅采用农产品重金属限量标准，杜绝受污染农产品进入流通市场，可以控制住农田土壤重金属对人体健康的威胁。但是我们需要注意两点，一是单一层次的农产品风险评价标准不利于多元化的土地利用，因为土壤中重金属元素含量高，农作物中重金属含量却不一定高，若只以农产品标准评价污染物对人体的健康风险，很可能导致确定农田地块上绝对的单一土地用途。若辅以土壤重金属风险标准，构建层次性的土壤-农产品协同风险标准，则能够了解土壤重金属污染程度，可以掌握土壤重金属污染与农产品重金属污染，甚至与人体重金属摄取的关系。二是将土壤、农作物重金属风险评价分开考虑，意味着将重金属污染物在土壤—农作物—人体体系中的累积、迁移、转化等过程割裂开来，也不能达到很好的风险评价和污染治理效果。因此，建立农田土壤和农产品重金属协同污染风险评价体系，是目前土壤环境质量污染风险管控策略制定最好的选择。

5.1.4　耕地土壤环境风险评价工作程序

耕地土壤重金属污染风险评价工作可划分为资料收集与分析、地理单元划分、点位风险评价和区域污染风险评价几个阶段。耕地土壤重金属污染风险评价工作程序见图5-1。

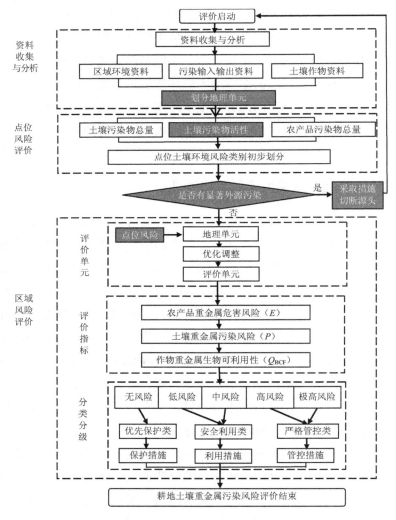

图 5-1　耕地土壤重金属污染风险评价工作程序

1. 资料收集与分析

资料收集与分析是指全面收集区域概况资料、土壤污染源资料、土壤环境和农产品资料及其对应的图件资料等，并通过分析研究有关信息划分区域内的地理单元，为污染风险评价提供基础支撑。相关资料主要包括地理位置、地形地质、水文条件、气候与气象、社会经济情况、土地利用情况、污染输入与输出、土壤特征资料等信息。

2. 地理单元划分

根据行政区域、流域水系、气候气象、地形地貌、水文地质及成土母质、土壤类型等要素的相对一致性划分地理单元。原则上，每个地理单元必须仅属于同一行政边界范围内，方便地块的属地管理。

3. 点位风险评价

等级划分指标采用土壤单因子指数和农产品单因子指数相结合的方法[7]。土壤指数（P_i）和农产品指数（E_i）计算公式如下：

$$P_i = C_i / C_{oi} \tag{5-1}$$

式中：P_i——土壤重金属 i 的单因子指数；

$\quad\quad C_i$——土壤重金属 i 的实测浓度，mg/kg；

$\quad\quad C_{oi}$——土壤重金属 i 的污染风险评估参比值，mg/kg，采用 GB 15618—2018 中规定的土壤污染风险筛选值。

$$E_i = A_i / S_i \tag{5-2}$$

式中：E_i——农产品中重金属 i 的单因子指数；

$\quad\quad A_i$——农产品中重金属 i 的实测浓度，mg/kg；

$\quad\quad S_i$——农产品重金属 i 的限量标准值，mg/kg，采用 GB 2762—2017 中规定的食物中污染物限量标准。

等级划分依据土壤指数和农产品指数将点位稻田土壤重金属风险等级划分为 6 类 7 级，划分依据见表 5-1。

表 5-1　稻田土壤重金属点位风险等级划分依据[7]

污染物	划分依据		级别	风险等级
	土壤指数	农产品指数		
重金属	$P_{imax} \leqslant 1$	$E_i \leqslant 1$	I	无
	$P_{imax} > 1$	$E_i \leqslant 1$	II	潜在风险
	$P_{imax} \leqslant 3$	$1 < E_i \leqslant 2$	III	低
	$P_{imax} \leqslant 3$	$2 < E_i \leqslant 3$	IV	中
	$P_{imax} > 3$	$1 < E_i \leqslant 3$	V	中
	$P_{imax} \leqslant 5$	$E_i > 3$	VI	高
	$P_{imax} > 5$	$E_i > 3$	VII	极高

注：P_{imax} 为土壤重金属最大的单因子指数。

4．区域污染风险评价

确定评价单元，通过评估评价单元内土壤重金属污染风险、农产品重金属危害风险、重金属生物可利用性和土壤污染源输入风险等因素的情况，反映区域内耕地土壤和农产品重金属污染情况，划分区域内耕地土壤重金属风险等级，为重金属污染耕地分类分级管理提供依据。评价单元是在地理单元的基础上，原则上将受同一污染源影响且污染程度相似的区域划为同一风险评价单元，具体需综合考虑点位风险评价结果、区域污染源类型因素，结合土地利用方式、地块边界等因素综合确定风险评价单元的区域和边界。划分原则依照自然背景一致性、污染同源性和行政管理区域性三项原则[7]。

（1）划分方法

基于收集资料与自然背景专题图件，采用地统计、空间叠置等空间分析方法，依次叠置求交集划定以下边界，直到划定自然背景、污染源相对均一，有利于行政管理的要求，形成自然背景-污染源-行政管理的复合地理单元。

①自然背景边界

首先，根据流域水系与气候信息确定流域与气候边界；其次，根据地球化学背景数据确定地质、地形地貌均一的边界；再次，根据土壤类型、土地利用现状划定土壤-耕地类型边界；最后，根据农作物种植结构信息划定农产品类型边界。将以上边界求空间交集划定自然背景均一的边界。

②污染源范围

根据污染物输入与输出通量数据划定污染源范围，与自然背景均一单元求空间交集以获取自然背景-污染源复合边界。

③行政边界辅助管理

为了便于行政管理、治理与评价，自然背景-污染源复合边界与行政边界（至少精细到乡镇）求空间交集，每个地理单元必须仅属于一个行政单元，一个行政单元内可以包括多种自然背景-污染源复合单元。

（2）划分步骤

①空间插值方法选择

数据预处理：使用空间数据探索性分析，对调查点位数值进行数据分布形态分析，检验数据分布的正态性，对不符合正态分布的普查数据用对数变换和幂变换进行变换处理，尽可能使变换后的数据服从正态分布（对于明显离群值应暂时搁置，不纳入插值制图过程）。预先对数据进行描述统计与形态分布分析，包括数据均值、方差、协方差、独立性和变异函数估计等。

完成地统计模型拟合：应用趋势面分析模块进行全局趋势分析，并在地统计建模中剔除全局趋势，提高空间插值精度，结合半变异/协方差云图进行点位数值的空间相关性和方向变异性分析，实现变异函数模型拟合。

空间插值模型选择：视数据分布形态选择合适的空间插值方法，如普通克里格、反距离权重、径向基函数等，并根据下述标准判定插值方法的有效性：标准平均值接近于 0，标准均方根预测误差接近于 1。

②污染风险等级边界划定

统一坐标系，对数据进行预处理，对位置异常和统计异常数据进行进一步核实修改，直到符合实际情况；依次调查点位土壤和农产品重金属含量、土壤 pH 进行空间插值，选用合适栅格精度（建议不超过 30 m）；将土壤-农产品重金属含量、土壤 pH 数据进行叠置分析，栅格计算；再使用行政边界和耕地类型（土地利用）矢量数据进行裁剪或者求空间交集，初步划分为无风险、低风险、中度风险与高风险区域。

③污染风险评价单元划分

在初步划定的污染风险等级边界的基础上，依据单元划分原则，将污染风险等级边界与土壤类型、地质类型、污染源、高程、种植结构、河流水系（选择性增加社会经济、灌溉和气象）数据进行空间叠制分析，划定污染风险评价单元。

④审核与认定

通过交叉检验、显著性差异分析、专家经验分析与现场抽样核查复核方法进行风险区划定及检验与审核。

（3）评价指标

采用农产品重金属危害风险、土壤重金属污染风险、重金属生物可利用性和土壤重金属污染源输入风险相结合的评估方法，评估指标分别为农产品重金属污染指数、土壤重金属污染指数、重金属生物可利用风险商、土壤污染源输入指数[7]。

农产品污染指数（$\bar{E}$）计算公式如下：

$$\bar{E} = [(\bar{A} - 2SE) - S] / S \qquad （5-3）$$

式中：$\bar{E}$——评价区域农产品中重金属的污染指数；

　　　　$\bar{A}$——评价区域农产品中重金属的实测浓度平均值，mg/kg F.W.；

　　　　SE——农产品中重金属的实测浓度的标准误差；

　　　　S——农产品重金属的限量标准值，采用 GB 2762—2017 中规定的农产品中污染物限量标准，mg/kg F.W.。

土壤重金属污染指数（P）计算公式如下：

$$P = \bar{C} / C_s \qquad （5-4）$$

式中：P——评价区域土壤中重金属的污染指数；

$\overline{C}$——评价单元土壤中重金属的实测浓度均值，mg/kg；

C_s——土壤重金属的限量值，采用 GB 15618—2018 中建议的土壤污染风险筛选值，mg/kg。

重金属生物可利用指数（Q_{BCF}）计算公式如下：

$$Q_{BCF} = (\overline{A} - \overline{C}) \times [C_s / (S - 2SE)] \tag{5-5}$$

式中：Q_{BCF}——评价区域农产品的重金属生物可利用风险商；

$\overline{A}$——评价区域农产品中重金属的实测浓度平均值，mg/kg F.W；

$\overline{C}$——评价区域土壤中重金属的实测浓度均值，mg/kg；

C_s——土壤重金属的限量值，采用 GB 15618—2018 中建议的土壤污染风险筛选值，mg/kg；

S——农产品重金属的限量标准值，采用 GB 2762—2017 中规定的食物中污染物限量标准，mg/kg F.W.；

SE——研究农产品中重金属 i 的实测浓度的标准误差。

（4）风险评价

根据土壤污染风险等级将耕地划分为三个类别：无污染的划为优先保护类，低风险和中度风险的划为安全利用类，高风险和极高风险的划为严格管控类，并有针对性地采取风险管控措施，确保农产品质量安全。土壤重金属污染风险等级见表 5-2。

表 5-2　稻田土壤重金属污染风险等级划分[7]

风险等级	划分依据			区域风险类别
	农产品风险（E）	土壤风险（P）	水稻富集系数（Q_{BCF}）	
无	$E_i < 0$	$P_i < 1$	$Q_{BCF} < 1.0$	优先保护类
低	$0 \leq E_i < 0.5$	$1 \leq P_i < 1.5$	$1.0 < Q_{BCF} < 2.0$	安全利用类
中	$0.5 \leq E_i < 1$	$1.5 \leq P_i < 2$	$2.0 < Q_{BCF} < 3.0$	安全利用类
高	$1 \leq E_i < 1.5$	$2 \leq P_i < 2.5$	$3.0 < Q_{BCF} < 4.0$	严格管控类
极高	$E_i > 1.5$	$P_i \geq 2.5$	$Q_{BCF} > 4.0$	严格管控类

根据 SSD 曲线拟合法从重金属环境浓度出发，获得潜在影响的比例 PAF，用以表征农作物或土壤的生态风险范围，进一步依据已知土壤生物毒性测试数据，以 EC$_{10}$/NOEC 为毒性试验终点，基于不同 pH 下的农产品产地土壤（主要是水稻产地）构建风险暴露模型，确定其风险等级。根据物种敏感性分布或生态毒性阈值与暴露模型的结果，结合现阶段重金属污染治理技术水平，以 0.5 为间隔划分农产品风险等级。

（5）评价报告编制

对区域内的资料收集、确定评价单元、污染风险评价及结果进行分析、总结，编制评价报告，内容主要包括区域概况、编制依据、基础数据与材料准备、评价指标计算、评价结果表达、不确定分析、风险管控措施与对策及附件等。评价报告要在概括和总结全部评价工作的基础上客观分析评价单元的风险情况，并提出管控措施与对策建议。

风险管控措施及对策应遵循以下几条原则：①耕地重金属风险管控措施与对策应符合《土壤污染防治法》和《农用地土壤环境管理办法（试行）》的相关规定；②耕地重金属风险管控措施与对策应是在农产品、土壤、重金属生物有效性及污染源输入等因素的综合评价基础上提出的具有针对性的风险管控措施与对策；③给出各风险管控措施与对策的预计实施效果，列表给出初步估算各措施的投资概算，并分析其技术、经济可行性；④应根据评价单元内耕地资料的不断完善，以及耕地土壤环境状况的变化，重新开展风险评估，并及时调整类别。对转为其他用途的耕地、新增受污染耕地或者已完成治理与修复的耕地等，要及时开展风险评估和类别的调整。

此外，还应对评价进行不确定性分析，即分析造成耕地重金属污染风险评价结果不确定性的主要来源，包括有关资料和数据的满足性、评价指标及其参数取值的适用性等多个方面。分析评估过程中遇到的限制条件、欠缺信息等，以及对评估结论的影响。

5.2 耕地土壤重金属污染风险评价研究实例

研究实例是运用土壤和农产品重金属协同污染风险评价方法，评价珠三角耕地土壤重金属污染现状、风险分布特征并进行污染分级，以为区域重金属污染分类分级提供借鉴。

5.2.1 珠三角土壤环境质量总体情况

珠江三角洲经济区（以下简称珠三角）位于广东省中南部，背靠南岭山脉，东、北、西三面环山，南临南海，毗邻港澳，包括广州、深圳、珠海、佛山、江门、东莞、中山、肇庆和惠州 9 个地级以上城市，其中副省级以上城市 2 个，土地面积 4.17 万 km^2，拥有广东省 70%的人口，创造了全省 85%的 GDP，是有全球影响力的先进制造业基地和现代服务业基地、我国南方地区对外开放的门户、中国参与经济全球化的主体区域、全国科技创新与技术研发基地、全国经济发展的重要引擎，辐射带动华南、华中和西南发展的龙头，是我国创新能力最强、综合实力最强的区域之一。珠三角介于北纬 21°43′～23°56′、东经 112°00′～115°24′，属亚热带季风气候，高温多雨，是我国亚热带最大的平原，地势平坦、土地肥沃、河网纵横、洲水分隔，是广东省重要的粮食、蔬菜、水果和畜禽生产基地[8,9]。由于气候和地质的特点，珠三角呈现土壤重金属背景含量高、金属活性强、潜在风险大，是土壤重金属污染潜在风险区域[10,11]。珠三角地区城市化、工业化和农业集约化发展迅速，污染来源种类繁多，来自工矿企业污染物的排放、农业施肥和灌溉等造成土壤污染物的持续累积，导致该地区土壤环境质量持续下降，特别是重金属污染带来的土壤环境质量问题较为突出，农产品质量安全和人体健康受到严重威胁[12,13]。

5.2.2 实例评价依据

等级划分工作主要基于以下几个方面的数据支撑，包括"七五"期间全国土壤环境背景值研究成果、2014 年广东省土壤污染状况调查成果、2015 年土地利用类型数据，选取耕地土壤及对应点位农产品中 Cd、Hg、As、Pb、Cr 5 种元素含量对广东省耕地土壤和农产品重金属协同污染状况进行评估。土壤和农产品协同监测布点情况为土壤 57 740 个，按土壤点位 10%采样原则，布置 5 774 个农产品产地土壤农产品协同监测点，遍布于全省 21 个地级市。其中，以珠三角为典型区域进行土壤及土壤-农产品质量协同的农田土壤重金属污染风险等级划分。珠三角地区土壤环境监测点土壤与农产品点位数据中，农产品产地土壤点位数 3 835 个，土壤-水稻重金属协同点位数 880 个。综合考虑现有的技术标准——《全国农产品产地土壤重金属安全评估技术规定》（农办科〔2015〕42 号）（表 5-3，以下简称表 5-3 标准）、《土壤环境质量　农用地土壤污染风险管控标准（试行）》（表 5-4，以下简称表 5-4 标准）、《土壤重金属风险评价筛选值　珠江三角洲》（表 5-5，以下简称表 5-5 标准）、《食品安全国家标准　食品中污染物限量》（表 5-6，以下简称表 5-6 标准），以及广东省农产品种类和土壤理化性质等因素，以保障农产品产地和粮食安全为目的，开展耕地土地重金属安全评估，推进广东省农用地重金属污染防治与调控。土壤中重金属参比值参照表 5-4 标准、表 5-5 标准，农产品中重金属限量参照表 5-6 标准。

表 5-3　农用地土壤重金属安全评估参比值　　　　　　　　　单位：mg/kg

项目	农产品产地土壤	土壤 pH		
		<6.5	6.5~7.5	>7.5
Cd	农产品产地土壤	0.3	0.4	0.5
Hg	农产品产地土壤	0.3	0.5	0.7
As	水稻、蔬菜产地土壤	25	20	20
	其他农产品产地土壤	40	30	30
Pb	蔬菜产地土壤	40	60	80
	其他农产品产地土壤	100	150	200
Cr	蔬菜产地土壤	150	200	250
	其他农产品产地土壤	200	250	300

注：产地农产品种类两种或两种以上的（包括轮作、套种等情况）以常年主栽相对更敏感的农产品种类确定其土壤重金属污染风险评估的参比值。

表 5-4　农用地土壤重金属污染风险筛选值　　　　单位：mg/kg

项目	农产品产地土壤	土壤 pH		
		<5.5	5.5～6.5	6.5～7.5
Cd	水稻产地土壤	0.3	0.4	0.6
Hg	水稻产地土壤	0.5	0.5	0.6
As	水稻产地土壤	30	30	25
	其他农产品产地土壤	40	40	30
Pb	水稻产地土壤	80	100	140
Cr	水稻产地土壤	250	250	300
	其他农产品产地土壤	150	150	200

表 5-5　农用地土壤重金属安全评估参比值　　　　单位：mg/kg

项目	农产品产地土壤	土壤 pH			
		<5.5	5.5～6.5	6.5～7.5	>7.5
Cd	水稻产地土壤	0.25	0.35	0.55	1
	蔬菜产地土壤	0.25	0.35	0.45	0.6
	其他农产品产地土壤	0.25	0.35	0.5	0.8
Hg	水稻产地土壤	0.25	0.35	0.55	0.85
	蔬菜产地土壤	0.25	0.35	0.45	0.65
	其他农产品产地土壤	0.3	0.4	0.75	1
As	水稻产地土壤	55	45	40	35
	蔬菜产地土壤	55	45	40	35
	其他农产品产地土壤	60	50	45	40
Pb	水稻产地土壤	80	80	90	100
	蔬菜产地土壤	80	80	90	100
	其他农产品产地土壤	80	80	90	100
Cr	水稻产地土壤	220	235	270	360
	蔬菜产地土壤	120	135	170	260
	其他农产品产地土壤	120	135	170	260

表 5-6　农产品中重金属限量标准值　　　　单位：mg/kg

项目	农产品种类	标准限量值
Cd	水稻、蔬菜（叶菜类）、大豆	0.2
	小麦、玉米、蔬菜（豆类、根茎类）	0.1
	蔬菜（茄果类）、水果	0.05
Hg	水稻、小麦、玉米	0.02
	蔬菜	0.01
As	小麦、玉米、蔬菜	0.5
	水稻	0.2
Pb	茶叶	5.0
	蔬菜（叶菜类）	0.3
	水稻、小麦、玉米、蔬菜（豆类、根茎类）、大豆	0.2
	蔬菜（茄果类）、水果	0.1
Cr	水稻、小麦、玉米、大豆	1.0
	蔬菜	0.5

在数据处理过程中，考虑到采样数据可能存在一些异常值，而这些异常数据会影响评价分析结果，采用狄克松准则对数据进行相应处理（显著水平为 5%）。应用 2014 年广东省调查采样的土壤和农产品重金属数据，综合考虑农业用地利用现状和采样点空间分布情况，采用 ArcGIS10.0 空间数据处理平台进行数据空间分析。空间插值选用反距离加权插值（IDW）方法进行计算。

5.2.3　实例评价全流程

1. 土壤环境质量标准比较

对比现行的两个全国性标准和珠三角地方性标准在珠三角地区的评价应用情况，选择表 5-4 标准为土壤重金属安全风险评价参比标准。

首先，表 5-4 标准是 2018 年生态环境部根据全国土壤调查制定的参比值标准，目前最为权威。从各重金属元素来看，表 5-4 标准对土壤中 Cd 含量要求相对较严，表 5-5 标准要求较宽松；表 5-3 标准对 Hg 含量要求相对较高，表 5-5 标准总体上要求较低；表 5-5 标准对 As 要求相对较低，其他两种标准要求相对一致；表 5-3 标准对水稻和蔬菜产地土壤 Pb 含量要求最严格，而表 5-4 标准要求相对较低；3 个标准均对 Cr 的要求相近。

其次，根据前期珠三角地区的土壤和农产品调查数据，分别将 3 个标准与农产品标准应用于珠三角地区进行土壤重金属对比分析。在珠三角地区，参照表 5-3 标准和表 5-4 标准，土壤重金属最大单项指数超标率分别为 53% 和 58%，按照表 5-5 标准的农田土壤重金属最大单项指数超标为 16%。水稻土壤重金属含量在标准值 2 倍以内占比 47%，与参照表 5-4 标准的土壤重金属超标率 42% 接近，见表 5-7。

表 5-7　珠三角耕地土壤重金属参照 4 种标准执行情况　　　　单位：%

标准	因子指数	Cd	Pb	Cr	As	P_{imax}
表 5-3	0～1	0.76	0.91	1.00	0.86	0.47
	1～2	0.19	0.09	0.00	0.14	0.42
	2～3	0.05	0.00	0.00	0.00	0.10
	≥3	0.00	0.00	0.00	0.00	0.01
表 5-4	0～1	0.95	1.00	1.00	0.98	0.91
	1～2	0.05	0.00	0.01	0.02	0.08
	2～3	0.00	0.00	0.00	0.00	0.00
	≥3	0.00	0.00	0.00	0.00	0.01
表 5-5	0～1	0.47	1.00	1.00	0.98	0.42
	1～2	0.48	0.00	0.00	0.01	0.49
	2～3	0.05	0.00	0.00	0.01	0.08
	≥3	0.00	0.00	0.00	0.00	0.01
表 5-6	0～1	0.88	1.00	1.00	1.00	0.84
	1～2	0.12	0.00	0.00	0.00	0.15
	2～3	0.00	0.00	0.00	0.00	0.01
	≥3	0.00	0.00	0.00	0.00	0.00

最后，执行表 5-4 标准时，针对 Cd、Pb、Cr、As 的土壤安全利用率分别为 47%、100%、100%、98%，最大土壤单项指数安全率为 42%（表 5-7），虽较为严格，但符合珠三角地区的实际情况。综合考虑广东省当前土壤重金属污染现状及土壤和农作物重金属含量的空间协同性，保证全省合理的安全利用率水平，本书采用表 5-4 标准。

2. 采样点分布

据调查，珠三角地区目前多种植蔬菜、水稻等农作物。叶菜类蔬菜和水稻是珠三角地区居民的主要摄食物，且蔬菜主要种植在珠三角河网地带，因为该地区水系发达、经济发展较其他地区更快，需要大量蔬菜供应。水稻主要分布在东江、西江、北江流域。可以说，传统的种植模式和居民饮食结构共同作用形成了珠三角区域叶菜类蔬菜和水稻为主的种植结构。本研究实例选择土壤和水稻进行土壤-农产品重金属污染协同风险等级评估。

本研究实例划分了珠三角地区农产品产地土壤重金属污染的风险等级，土壤-水稻协同安全等级。土壤与农产品点位数据来源于广东省 2014 年取样分析的珠三角地区土壤环境监测点数据，共有农产品产地土壤点位数 3 835 个，并进一步采用地理网格法筛选了 880 个土壤-水稻重金属协同点位数据。

3. 点位土壤重金属风险评价

表 5-8 是珠三角 3 835 个农产品产地土壤重金属（Cd、Cr、Pb、As 和 Hg）含量的描述统计分析。整体来看，各重金属含量范围差异较大，各金属在土壤中均具有一定程度的累积，但各种重金属累积程度差异较大，以 Cd 最为严重。从各重金属含量的变异性来看，土壤 5 种重金属的变异系数介于 55.63%～113.64%，其中变异系数最小的为 Pb（55.63%），最大的为 Cd（113.64%）。

表 5-8 珠三角农产品产地土壤重金属含量描述统计分析

类型	重金属	最小值	最大值	平均值	标准差	变异系数/%	超标率[1]	标准值[2]	背景值[3]
水稻产地土壤	Cd	0.005	0.937	0.14	0.12	85.71	16.09	0.3	0.11
	Hg	0.005	1.423	0.22	0.21	95.45	17.75	0.5	0.13
	As	0.08	55.6	9.68	8.54	88.22	4.21	25	25
	Pb	1.15	127	40.04	19.28	48.15	0.06	300	60
	Cr	0.2	145	40.9	25.83	63.15	0	300	77
农产品产地土壤	Cd	0.002	2.543	0.22	0.25	113.64	28.08	—	0.11
	Hg	0.005	1.557	0.2	0.2	100	14.42	—	0.13
	As	0.08	78.68	11.66	10.14	86.96	4.3	—	25
	Pb	1.05	214	43.79	24.36	55.63	0.31	—	60
	Cr	0.2	171	46.92	30.03	64	0.36	—	77

注：①超标率根据表 5-4 标准中不同 pH 计算。

②标准值仅列举了表 5-4 标准中 pH=6.5～7.5 条件下的筛选值。

③珠三角背景值来源于表 5-5 标准。

具体来说，农产品产地土壤样品 Cd、Cr、Pb、As、Hg 的总浓度范围分别是 0.002～2.543 mg/kg（均值 0.22 mg/kg）、0.2～171 mg/kg（均值 46.92 mg/kg）、1.05～214 mg/kg（均值 43.79 mg/kg）、0.08～78.68 mg/kg（均值 11.66 mg/kg）和 0.005～1.557 mg/kg（均值 0.2 mg/kg）。不同重金属含量差异较大，其平均值大小依次为 Cr>Pb>As>Cd>Hg。与广东省土壤背景值比较，Cr、Pb、As 含量低于广东省土壤背景值（77 mg/kg、60 mg/kg、25 mg/kg），Cd、Hg 的含量均值超过广东省土壤背景值（0.11 mg/kg、0.13 mg/kg），小于 1 倍，说明 Cd、Hg 在珠三角地区农用地土壤中有所积累。

与表 5-4 标准相比，Cd 的超标样点有 1 077 个，占总样点数的 28.08%，超标率较高，表明农用地土壤或周围环境中 Cd 累积多，具有较高的含量。土壤中 Hg 的最大允许含量为 0.3～1.0 mg/kg，所有样品中 Hg 的最大含量为 1.557 mg/kg，超过土壤中的最大允许含量值，且点位超标个数为 553 个，超标率为 14.42%，说明部分地区 Hg 污染严重。

尤其是就 1 566 个水稻土壤样品来说，Cd、Cr、Pb、As、Hg 的变异系数依次为 85.71%、63.15%、48.15%、88.22%、95.45%，其中 Pb 为弱变异，Cr 为中等变异，Cd、As、Hg 均处于强变异，受人为活动影响剧烈。与广东省土壤背景值比较，Cd、Hg 含量高于广东省土壤背景值（0.11 mg/kg、0.13 mg/kg），其部分样点已经超过背景值，其最大值已经超过背景值含量的七八倍之多，表明珠三角农田土壤已经富集了大量金属 Cd 和 Hg。虽然 As、Pb、Cr 均值未超出广东土壤背景值，但其最大值已经远超广东省背景值含量，说明 As、Pb、Cr 在珠三角某些区域土壤中有不同程度的积累。

珠三角地区 1 344 个农产品重金属（Cd、Cr、Pb、As 和 Hg）含量的描述统计表明，各重金属在农产品中均具有一定程度的累积，但累积程度差异较大，其中 Cd、Pb 和 Cr 较为严重，超标率依次为 21.88%、19.57% 和 14.88%，见表 5-9。

表 5-9　珠三角水稻重金属含量描述统计分析

类型	重金属	最小值	最大值	平均值	标准差	超标率[①]	标准值[②]
水稻	Cr	0.002	3.48	0.534	0.574	17.73	1
	Pb	0.001	2.47	0.226	0.344	26.59	0.2
	Cd	0	0.936	0.163	0.166	29.66	0.2
	As	0	0.176	0.026	0.039	0	0.2
	Hg	0.000 011	0.017 05	0.002 504	0.002 805	0.36	0.02

注：①超标率根据表 5-6 标准中不同农产品种类计算。
②标准值仅列举了表 5-6 标准中水稻重金属的标准限量值。

具体来说，水稻样品 Cd、Cr、Pb、As、Hg 的总浓度范围分别是 0～0.936 mg/kg（均值 0.163 mg/kg）、0.002～3.48 mg/kg（均值 0.534 mg/kg）、0.001～2.47 mg/kg（均值 0.226 mg/kg）、0～0.176 mg/kg（均值 0.026 mg/kg）和 0.000 011～0.017 05 mg/kg（均值

0.002 504 mg/kg）。不同重金属含量差异较大，其平均值大小依次为 Cr＞Pb＞Cd＞As＞Hg，表明珠三角地区水稻土壤中重金属 Cd、Pb 和 Cr 富集较多。与表 5-6 标准相比，水稻 Cd、Pb、Cr 的超标样点依次为 294 个、263 个、200 个，分别占总样点数的 21.88%、19.57%、14.88%，超标率较高，表明水稻中这 3 种重金属累积严重，区域食品安全性堪忧；其他两种元素 As、Hg 在农产品中的污染均相对较轻。

4．地理单元划分

珠三角地区农用地主要分布在受河流冲积和三角洲冲积的平原地带，地带性土壤以红壤和赤红壤为主；地质上是由西江、北江、东江等河流带来的泥沙在海湾内沉积而形成的；沉积物受河、海共同作用影响；水系由西、北江思贤滘以下和东江石龙以下的网河水系与注入三角洲的其他河流组成，注入三角洲的河流主要有潭江、流溪河、增江、沙河、高明河；涉重金属行业企业主要分布于以广州市为中心的周边 50 km 以内；珠三角地区西面和北面以罗平山脉为界，东侧罗浮山区则是三角洲的东界。综合珠三角地区行政区域、流域水系、地形、水文地质及成土母质、土壤类型等要素的相对一致性，最终将风险评价区域划分为 64 个基础地理单元[7]。

5．珠三角耕地土壤重金属风险等级评价

（1）土壤重金属空间分布

由珠三角地区农产品产地土壤与水稻产地土壤重金属的分析可知，农产品产地土壤重金属污染风险的分布区域几乎与水稻产地土壤重金属污染风险分区一致：中、高风险分布在佛山西部、肇庆中部、江门中部、珠海斗门区及金湾区，呈带状分布在广佛边界；其他地区较高风险主要以点状污染源存在。

土壤重金属 Pb、Cr 的风险等级较低，As 污染风险以轻度为主，中度风险零碎地分布在区域各地；Cd、Hg 污染风险较高，其中 Hg 在江门市开平、台山、新会区三地交汇一带和佛山市南海区呈中、高度污染，Cd 在肇佛接壤地区、肇庆高要区、江门江海区、珠海斗门区及其与中山市交会处风险较高。

（2）水稻重金属污染空间分布

水稻重金属污染风险主要存在于中山市大部、珠海斗门区、江门江海区及新会区一带、佛山市北部、惠州部分地区，以 Cd、As 的风险等级较为突出。其中，Cd 在佛山北部、中山市南部、惠州中西部广惠莞交界处污染较重，As 在江门江海区、中山惠州部分地区风险较高。同样地，农产品重金属高风险区域也主要位于珠三角地区各地级市接合部。

（3）土壤-稻米协同重金属风险等级评价

对珠三角土壤-水稻协同重金属污染风险进行等级评估的结果显示，珠三角土壤-水稻协同重金属风险主要为无风险，其次为低风险，Cd、Pb、As 的无风险率分别为 64%、71%、67%，协同高风险和潜在风险的占比较小。土壤-水稻最大单项指数协同无风险占比为

51%，Cd 对无风险和低风险的贡献最大，高风险和潜在风险占比较小（表 5-10）。

表 5-10　珠三角土壤-水稻重金属协同风险等级　　　　　单位：%

风险等级	Cd	Pb	As	E_{max}
无风险	0.64	0.71	0.67	0.51
低风险	0.23	0.18	0.17	0.25
中度风险	0.10	0.06	0.13	0.14
高风险	0.02	0.02	0.01	0.06
潜在风险	0.01	0.03	0.02	0.04

　　珠三角西部市县重金属污染风险分布集中、风险面积高，其次是东部惠州地区，中部广州市、东莞市、深圳市风险最低。具体来看，土壤-水稻 As、Hg 协同风险主要为无风险和潜在风险，无风险分布在广惠大部、江佛肇西部一带，潜在风险集中分布于中山、珠海、江门东部及中部、肇佛大部、惠州小部分区域，表明珠三角地区 As、Hg 两种重金属在土壤中含量较大，而在水稻中富集较少。土壤-水稻富集系数 Cr 的协同风险分布类似于 As、Hg，但在江门惠州小部分区域存在点状中高度污染，这与工业污染源输入有关。土壤-水稻 Pb 协同风险主要表现为中度风险和潜在风险，其中潜在风险集中在中山、珠海、肇佛南部、江门东部，中度风险集中的区域分布在惠州市西部、肇庆市东部，高风险较集中的区域为惠州市惠阳县、惠东县东北分界处和博罗东北部。珠三角土壤-水稻 Cd 协同风险空间异质性较大，无风险、低风险、潜在风险占比较高，部分中高风险散落在惠阳惠东县东北部、博罗县东北部及南部、珠海斗门区北部、肇庆鼎湖区东部。土壤-水稻综合协同高风险集中分布于珠海市北部和江门市中部、惠州市惠东县和惠阳县接壤处、肇庆部分区域。

6．风险评价单元及等级

　　根据上述基础地理单元划分、点位风险评价、水稻产地土壤风险评价、稻米风险评价、水稻富集系数及土壤-稻米协同风险评价结果划分风险评价单元，共将评价区域内稻田划分成 125 个风险评价单元，优先保护类、安全利用类和严格管控类的评价单元分别有 85 个、38 个和 2 个。其中，按风险等级划分，区域内无、低、中、高风险单元分别有 85 个、30 个、8 个和 2 个，没有评价为极高风险的单元[7]。

7．安全等级特征及管理策略

　　根据耕地土壤和农产品重金属协同风险安全等级划分，从保障农产品安全的角度来看，根据土壤重金属的含量、不同种类农作物对重金属的敏感性，综合考虑土壤理化性质、农作物种类、土地利用方式及其他自然社会经济情况与土壤重金属含量之间的关系等因素，将土壤和农产品协同安全性等级划分为无风险、低风险、中度风险、高风险、潜在风险五级，各级安全性主要特征及推荐管理策略见表 5-11。

表 5-11　耕地土壤和农作物各安全等级主要特征及推荐管理措施

安全等级		风险等级	主要特征	管控措施
一级	二级			
1	1.1	无风险	土壤重金属含量低，土壤及其周边环境污染尚未带来农产品安全问题	优先保护：实施重点保护，防止新增污染，维持安全状态
2	2.1	低风险	土壤与农产品重金属超标倍数均较低	安全利用：周边环境可能存在污染源，或土壤重金属活性较高，调查并控制周边污染输入；以优化农艺生产措施及生产管理为主，配合生理阻隔和土壤钝化；确保农产品质量安全
3	3.1	中度风险	土壤重金属超标倍数不高，重金属作物有效性较高	安全利用：对周边环境进行污染综合整治，严格控制污染输入、迁移；对污染耕地土壤进行治理，降低土壤重金属活性，抑制农作物吸收积累；提高农产品安全利用率
	3.2		土壤重金属超标较高，但是重金属作物有效性相对较低	安全利用：采用农艺调控措施与生理阻隔为主；对污染耕地土壤进行治理，降低土壤重金属活性，抑制农作物吸收积累；提高农产品安全利用率
4	4.1	高风险	土壤重金属含量较高，并导致农产品重金属含量严重超标	严格管控：采用替代种植等措施严格管控其风险；进行适当的修复治理
	4.2		土壤重金属含量严重超标，并对农产品安全构成明显威胁	严格管控：采取种植结构调整控制其污染风险；进行适当的修复治理
	4.3		土壤重金属含量严重超标，并对农产品安全构成威胁	严格管控：采取退耕还林还草控制其污染风险；进行适当的修复治理
5	5.1	潜在风险	由于成土母质因素，土壤重金属含量较高，虽然土壤重金属含量超标但农产品重金属含量并未超标	优先保护：控制周围环境污染输入，并加强农产品安全检测，加强风险防控

注：在土壤 pH 较低的风险区可采取适当措施提高土壤 pH，如施用一定量的石灰、碳酸钙、草炭、粉煤灰等碱性物质并配施一定的钙镁磷肥、硅肥。

参考文献

[1] 王超，李辉林，胡清，等. 我国土壤环境的风险评估技术分析与展望[J]. 生态毒理学报. 2021，16（1）：28-42.

[2] Posthuma L，Suter II GW，Traas TP. Species sensitivity distributions in ecotoxicology[M]. CRC Press，2001.

[3] EPA U. Soil screening guidance technical background document，office of solid waste and emergency response. EPA/540/R-95/128，1996.

[4] Brand E，Otte P，Lijzen J. CSOIL 2000 an exposure model for human risk assessment of soil

contamination. A model description[R]. 2007.

[5] Rodrigues S M，Pereira M E，da Silva E F，et al. A review of regulatory decisions for environmental protection：Part Ⅰ—Challenges in the implementation of national soil policies[J]. Environment International，2009（35）：202-213.

[6] Canadian Council of Ministers of the Environment. A Protocol for the Derivation of Environmental and Human Health Soil Quality Guidelines[R]. Winnipeg：Canadian Council of Ministers of the Environment，2006.

[7] 王琦，李芳柏，黄小追，等. 一种基于风险管控的稻田土壤重金属污染分级方法[J]. 生态环境学报，2018（27）：2321-2328.

[8] 李芳柏，刘传平，张会化，等. 珠江三角洲地区土壤环境质量状况及其污染防治对策[C]. 广东可持续发展研究 2012，2013.

[9] 罗小玲，郭庆荣，谢志宜，等. 珠江三角洲地区典型农村土壤重金属污染现状分析[J]. 生态环境学报，2014（3）：485-489.

[10] 韩志轩，王学求，迟清华，等. 珠江三角洲冲积平原土壤重金属元素含量和来源解析[J]. 中国环境科学，2018，38：257-265.

[11] 朱永官，陈保冬，林爱军，等. 珠江三角洲地区土壤重金属污染控制与修复研究的若干思考[J]. 环境科学学报，2005，25：1575-1579.

[12] 柴世伟，温琰茂，韦献革，等. 珠江三角洲主要城市郊区农业土壤的重金属含量特征[J]. 中山大学学报（自然科学版），2004，43（4）：90-94.

[13] 周永章，沈文杰，李勇，等. 基于通量模型的珠江三角洲经济区土壤重金属地球化学累积预测预警研究[J]. 地球科学进展，2012，27：1115-1125.

第 6 章

受污染耕地安全利用思路与技术路径

针对土壤重金属污染突出的问题，2016 年 5 月 28 日，国务院公开发布《土壤污染防治行动计划》作为我国土壤污染防治工作的行动纲领，提出了预防为主、保护优先、风险管控的基本原则。对轻中度污染土壤，制定实施受污染耕地安全利用方案，采取农艺调控、替代种植等措施降低农产品超标风险。鉴于我国人均耕地资源较少，为了满足粮食生产的需要，污染耕地不可能像工业污染场地一样进行全面修复治理，且我国目前针对大面积农田污染治理的技术储备相对薄弱，因此基于技术储备和资金投入的考虑，针对大面积轻中度重金属污染农田土壤的防治工作主要从安全利用的角度出发。本章通过检索国内外相关文献资料，并基于近年来的研究和认识，探讨了重金属污染耕地土壤安全利用的技术与方法，有针对性地提出了我国受污染耕地安全利用的关键环节与策略，以期为重金属超标农田的粮食安全生产提供参考。

6.1 受污染耕地安全利用思路

目前，国内开展了很多关于污染土壤安全利用的实践。自 2006 年以来，中国科学院亚热带农业生态研究所将研究重点聚焦在以 Cd 污染为代表的重金属污染耕地的安全利用，构建了以"轻度污染农艺调控—中度污染钝化降活—重度污染断链改制"为核心的重金属污染耕地农业安全利用综合技术与多种实用模式[1]。徐建明等[2]根据土壤污染程度将粮食作物区域划分为禁产、限产和宜产 3 种类型，采用钝化与阻控、Cd 低积累作物品种及农艺调控等措施，实现轻中度 Cd 污染农田的安全利用，并明确提出了重金属动态监测、钝化剂市场准入、低积累作物品种资源库、超标农田轮作休耕、粮食安全生产保障体系与政策、高重金属含量秸秆处置等是今后我国农田土壤安全利用的关键环节。骆永明等[3]针对我国土壤污染的区域化差异，建议推进地方土壤防治法和环境质量标准的制定，大力支持区域土壤污染与修复基础研究、技术发展、示范区先行区建设、科技创新能力建设及科技成果转化等方面工作。陈卫平等[4]根据我国农田土壤污染防治现状及课题组工作基础，倡导通过土壤环境质量调查、土壤污染源头管控、分类管理和土壤环境质量基准推导 4 个步骤推进农田土壤重金属污染防治工作。李志涛等[5]针对不同程度的 Cd 污染土壤，分别采取了 Cd 低积累作物、改良剂、替代种植、种植结构调整等措施。王琦等[6]针对珠三角 Cd 污染稻田土壤，结合土壤单因子指数法、农产品单因子指数法和富集系数，将珠三角重金属 Cd 污染稻田土壤划分为无风险、低风险、中风险和高风险 4 个等级。

针对我国轻中度重金属污染农田的特点，需要坚持"预防为主、保护优先，管控为主、修复为辅，示范引导、因地制宜"等原则，以发展实地检测监控技术为手段，以加强阻控修复技术支持为依托，依照"摸清家底、因地制宜、分区治理、科学施策"的总体思路和"边生产、边治理、边修复"的技术路径，开展农田土壤的安全利用。首先加强重金属外来污染源头防控，采用低积累作物品种筛选、原位钝化技术、农艺措施调控及综合防控-安全利用模式等技术措施，既可充分利用耕地资源，又可避免农产品可食部分重金属超标的风险。

6.2　污染源头防控

污染源头防控是遏制土壤污染趋势及开展土壤污染防治的前提。由于农田土壤重金属污染成因复杂，往往受到多个因素的影响，如大气沉降、污水灌溉、固体废物等，且土壤污染是一个时空变化的过程。因此，精确地找出污染来源并进行源头防控尚有一定难度。

6.2.1　农田污染源解析与源头管控

定性识别污染源并量化各类源对土壤重金属的贡献是开展土壤污染防治的前提。因此，应根据农田土壤重金属污染特征，结合重金属同位素指纹特征分析、多元统计分析、源解析受体模型和贝叶斯不确定分析等技术定性识别污染物来源并定量解析污染来源贡献。对重金属污染源进行排查，摸清污染源类型、排污量、分布及污染治理设施等现状，建立污染源档案。只有在摸清污染源的基础上开展源头管控，严格切断污染来源，减少农田污染物的输入，才能保障后续治理修复措施作用的有效发挥[4]。

6.2.2　农田治污截污监管机制

建立由生态环境、农业农村、自然资源、住房和城乡建设等部门参与的治污截污联合监管机制，重点抓好严格管控区域及周边重金属污染企业的治理工作，对超标排放等环境问题突出的企业依法严肃查处，并向社会公开处理结果。同时，加强对污染源头的实地调研及综合分析，尽可能切断污染源头，并进行污染源头的风险管控，防止其对周边农田的污染影响。

6.2.3　农田污染源排放分类管理

根据重金属污染源现状调查结果，应分区分类制定治理方案和细化治理措施，截断工矿废水、粉尘、固体废物等污染源，防止对试点区域耕地造成新的污染；关停或搬迁不能达标排放的企业，整治能够达标排放但仍存在污染的企业，加强已达标排放企业的后续监管，切实消除污染隐患，并同步推进试点区域应急性的水利灌溉设施配套建设和农田灌溉用水净化处理；加强对化肥、农药、畜禽粪便等农业投入的监管，防治重金属超标农业投入品进入农田，并同步推进污染区域及周边企业重金属污染的治理工作，保证耕地土壤不发生新的污染。

6.3　低积累品种筛选与强耐性作物替代种植技术

农作物等植物对重金属吸收富集能力的差异既存在于物种之间，也存在于同一物种的不同品种之间，即同时具有品种间差异和品种内差异。目前，国内外已经开展了众多相关试验的筛选研究。

大量试验结果表明，不同的植物类型对同一重金属元素的富集能力存在一定的差异。根据植物对重金属富集能力的强弱，大致可分为 3 种类型：低积累、中等积累和高积累。目前，我国已筛选出来包括小麦（*Triticum aestivum* L.）、水稻（*Oryza sativa* L.）、玉米（*Zea mays* L.）、蕹菜（*Ipomoea aquatica* F.）、烟草（*Nicotiana tabacum* L.）、大麦（*Hordeum vulgare* L.）、芹菜（*Apium graveliens* L.）、萝卜（*Raphanus sativus* L.）、大豆（*Glycine max*）、小青菜（*Brassica chinensis* L.）、辣椒（*Capsicum annuum* L.）、菜薹（*Brassica parachinensis* L.）、食用苋菜（*Amaranthus mangostanus* L.）、白菜（*Brassica pekinensis* L.）、甘薯（*Ipomoea batatas* L.）等的重金属低吸收作物及品种[7]。

6.3.1　低积累品种筛选

为满足农产品安全生产与充分利用土地资源的需要，自 20 世纪 90 年代，部分国家科研工作者已开始进行重金属低积累特性农产品筛选和培育的相关研究工作。美国对重金属低积累的食用亚麻作物进行了分析探讨，加拿大开展了重金属低积累食用亚麻和硬粒小麦两种作物的研究，澳大利亚对重金属低积累的小麦和马铃薯两种农产品进行了探究[8,9]。

为实现在轻中度重金属污染的耕地上生产出符合国家食品安全的作物，我国科研工作者也在重金属低积累农作物领域进行了大量的研究，为我国食品安全和农业生产可持续化提供了科学的指导与有力的保障。赵小蓉等[10]通过野外大田试验对 6 种不同类型蔬菜的重金属富集能力进行研究发现，相比其他种类蔬菜，叶菜类蔬菜对重金属的富集能力最强，块茎类蔬菜对重金属的富集能力相对较弱。此外，有关小麦和玉米重金属低积累品种的筛选工作，有研究通过对不同产地 10 个不同玉米品种调查发现，广甜三号对重金属 Cd 的富集能力最小，适合在轻度 Cd 污染耕地种植[11]。熊孜等[12]通过对我国黄淮海平原 9 个小麦种植区的 59 个小麦品种开展田间调查，筛选出了冀麦 518、衡 0628、衡 09 等多个 Cd 低富集小麦品种。不同作物间的重金属富集能力的差异更是明显，因此需要深入挖掘粮食等作物的遗传基因，筛选并培育对重金属具有低积累的作物品种，发挥作物自身对重金属迁移的过滤和屏障作用，保障轻中度重金属污染农田的粮食安全生产。

此外，大量研究结果显示，同一作物对不同重金属元素的吸收与累积能力也存在一定差异性。周振民[13]通过玉米对 Cd、Pb、Cu、Cr 4 种重金属富集能力的研究发现，玉米对 4 种重金属的富集系数大小排序为 Cr<Cu<Pb<Cd。刘志彦[14]对水稻吸收的 5 种重金属（Cd、Cu、As 和 Pb）进行分析，发现水稻对 5 种重金属元素富集积累能力按照从小到大的顺序排列为 Pb<As<Cu<Zn<Cd，造成这种现象的原因可能是土壤中不同重金属元素之间具有拮抗、协同等相互作用。宋菲等[15]通过盆栽试验也发现了相似的结果，随着土壤中 Zn/Cd 浓度比值增大，菠菜富集积累 Cd 的量极显著地降低，说明土壤中 Zn 含量的增加会降低菠菜对 Cd 的富集积累能力，表明 Zn 与 Cd 的吸收具有拮抗作用。

1. 蔬菜对重金属的富集作用

蔬菜是人们生活中不可或缺的主要食物之一，随着生活水平的不断提高，人们的健康意识也不断增强，对蔬菜的食用量也不断增加，对蔬菜的质量和安全方面的关注度呈逐年上升的趋势。付玉辉[16]将浙江省上虞区东关镇担山村废弃铅锌矿附近的农田作为试验研究基地，选用当地经常食用的 20 个叶菜类蔬菜品种作为研究目标进行大田试验，运用随机播种的方法进行蔬菜种植，筛选低积累蔬菜品种和高积累蔬菜品种。其中，用于低积累蔬菜筛选试验的蔬菜品种主要为白菜、油菜、青菜三类叶菜类蔬菜，共 20 个蔬菜品种（表 6-1）。

表 6-1　供试蔬菜品种[16]

品种编号	品种名称	类别	品种编号	品种名称	类别
1	新绿秀青梗白菜	白菜	11	华樱	青菜
2	高华青梗白菜	大白菜	12	大叶黑大头	青菜
3	五峰抗热青	青菜	13	上海四月慢	油菜

品种编号	品种名称	类别	品种编号	品种名称	类别
4	四季青白菜	大白菜	14	香港四季青梗菜	小白菜
5	小塘菜	小白菜	15	黄芽菜	大白菜
6	精选抗热 605	青菜	16	苏州青	白菜
7	华良 5 号	大白菜	17	油冬儿	油菜
8	早熟 3 号	大白菜	18	小杂 56	小白菜
9	早熟 6 号	大白菜	19	火青 91-5C	青菜
10	上海矮抗青	小青菜	20	上海青	小白菜

图 6-1 所示为不同品种蔬菜 Pb、Cd 的富集系数，可以看出不同蔬菜对重金属的富集能力存在显著差异。虽然这 20 种蔬菜同属叶菜类，但对重金属的富集能力不尽相同。

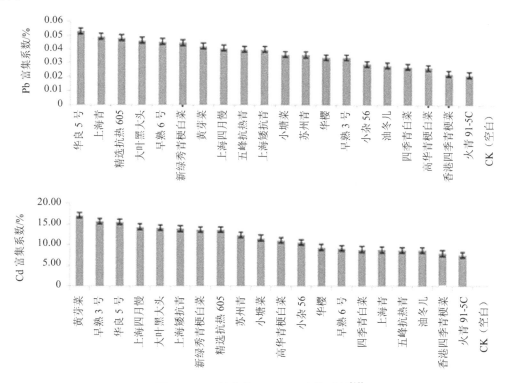

图 6-1　20 种蔬菜 Pb、Cd 富集系数[16]

同一类型蔬菜对不同重金属的富集系数同样存在一定的差异性。在种植小区重金属 Pb 污染接近的情况下，白菜类中，对重金属 Pb 的富集能力最强的是华良 5 号，最弱的是香港四季青梗菜；青菜类中，对 Pb 富集能力最强的是精选抗热 605，最弱的为火青 91-5C；油菜类中，对重金属 Pb 的富集能力最强的是上海四月慢，最弱的是油冬儿。对于 Cd 的富集能力，白菜类中，富集能力最强的是黄芽菜，最弱的是香港四季青梗菜；油菜类中，富集能力最强的是上海四月慢，最弱的是油冬儿；青菜类中，富集能力最强的是上海矮抗青，最弱的是火青 91-5C。

此外，通过对试验结果进行验证，筛选出重金属 Pb 低积累蔬菜为火青 91-5C、香港四季青梗菜、高华青梗白菜、油冬儿，Cd 低积累蔬菜为火青 91-5C、油冬儿、华樱、早熟 5 号。两年的试验结果基本保持一致，较好地验证了前一年的试验结果。低积累蔬菜筛选试验结果显示，叶菜类蔬菜品种对不同重金属的富集能力存在显著差异，对重金属 Cd 的富集能力远大于重金属 Pb；在不同类型的蔬菜之间，无论是白菜类还是青菜类对同一重金属富集能力的差异性都比较明显。同时，成功筛选出了对重金属 Cd、Pb 同时富集能力都比较低且比较稳定的蔬菜品种——火青 91-5C、油冬儿，对两种重金属富集能力都比较高且比较稳定的蔬菜为黑大头。了解不同种类、同种类不同品种蔬菜的吸收累积重金属的差异，在重金属污染土壤上选择合适的蔬菜品种种植，是生产符合食品中污染物限量标准的蔬菜与充分利用有限土地资源的重要途径之一。

2. 水稻对重金属的富集作用

水稻是我国种植面积最大、单产最高的粮食作物，也是对重金属吸收最强的大宗谷类作物。水稻的可食部分是籽粒，即通常所说的稻米，因而重金属在其籽粒部分的积累差异更受到关注。根据目前的研究结果，不同品种水稻对 Cd、Pb 和 As 的累积量存在极显著的基因型差异，不仅不同种和属间存在这种差异，不同种作物的不同变种或品种也有这种差异。一般籼稻对 Cd 的富集能力高于粳稻，杂交稻比常规稻（非杂交稻）更容易富集 Cd[17]，仲维功等[18]对 43 个不同类型的水稻品种研究发现，水稻籽实 Pb、Cd 含量有以下规律：常规籼稻＞杂交籼稻＞常规粳稻。冯文强等[19]选取了四川 20 个水稻育种材料（其中保持系和恢复系各 10 个品系），研究不同水稻品系对外源 Cd 的富集能力及 Cd 在水稻地上部和籽粒中的分配差异，发现总体上保持系水稻稻草和精米中 Cd 含量比恢复系水稻品种高。

水稻对不同重金属元素的吸收、富集特性因元素种类不同而异。张潮海等[20]通过研究福建某钢铁厂附近的农田水稻对不同重金属的富集规律发现，水稻糙米对不同重金属的富集系数为 Cd（0.25）＞Zn（0.18）＞Cu（0.11）＞Pb（0.000 6），即土壤中 Cd 的移动性和生物有效性最高，最易向水稻籽实迁移，而 Pb 最不易被水稻籽实吸收富集。

水稻的不同部位对重金属的分配也存在一定规律。一般来说，重金属在植物体内新陈代谢旺盛的器官积累量较大，而在果实、种子、茎叶等营养储存器官中的积累则较少。关共凑等[21]的研究表明，水稻吸收重金属以后，大部分的重金属滞留在根部，地上部分积累的占比相对较小，水稻不同部位富集重金属的含量一般为根部＞根基茎＞主茎＞穗＞籽实＞叶部，总体趋势是，土壤中的重金属被水稻植株吸收以后大部分停留在根部，仅有小部分迁移到茎叶、籽粒等地上部位，绝大多数都滞留在土壤中。

综上所述，在低浓度重金属污染农田区域种植重金属低积累农作物品种实现污染农田安全利用的策略是可行的。然而，由于我国农田土壤重金属污染区域差异显著，不同地方的土壤类型、气候特征、作物品种等差异明显，且存在农作物品种更新换代较快等问题，有时筛选出的低积累品种不具有推广性及稳定性。因此，针对粮食作物的低积累品种筛选工作应当考虑品种种植的区域适宜性及稳定性，从本地主推品种中进行筛选更符合本地实际的生产情况，也易于被农民接受及推广使用。

6.3.2 强耐性作物替代种植

与水田土壤相比，旱地土壤作物种植类型多样。不同作物种类对重金属的富集差别很大。依据《土壤污染防治行动计划》分类管控、综合施策的方针，针对轻中度重金属污染旱地筛选出适应性强的重金属低积累作物品种，通过替代种植实现污染旱地土壤的安全利用，是一种较为有效的实现重金属污染农田安全生产的方式。研究调查甘肃省三类主要的种植作物，发现对重金属 Cd 的富集能力表现为蔬菜作物＞油料作物＞粮食作物[22]。在重金属污染土壤上，可用玉米、茄子、甘蓝等 Cd 低吸收种类代替白菜、莴苣等 Cd 富集品种[23]。对于重金属污染严重的地区，种植观赏植物、花卉、桑树、经济林木等可防止污染物进入食物链[24]。

黄涂海[25]以浙江省台州地区温岭市某村为研究区，由于受电子拆解行业的影响，当地农用地受到不同程度的污染，污染类型以重金属 Cd 为主，当地作物种植类型以蔬菜和水稻为主。针对当地轻中度 Cd 污染旱地土壤，通过对研究区旱地土壤-蔬菜 Cd 含量协同调查采样与分析，划分安全利用区，在安全利用区旱地土壤利用替代种植（玉米、油菜、甘蔗）筛选出合适的替代种植作物，总结水田-旱地的安全利用实践，提出适合的水旱轮作种植模式，并对其在轻中度 Cd 污染耕地的安全利用效果进行评价。2017 年 5 月，对研究区旱地土壤上种植的蔬菜作物进行了采样调查，种植作物主要分为叶菜类（大白菜、大青菜、卷心菜等）、根菜、茎菜类（白萝卜、芥菜、芋头等）及瓜果类（丝瓜、西瓜、番茄等）。结合当地的作物种植习惯，选取了甘蔗、玉米和油菜 3 种作物作为替代种植作物。结果发现，在安全利用区轻中度 Cd 污染旱地种植的"福美一号"超甜玉米存在籽粒超标的风险。未来玉米的推广种植，还需结合农艺调控措施降低玉米籽粒超标的风险或者筛选出更适种植的 Cd 低积累玉米品种进行替代种植。安全利用区选择种植 3 种甘蔗品种，土壤中 Cd 浓度范围为 0.77～1.63 mg/kg，甘蔗渣中的 Cd 浓度范围为 0.18～0.89 mg/kg，甘蔗汁 Cd 浓度范围为 0.02～0.03 mg/L，符合我国 GB 2762—2017 中 Cd 的限定值。

超累积植物是能够耐受 Ni、Cu、Co 等高浓度重金属元素，在污染土壤中生长良好且能在植株地上部分超累积重金属而不发生明显毒害症状的植物，在重金属污染土壤修复领域具有不可替代的优势。这些超累积植物可以局限于含重金属土壤（专性超累积植物），也可以出现在正常土壤（兼性超累积植物）。截至目前，Zn、Cd、Cu、Ni、As等重金属超累积植物已达 450 余种[26]。浙江大学杨肖娥研究发现的东南景天（图 6-2），属于我国原生态的 Zn、Cd 超累积植物，是国内目前研究较多的超累积植物，同时由于其生物量大、生长速度快，是一种良好的重金属污染植物修复的潜在材料。

图 6-2　东南景天

（资料来源：中国自然植物标本馆）

此外，代表性超积累植物还有 As 超积累植物蜈蚣草（*Pteris vittata*），Mn 超积累植物商陆（*Phytolacca acinosa*）、龙葵（*Solanum nigrum*）、伴矿景天（*Sedum plumbizincicola*）和铬超累积植物李氏禾（*Leersia hexandra*）等。迄今为止，已知数量最多的超累积植物是 Ni 超累积植物（叶面浓度大于 1 000 μg/g），占全部种类的 75%。超过 95% 的 Cu、Co 超累积植物物种发现于刚果东南部。图 6-3 是一些 Cu 和/或 Co 超累积植物。总体来说，目前我国对重金属污染土壤的植物吸收修复已有相当丰富的研究基础，超积累植物具备高的重金属耐性及转移系数，为工程化应用提供了丰富的材料。

（a）落袋狸（唇形科）（刚果），图片来源：copperflora.org

（b）红木槿（锦葵科）（刚果），图片来源：copperflora.org

（c）中国大茴香（菊科）（刚果），图片来源：B. Lange

（d）孟加拉莲（堇菜科）（东南亚），图片来源：A. van der Ent

（e）Crepidorhopalon tenuis（母草科）（刚果），图片来源：B. Lange

（g）鼠李（十字花科）（阿尔巴尼亚），图片来源：A. van der Ent

（f）蛇床子（菊科）（南非），图片来源：A. van der Ent

图 6-3　部分 Cu、Co 超级累植物

（Reeves，2003）

除超累积植物外，可以采用生物量大的耐性经济类植物进行替代种植，包括用材、工业原料与药用、能源和景观四大类植物种类，如可高积累 Cd 的溪口花籽、朱苍花籽品种油菜和紫茉莉等农作物和花卉品种[27,28]，向日葵、甜高粱[29]，能源植物乌桕和蓖麻，景观植物栾树、小叶女贞等[30]。虽然此类植物地上部分富集重金属含量普遍较低，但由于较大的生物量使其去除土壤重金属效果较好，且将带来一定经济效益。

6.3.3 浸种技术减少作物对重金属的吸收

浸种技术是农民普遍采用的一种技术，在播种前将种子浸泡在含有其他物质的水和溶液中，之后在培养基质或直接在田间播种。浸种后的不同作物在不同的非生物胁迫条件下都会表现出更好的适应性，都能产生正的种子启动效应，如在不同的大田作物和蔬菜中施用硒溶液进行浸种也有积极的效果[31]。

Moulick 等[32]研究了在有 As 或无 As 的盆栽土壤中，培养用含硒溶液浸种过的水稻发现，在无 As 环境下用硒浸种过培养的水稻，其叶绿素、生物量、分蘖数、穗重和试验重均显著增加（$P<0.001$），株高也明显高于对照；在含 As 环境下，施硒处理的植株在恢复 As 的不利影响方面呈更良好的趋势，其植株更高、生物量更大、分蘖数更多。施硒处理的糙米和熟米的含 As 量显著低于未施硒处理的糙米和熟米（$P<0.001$）。

6.4 原位稳定化技术

土壤重金属原位稳定化修复是化学措施的一种。该技术通过向污染土壤中添加一种或多种钝化材料，一方面，可以通过改变土壤阳离子交换量（CEC）、有机质（OM）、土壤 pH、Eh 等物理化学性质来降低重金属在土壤中的移动性和生物有效性，从而减少其在作物中的吸收；另一方面，添加到土壤中的钝化材料可直接与重金属发生作用生成复杂的络合物，经过吸附、络合、氧化还原、沉淀等作用机制，使重金属在土壤中的有效性降低，从而减少重金属污染物对土壤-作物系统中受体的毒性，以达到修复污染土壤的目的。

近年来，在不影响正常农业生产活动的前提下，通过向轻中度污染土壤中添加农业、工业副产品来降低重金属对环境影响的原位修复技术受到越来越多的关注。然而，在实际污染场地中多涉及一种或多种重金属的复合污染，因此有针对性地筛选满足对多种污染物起作用的高效、稳定化钝化材料成为现实场地修复和应用的关键。

6.4.1 原位稳定化修复机制

一是沉淀作用。通过外源加入的碱性物质使土壤 pH 升高，重金属离子更易形成氢氧化物或碳酸盐结合态沉淀；同时，土壤表面负电荷会随着土壤 pH 的升高而增加，进而对重金属表现出较好的亲和力，从而降低重金属在土壤中的迁移性。

二是吸附作用和离子交换。重金属离子在土壤溶液中可通过专性吸附和非专性吸附保留在土壤中。土壤 pH 可以直接影响吸附的性能，外加黏土材料或铁/锰氧化物等材料也会提高土壤对重金属的吸附容量。

三是氧化还原作用。土壤中的重金属大都存在多种价态，不同价态的生物毒性和迁移性有很大的差别。因此，可以通过添加具有氧化或者还原能力的钝化材料来改变重金属的价态，以达到降低污染物毒性的目的。

四是络合作用。有些钝化剂表面含有较多的羧基、羟基等功能基团，可与土壤中的重金属发生配位反应，形成具有稳定性的重金属络合物。

6.4.2　原位稳定化修复材料

重金属原位钝化修复技术的关键在于钝化材料的选择。目前，已知的钝化材料种类和数量众多，常用的包括磷酸盐类、黏土矿物、石灰性物质、有机肥、工业废渣等。不同类型的钝化材料因其修复机制和影响因素不同，其作用效果也不同（表 6-2）。目前，钝化材料主要可分为无机类、有机类、微生物类和新型材料等。

表 6-2　重金属污染土壤修复剂分类及作用原理

分类	名称	金属	修复原理
硅钙物质	硅酸钠、硅酸钙、硅肥、钢渣、石灰石、碳酸钙镁、棕闪粗面岩	Zn、Pb、Ni、Cu、Cd	缓减重金属对植物生理代谢毒害；通过提升土壤 pH 增加土壤表面负电荷，增强对金属的吸附；或形成金属沉淀
含磷物质	羟基磷灰石、氟磷灰石、磷矿粉、磷酸盐、磷酸、钙镁磷肥、骨粉	Pb、Cd	诱导重金属吸附，矿物表面吸附重金属或与重金属形成沉淀
有机物料	有地堆肥、城市污泥、畜禽粪便、作物秸秆、腐殖酸、胡敏酸、富里酸、泥炭	Cu、Zn、Pb、Cd、Cr、Ni	形成难溶性的金属有机络合物或通过增加土壤阳离子交换量来增强对金属的吸附
黏土矿物	海泡石、凹凸棒石、蛭石、沸石、蒙脱石、坡缕石、膨润石、硅藻土、高岭土	Pb、Cu、Zn、Cd、Ni	通过矿物表面吸附、离子交换固定重金属
金属及金属氧化物	零价铁、氢氧化铁、硫酸亚铁、硫酸铁、针铁矿、水合氧化锰、锰钾矿、水钠锰矿、氢氧化铝、赤泥、炉渣	As、Pb	通过表面吸附、共沉淀实现对金属的固定
生物碳	秸秆炭、污泥炭、骨炭、黑炭、果壳炭	Pb、Cu、Zn、Cd、As	生物碳表面的吸附作用，表面基团的配位和离子交换作用
新型材料	介孔材料、多酚物质、纳米材料、有机无机多空杂化材料	Pb、Cu、Cd、Cr	表面吸附、表面络合、晶格固定

1．无机类钝化剂

无机类钝化剂主要包括硅钙材料（石灰、赤泥、硅酸盐类矿物等）、含磷材料（磷灰石、磷酸二氢钙等）及黏土矿物（海泡石、膨润土等）。

硅钙材料通常呈碱性，施用到土壤中会提升土壤 pH，增强土壤对金属离子的吸附作用，促进金属离子与碳酸盐、硅酸盐等形成沉淀，并通过 Si、Ca 等元素与金属元素的拮抗作用减少作物对重金属的吸收。研究表明，石灰对不同地区及类型的金属污染土壤均有较为显著的钝化效果，在酸性土壤中石灰效果优于有机质，在碱性和中性土壤中有机质效果优于石灰[33]。Zhu 等[34]发现施用石灰可以使土壤 pH 升高，水稻籽粒中的 Cd 含量和 Cd 的迁移转化率可分别降低 35.3 个百分点和 76 个百分点。但长期施用石灰会导致土壤板结和养分失衡，其实际应用仍存在技术障碍。

含磷材料由于含有丰富的磷，可以为土壤提供有效磷并降低有效态 Cd 含量，通过磷与 Cd 的沉淀作用将 Cd 由植物可利用态转化为无效态。研究表明，向土壤中添加磷酸二氢钙及磷酸二氢铵可固定土壤中 50%以上的有效态 Cd 和 Pb，且不会导致土壤酸化和金属再迁移，将含磷材料与硅钙材料复配使用可以在促进水稻生长的同时降低其对 Cd 的吸收[35]。

黏土矿物是一种地球上极为丰富的矿物材料，在地壳运动和土壤形成中发挥着重要的作用。黏土矿物由于具有层状或链层状结构，比表面积相对较大，表面带有负电荷，可通过吸附、络合、共沉淀等作用降低重金属离子的活性。研究表明，施用海泡石可以提高酸性土壤 pH 并降低 Cd 的有效性，糙米 Cd 含量也可降到 0.2 mg/kg 以下，一次施用的钝化效果可以维持 2 年[36]。

2. 有机类钝化剂

有机类钝化剂，如秸秆、城市污泥、动物粪肥等施用于土壤后可以增加土壤 CEC，进而增强土壤对重金属的吸附作用，同时有机物料对重金属也有一定的络合作用。研究表明，施用堆肥过的家禽粪肥可将 40%～70%的可交换态 Cd 转化为有机结合态 Cd，植物吸收的 Cd 也降低了 50%[37]。

3. 新型稳定化材料

近年来，一些新型钝化材料，如生物质炭、介孔材料、功能膜材料、纳米材料等被广泛报道，其中纳米材料因其尺寸小、反应活性强的特点可用于与其他物质进行合成，如常见的铁纳米颗粒、磷酸盐铁纳米颗粒等。这些新型材料具有特殊的表面结构和粒度，可以在低添加量水平下保证较高的钝化效果。Gil-Díaz 等[38]研究发现，将纳米零价铁在加入 Cd、Cr 和 Zn 的污染土壤中，可以明显降低 3 种重金属的有效性，并对作物产量产生促进作用。由于生物质炭含有丰富的有机碳，同时富含 K、Ca、Mg 和 P 等养分元素及丰富的孔隙结构，在土壤改良和污染物控制方面发挥了重要的作用。目前，关于生物炭施加到污染土壤中的修复效果被广泛地研究。Yin 等[39]发现，添加稻草生物炭可降低根际空隙水中的 Cd 含量，导致根部和籽粒中的 Cd 含量分别降低了 49%～68%和 24%～49%。Khan 等[40]研究了污泥生物质炭对锰锌矿山周边水稻土的钝化效果，结果表明 10%添加量的生物质炭可以有效地抑制 Cd、As、Pb、Zn 等元素的植物有效性及其在水稻体内的富集量，进而大大降低了人体通过稻米摄入有毒物质引发的健康风险。然而，这类钝化剂通常生产成本过高、用量较大，可能存在二次污染的风险，因此其实际应用受到限制。

4．微生物类钝化材料

土壤中的一些微生物，如细菌、真菌、藻类等对重金属有吸附、富集、沉淀、氧化还原的作用。另外，菌根真菌还可以通过与植物根系形成菌根来改变重金属在土壤中的存在和赋存形态，从而降低其移动性和生物有效性。微生物类钝化材料修复是指通过物理和化学的方法，将微生物或酶定位在限定的空间区域内，并使其能够保持长期活性和反复使用的技术。微生物钝化材料施加到土壤中，土壤的理化性质基本不会改变，因此它在降低重金属污染程度的同时对环境影响较小。有研究发现，对鬼针草和龙珠果接种丛枝真菌后，两种植物对土壤中 Cu、Pb、Zn 的富集量明显提高，这对提高超富集植物的修复效果有重要的作用[41]。

目前，原位钝化修复材料较多，但大多处于试验阶段，在实际中得以应用的较少，且大多数材料针对单一重金属修复有较好的效果，缺少对重金属复合污染修复效果的研究。因此，针对实际农田中重金属污染情况，在保证原有种植习惯的条件下，有针对性地选择合适且可行的钝化材料成为当前重金属修复工作的重点。

6.4.3　钝化剂与低累积作物联合的安全生产体系

水稻对重金属的吸收富集能力在不同品种间存在较大差异，利用这种差异可以筛选出重金属低积累水稻品种。在农田污染情况不是非常严重时，通过选育 Cd 低积累水稻品种来降低稻米 Cd 含量是一种切实可行的办法。

当单纯种植低积累品种不能达到安全标准时，就需要配合应用其他阻控措施。海泡石、腐殖酸是常用的重金属阻控修复剂，但在农田重金属原位修复过程中，特别是污染程度较大时，一般只有较大用量的情况下才能取得良好的修复效果。韩君等[42]研究发现，海泡石的施用量超过 1.5 t/亩时，所种水稻（籼型三系杂交稻）糙米 Cd 含量才能降至 0.2 mg/kg 以下；屠乃美等[43]研究发现，海泡石的施用量为高、中量（1.5 t/亩、2.0 t/亩）时可得到较好的降 Cd 效果。这说明海泡石是一类较好的 Cd 污染土壤修复的阻控剂，但存在用量过高、运输和施用费用多的缺点，而过多的施用量不仅造成了经济成本上的负担，也增加了阻控剂的应用对土壤环境质量造成不好影响的风险。如果将低积累水稻品种的优势与阻控剂结合起来应用于重度污染土壤将有利于节约成本，同时降低阻控剂施用过多带来的环境风险，具有重要的研究价值和应用前景。因此，在部分土壤污染成因复杂、土壤重金属浓度较高的情况下，单一的阻控措施难以保障粮食安全生产，采用钝化剂与低累积作物联合防控更为有效。近年来，在湖南长株潭 Cd 污染稻田开展的"VIP+n"模式对我国农田 Cd 污染修复治理提供了经验和借鉴。

6.5　农艺调控措施

重金属在土壤中的含量、有效性及垂直分布状况不仅与成土母质有关，还受施肥、灌溉、耕作方式等农艺调控措施的影响。

6.5.1　耕作方式对农田土壤重金属的调控作用

耕作方式是影响土壤重金属含量及有效性的重要因素。土壤耕作方式主要有翻耕、旋耕、深松耕、免耕及轮耕等。有研究表明，由于作物残渣的积累、化肥的施用及大气沉降作用等的影响，重金属、有机质等在土壤表层富集，不同的耕作条件可以改变这些性质，从而影响土壤重金属含量、有效性及作物对重金属的吸收[44]。连作、轮作、间作、套种是我国传统的农业措施。通过盆栽试验对 7 种间作作物对玉米吸收累积 Cd 的影响研究表明，间作的豆科植物可以显著提高玉米中 Cd 的积累量，而籽粒苋和油菜可以在一定程度上抑制其间作的玉米中 Cd 的累积量[45]。在湖南地区晚稻水稻籽粒中 Cd 含量明显高于早稻，通过晚稻改种玉米的水稻-玉米轮作的耕作方式更能保障粮食作物的安全[46]。

6.5.2　水分管理对农田土壤重金属的调控作用

土壤水分条件对土壤的物理、化学和生物性质均有一定的影响，进而可以影响重金属在土壤中的形态，改变重金属对植物的生物有效性和环境风险。对于不同重金属，水分管理的影响规律不同，因此不同水分管理模式在应用时只有充分考虑不同重金属类型的响应差异，才能更有效地控制当地农田环境的重金属污染。

邹丽娜[47]通过盆栽试验研发基于肥料和水分管理的农田 As 污染调控措施发现，$FeSO_4$ 的添加降低了两种水分管理条件下 As 的有效性。然而，相比不淹水条件，淹水条件显著增加了有效态 As。在低 Eh 的条件下，As 的移动性更强。水分管理（$P<0.01$）和 $FeSO_4$ 投加量（$P<0.05$）会显著影响土壤有效态 As。$FeSO_4$ 添加和不淹水条件显著促进了水稻的生长；淹水条件下不添加 $FeSO_4$ 的处理，水稻从幼苗期就开始变黄、瘦弱，最终在分蘖期死亡；不淹水条件下不添加 $FeSO_4$ 的处理，水稻从扬花期开始变黄，而 0.25% 和 1% 处理下的水稻仍是绿色且长势良好的；整个生育期的不淹水种植是减少水稻 As 含量的直接和可持续的解决方案。

不淹水条件下，$FeSO_4$ 的添加显著降低了水稻地上部分对 As 的吸收，添加浓度为 1%

时，稻谷中 As 的含量与处理组相比降低了 80%。淹水条件下，稻谷 As 含量显著增加。$FeSO_4$ 的添加促进了水稻根表胶膜的形成，根表胶膜截留了大部分的 As。$FeSO_4$ 的添加和不淹水条件显著降低了 As 从根向水稻地上部分的转移，可能的主要原因是土壤中 As 生物有效性的降低、水稻根的阻碍作用及更多 GSH 的形成。因此，$FeSO_4$ 的添加辅以水分管理可能是一种改善 As 污染稻田中水稻生长和降低 As 吸收的原位调控方法。

6.5.3　施肥管理对农田土壤重金属的调控作用

施肥是一项农业生产中最普遍和重要的增产措施，肥料不仅可以为农作物提供必需的营养，还可以通过改善作物的营养状况和生长情况影响作物对重金属的吸收。此外，肥料的添加还可以与土壤发生一系列反应，通过改变土壤 pH、络合、沉淀等反应影响重金属在土壤中的迁移和生物有效性。

通过选择能降低土壤重金属污染的化肥或增施能够固定重金属的有机肥等措施来控制农田重金属污染，可以直接或间接达到修复农田重金属污染的目的。在农田 Cd 含量处于污染临界值附近或已受 Cd 污染的土壤上，应避免施用大量的酸性肥料，如尿素、氯化铵、普钙及其他酸性物料。在常用磷、钾肥中，磷酸二铵和硫酸钾在 Cd 污染土壤上施用更为适合。有机肥的施用能够有效降低土壤中重金属 Cd 的移动性，在两种土壤中添加 2.5%（干重 w/w）的堆肥可使洋葱、菠菜和生菜中的 Cd 含量降低高达 60%[48]。

6.5.4　叶面阻控对农田土壤重金属的调控作用

与直接向土壤添加钝化剂修复可能会对土壤性质、农作物产生影响不同，通过叶面阻控来降低重金属污染的方法不会带来二次污染。向农作物叶面喷施阻控剂可以使重金属停留在植物根、茎基部，改变重金属在植株体内的分配，抑制重金属向籽粒的运输，有效减少农产品中的重金属积累，提高农作物产量。

现有用于叶面喷施的材料主要有硅肥、硒肥、铁肥、锌肥、锰肥、腐殖酸等。李伯平等[49]通过田间试验研究了叶面阻控剂对稻米的降 Cd 效果。向叶面喷施纳米水溶硅肥对水稻的产量和产值没有明显的影响，对土壤重金属污染无明显改善作用，但与常规施肥相比，叶面阻控剂使稻米和稻草中的重金属 Cd 含量分别降低了 41.6%、25.3%，在水稻孕穗期施用，降 Cd 效果显著。对于水稻植株中的重金属 Pb，施用水溶硅肥可降低稻米中的 Pb 含量，却提高了稻草中的 Pb 含量。陈湘等[50]也通过试验证明了含水溶性硅 24.11% 的中量元素肥料（叶面阻控剂）对土壤 pH、土壤有效 Cd 含量影响不明显，但能使白菜中全部 Cd 含量降幅达 37.5%～39.6%，产量平均增加 9.71%～16.62%，具有明显的经济效益，同时还能补充硅元素，增强抗逆性，对生态环境无不良影响。

6.6 综合治理技术

基于已有的研究成果，通过技术集成与示范，本研究构建了一套以"轻度污染农艺调控—中度污染钝化降活—重度污染断链改制"为核心的重金属污染耕地农业安全利用综合技术与实用模式。

1. 综合技术

重金属污染耕地农业安全利用综合技术包括轻中度污染耕地农艺综合调控与原位钝化安全利用技术、基于"断链改制"的重度污染耕地替代种植与土壤修复技术。

轻度污染耕地农艺综合调控技术：在选用低积累重金属作物品种的基础上，通过科学施肥、淹水管理、叶面阻控、秸秆离田、适度调整作物布局与复种方式等措施有效降低农产品中 Cd、Pb 等重金属的含量，实现轻度污染耕地的农业安全利用。

中度污染耕地原位钝化技术：在全面推广应用轻度污染耕地农艺综合调控技术的基础上，针对中度污染耕地应因地制宜地增施土壤钝化剂，实施化肥减量与有机肥替代、深翻耕改土与培肥等措施，以增加土壤环境容量和降低土壤中重金属的活性，减少农作物对重金属的吸收和在农产品中的积累，实现中度污染耕地的农业安全利用。

重度污染耕地替代种植与土壤修复技术：对于确实已不宜种植食用农产品的重度污染耕地，为确保其农用地性质，应用非食用农作物进行替代种植，通过切断食物链以减少重金属对人畜的危害，并运用植物或农作物强化萃（吸）取技术推进土壤修复进度，实现重度污染耕地的农业安全利用。

2. 实用模式

重金属污染耕地农业安全利用的实用模式主要有水稻降 Cd VIP+技术模式、重度污染耕地替代种植模式、治理式休耕模式。

水稻降 Cd VIP+技术模式：将选种 Cd 低积累的水稻品种（Variety，V）、全生育期淹水灌溉（Irrigation，I）方式、施生石灰调节土壤酸碱度（pH，P）及增施有机肥和土壤钝化剂、喷施叶面阻控剂、深翻耕改土（"+n"）等单项技术进行组装集成与中试示范，就形成了水稻降镉的 VIP+n 技术模式。

重度污染耕地替代种植模式：包括种桑养蚕和发展麻类作物、能源作物、花卉苗木、种子生产等的替代种植模式。

污染耕地治理式休耕模式：包括萎蒿-紫云英联合休耕培肥、苎麻强化萃取休耕等。目前，这两种模式正在湖南省休耕试点地区开展中试示范。

参考文献

[1] 黄道友，朱奇宏，朱捍华，等. 重金属污染耕地农业安全利用研究进展与展望[J]. 农业现代化研究，2018，39（6）：1030-1043.

[2] 徐建明，孟俊，刘杏梅，等. 我国农田土壤重金属污染防治与粮食安全保障[J]. 中国科学院院刊，2018，33（2）：153-159.

[3] 骆永明，滕应. 我国土壤污染的区域差异与分区治理修复策略[J]. 中国科学院院刊，2018（2）：145-152.

[4] 陈卫平，杨阳，谢天，等. 中国农田土壤重金属污染防治挑战与对策[J]. 土壤学报，2018，55（2）：261-272.

[5] 李志涛，王夏晖，刘瑞平，等. 耕地土壤镉污染管控对策研究[J]. 环境与可持续发展，2016，41（2）：21-23.

[6] 王琦，李芳柏，黄小追，等. 一种基于风险管控的稻田土壤重金属污染分级方法[J]. 生态环境学报，2018，27（12）：2321-2328.

[7] 杨树深，孙衍芹，郑鑫，等. 重金属污染农田安全利用：进展与展望[J]. 中国生态农业学报，2018，26（10）：136-153.

[8] Li Y，Chaney R L，Schneiter A A，et al. Combining ability and heterosis estimates for kernel cadmium level in sunflower[J]. Crop Science，1995（35）：1015-1019.

[9] Li Y，Chaney R L，Schneiter A A，et al. Genotype variation in kernel cadmium concentration in sunflower germplasm under varying soil conditions[J]. Crop Science，1995（35）：137-141.

[10] 赵小蓉，杨谢，陈光辉，等. 成都平原区不同蔬菜品种对重金属富集能力研究[J]. 西南农业学报，2010，23：1142-1146.

[11] 杨惟薇，刘敏，曹美珠，等. 不同玉米品种对重金属铅镉的富集和转运能力[J]. 生态与农村环境学报，2014，30（6）：774-779.

[12] 熊孜，李菊梅，赵会薇，等. 不同小麦品种对大田中低量镉富集及转运研究[J]. 农业环境科学学报，2018，37（1）：36-44.

[13] 周振民. 土壤重金属污染作物体内分布特征和富集能力研究[J]. 华北水利水电学院学报，2010（31）：1-5.

[14] 刘志彦，田耀武，陈桂珠. 矿区周围稻米重金属积累及健康风险分析[J]. 生态与农村环境学报，2010（26）：35-40.

[15] 宋菲，郭玉文，刘孝义，等. 土壤中重金属镉锌铅复合污染的研究[J]. 环境科学学报，1996（16）：431-436.

[16] 付玉辉. Cd、Pb 低积累蔬菜品种筛选与修复技术研究[D]. 杭州：浙江大学，2016.

[17] Yan J，Wang P，Wang P，et al. A loss-of-function allele of OsHMA3 associated with high cadmium accumulation in shoots and grain of Japonica rice cultivars[J]. Plant Cell and Environment，2016，39（9）：1941-1954.

[18] 仲维功，杨杰，陈志德，等. 水稻品种及其器官对土壤重金属元素 Pb、Cd、Hg、As 积累的差异[J]. 江苏农业学报，2006（4）：331-338.

[19] 冯文强，涂仕华，秦鱼生，等. 水稻不同基因型对铅镉吸收能力差异的研究[J]. 农业环境科学学报，2008（2）：447-451.

[20] 张潮海，华村章. 水稻对污染土壤中镉、铅、铜、锌的富集规律的探讨[J]. 福建农业学报，2003（3）：147-150.

[21] 关共凑，徐颂，黄金国. 重金属在土壤-水稻体系中的分布、变化及迁移规律分析[J]. 生态环境，2006（2）：315-318.

[22] 焦位雄，虎德，冯丹妮，等. Cd、Hg、Pb 胁迫下不同作物可食部分重金属含量及累积特征研究[J]. 农业环境科学学报，2017，36（9）：1726-1733.

[23] 赖佳，李浩，何斌，等. 不同小春作物种类对重金属吸收差异性的研究[J]. 四川农业科技，2016（10）：28-30.

[24] 谢武双，李贵杰，陈卫平. 韶关市翁源县铁龙林场土壤重金属修复[J]. 环境工程学报，2018，12（9）：268-276.

[25] 黄涂海. 镉污染农田土壤的分类管控实践[D]. 杭州：浙江大学，2019.

[26] Verbruggen N，Hermans C，Schat H. Molecular mechanisms of metal hyperaccumulation in plants[J]. New Phytologist，2009，181（4）：759-776.

[27] 苏德纯，黄焕忠. 油菜作为超积累植物修复镉污染土壤的潜力[J]. 中国环境科学，2002，22（10）：48-51.

[28] 刘家女，周启星，孙挺. 花卉植物应用于污染土壤修复的可行性研究[J]. 应用生态学报，2007，1（7）：1617-1623.

[29] Rodrick H，Mebelo M，Alice M M. Evaluation of sunflower（*Helianthus annuus L.*），sorghum（*Sorghum bicolor* L.） and Chinese cabbage（*Brassica Chinensis*） for phytoremediation of lead contaminated soils[J]. Environmental Pollution，2014，3（2）：65.

[30] 梁希. 锰矿尾矿库耐性植物的筛选及其耐性机理初步研究[D]. 长沙：中南林业科技大学. 2014.

[31] Hasanuzzaman M，Hossain M A，Fujita M. Selenium in Higher Plants：Physiological Role，Antioxidant Metabolism and Abiotic Stress Tolerance[J]. Journal of Plant Sciences，2010，5（4）：354-375.

[32] Moulick D，Santra S，Ghosh D. Rice seed priming with Se：a novel approach to mitigate As induced adverse consequences on growth，yield and As load in brown rice[J]. Journal of Hazardous Materials，2018，355：187-196.

[33] 代允超，吕家珑，刁展，等. 改良剂对不同性质镉污染土壤中有效镉和小白菜镉吸收的影响[J]. 农业环境科学学报，2015（1）：80-86.

[34]　Zhu H，Chen C，Xu C，et al. Effects of soil acidification and liming on the phytoavailability of cadmium in paddy soils of central subtropical China[J]. Environmental Pollution，2016，219：99-106.

[35]　Ahn J，Kang S，Hwang K，et al. Evaluation of phosphate fertilizers and red mud in reducing plant availability of Cd，Pb，and Zn in mine tailings[J]. Environmental Earth Sciences，2015，74（3）：2659-2668.

[36]　Liang X，Han J，Xu Y，et al. In situ field-scale remediation of Cd polluted paddy soil using sepiolite and palygorskite[J]. Geoderma，2014，235-236：9-18.

[37]　Han-Song C，Huang Q，Li-Na L，et al. Poultry manure compost alleviates the phytotoxicity of soil cadmium：influence on growth of pakchoi（*Brassica chinensis* L.）[J]. Pedosphere，2010，20（1）：63-70.

[38]　Gil-Díaz，M，González，A，Alonso J，et al. Evaluation of the stability of a nanoremediation strategy using barley plants[J]. Journal of Environmental Management，2016，165：150-158.

[39]　Yin D，Wang X，Peng B，et al. Effect of biochar and Fe-biochar on Cd and As mobility and transfer in soil-rice system[J]. Chemosphere，2017，186：928-937.

[40]　Khan S，Reid B，Li G，et al. Application of biochar to soil reduces cancer risk via rice consumption：a case study in Miaoqian village，Longyan，China[J]. Environment International，2014，68：154-161.

[41]　Tseng C C，Wang J Y，Yang L，accumulation of copper，lead，and zinc by in situ plants inoculated with AM fungi in multicontaminated soil[J]. Commun Soil Sci Plant Anal，2009，40（21-22）：3367-3386.

[42]　韩君，梁学峰，徐应明，等. 黏土矿物原位修复镉污染稻田及其对土壤氮磷和酶活性的影响[J]. 环境科学学报，2014，3411：2853-2860.

[43]　屠乃美，郑华，邹永霞，等. 不同改良剂对铅镉污染稻田的改良效应研究[J]. 农业环境保护，2000（6）：324-326.

[44]　孙卫玲，赵蓉，张岚，等. pH 对铜在黄土中吸持及其形态的影响[J]. 环境科学，2001（22）：78-83.

[45]　李凝玉，李志安，丁永祯，等. 不同作物与玉米间作对玉米吸收积累镉的影响[J]. 应用生态学报，2008（19）：1369-1373.

[46]　吴家梅，谢运河，田发祥，等. 双季稻区镉污染稻田水稻改制玉米轮作对镉吸收的影响[J]. 农业环境科学学报，2019（38）：502-509.

[47]　邹丽娜，戴玉霞，邱伟迪，等. 硫素对土壤砷生物有效性与水稻吸收的影响研究[J]. 农业环境科学学报，2018，37（7）：1435-1447.

[48]　Al Mamun S，Chanson G，Benyas E，et al. Municipal composts reduce the transfer of Cd from soil to vegetables[J]. Environmental Pollution，2016（213）：8-15.

[49]　李伯平. 叶面阻控剂与土壤调理剂对稻米降镉效果研究[J]. 湖南农业科学，2016（9）：30-32.

[50]　陈湘，万传政，杨勇，等. 白菜喷施叶面阻控剂降镉效果试验初报[J]. 作物研究，2018，32（S1）：123-124.

第 7 章

受污染耕地安全利用效果评价

客观公正、科学规范的受污染耕地安全利用效果评价主要有以下两种作用。一是有利于评价安全利用技术路径的科学性。耕地是农业发展的基础，受污染耕地的安全利用作为技术性农业类项目，其部分技术措施专业性强、实施复杂。在项目实施过程中必须考虑项目实施区域的农业生产地位、农业生产水平、农业生产条件及干部群众意愿等因素。对实施地区自然、资源、经济状况的分析了解，有利于评价工作的顺利开展和对安全利用技术路径的科学性、适宜性的精准评价。二是有利于评价安全利用技术模式的有效性。受污染耕地安全利用效果评价需对项目实施区域的成土母质、土壤质地、土壤类型、污染物、污染程度、污染源等环境背景值进行分析，由此评价安全利用技术模式和各种技术措施的科学性、针对性和有效性。

7.1 评价的意义、目标、原则及依据

7.1.1 评价意义

一是全面掌握重金属受污染耕地安全利用现状。这是实现耕地安全利用、粮食安全生产的前提条件。在充分掌握区域的经济、自然、社会等环境状况的基础上，全面掌握区域的污染现状，科学评价安全利用项目实施情况，从而全面认识受污染耕地安全利用进展。

二是以目标为导向，实现过程监管。评价目标是受污染耕地安全利用效果评价工作的指南针，从浅层方面来看，应以评价受污染耕地安全利用项目实施情况为目标；从深层方面来看，应以推动耕地安全利用、粮食安全生产为目标。因此，在进行效果评价时，需时刻以这两个目标为导向，一方面，梳理受污染耕地安全利用项目的工作任务与内容，

严格依据有关文件部署推进相关治理工作，通过效果评价机制加强对项目实施的过程监管；另一方面，推动耕地安全利用，监督监测耕地安全利用进程，实现粮食安全生产。

三是为项目考核验收提供参考依据。受污染耕地安全利用效果评价有利于全面、客观、科学地开展项目实施评价，为考核项目实施情况及项目验收提供重要的参考依据。

四是形成经验，支撑决策体系建设。受污染耕地安全利用效果评价的内容是多方面的，是对受污染耕地安全利用项目实施的全面评价，不仅包含安全利用技术措施实施效果，还包含政策制度建设、组织实施方式、实施队伍建设等内容。因此，通过对受污染耕地安全利用项目的系统性评价，有助于形成相关经验、政策保证体系及可推广的受污染耕地安全利用模式。

7.1.2　评价目标

全面、客观、准确、真实总结安全利用工作情况和效果，评价是否完成安全利用计划任务、是否实现安全利用既定目标，为项目验收和进一步深入推进受污染耕地安全利用工作提供科学依据。

7.1.3　评价原则

1. 客观公正原则

对受污染耕地安全利用项目的评价必须严格按照评价标准，实事求是、公平合理地确定评价结果。客观公正应是受污染耕地安全利用效果评价的首要原则，原因有以下三点。

一是参与主体众多。在受污染耕地治理项目的实施过程中，从上级管理部门到下级实施部门、从政府到普通百姓包含省、市、县、乡、村五级政府部门和农财等部门机构、多个科研单位、第三方治理企业、第三方监理公司、合作社、种植大户、农户等，参与主体层次多、数量庞大，而各自的利益机制和利益目标不一致导致了普遍矛盾与一般矛盾的存在。客观公正的评价原则是对众多参与主体负责。

二是受污染耕地安全利用影响巨大。以湖南省为例，2013 年广东省爆发的"镉大米"事件严重地冲击了湖南省的农业生产和粮食市场，引起了社会的广泛关注。客观公正地进行湖南省受污染耕地安全利用评价，一方面，保证了安全利用效果的可靠性，提高了数据的可信度；另一方面，从长远角度来看，有利于恢复粮食市场的繁荣，提升湖南大米品牌形象。因此，客观公正既是对安全利用结果负责，也是对未来农业生产负责。

三是监督主体多。受污染耕地安全利用项目的实施受到多个来自社会主体的监督，如央视新闻等新闻媒体的监督，中央、省、市、县、乡、村等多级政府部门的监督，第三方治理企业等多个实施主体的监督，合作社等多类农业生产经营主体的监督。在广泛监督下，秉承客观公正的原则也是评价单位对自我的负责。

2. 科学规范原则

一是评价方法要科学规范。受污染耕地安全利用效果评价不同于企业绩效评价、政府绩效评价等纯管理性评价，它与农业生产、土壤理化性状变化紧密相关，因此在评价方法的运用上要结合自然科学的性质，把握农业生产的时效性，掌握耕地土壤的理化性状。受污染耕地安全利用效果评价又不同于农业生态环境适宜性评价、植物某性状评价等纯自然科学性评价，它与项目管理、项目运行等内容紧密相关，其中又包含不少人文科学的成分，因此评价方法也需结合人文管理科学的性质，把握项目管理运行的相关规律，反映项目实施中的社会经济问题。

二是评价实施过程要科学规范。评价实施过程的科学规范原则主要体现在农业生产的时效性方面。所谓农业生产的时效性，就是指农业生产只在某些特定的时间内进行，如播种、收割具有一定的季节性，水稻不同的生长期需水量不一样等。因此，受污染耕地安全利用技术措施的实施要与农业生产相衔接。因此，评价工作的实施也要紧密结合农业生产的时效性，即依据农业生产阶段进行。

只有保证了评价方法与评价实施过程的科学规范，才能保证评价结果的科学性。

3. 独立自主原则

坚持管评分离，由评价单位组织工作小组独立开展评价工作，保证评价主体的独立自主性。

4. 系统性和层次性原则

受污染耕地安全利用项目是一项系统工程，具有系统的复杂性、多因素关联性、实现机制的多元性，以及区域的差异性与特殊性。安全利用内容是多方面的，安全利用形式是多类型的，安全利用的性质又包括自然科学、人文社会科学两大学科，因此要把整个评价体系作为一个完整的系统。另外，整个评价体系要有层次性和关联性。评价体系由多个评价子系统组成，评价子系统又由多个评价指标组成。

5. 可操作性原则

评价指标的筛选应从实际情况出发，最大限度地涵盖项目的各个方面，同时指标之间必须有逻辑关系，既要避免互异情况，又要避免较高的关联度，应保证指标具有一定的独立性。指标体系的构建应从宏观到微观形成一个完整的评价体系。

指标应具有可操作性，应尽可能简单、可收集和可量化，尽可能避免复杂的指标，方便评价工作的展开和评价结果的计算。要用尽量少的指标反映尽量多的项目信息，指标精练准确，减少评价体系的结构冗余。

6. 继承与创新相结合原则

在评价实践中不断总结经验、梳理问题，是深入开展评价工作的重要基础。在前期评价总结的基础上，根据需要优化的评价工作方案，调整指标体系及评价技术规程，也是高质量完成评价任务的关键。同时，评价是一项复杂的系统工程，为应对评价工作中遇到的各类新情况、新问题，评价方法也要与时俱进求创新。

7．评价与考核相结合原则

以评促改是受污染耕地安全利用效果评价的主要作用之一。评价支撑考核，考核引导评价，坚持评价结果与考核工作需求相结合，以考核需求为导向制定评价年度实施方案，使评价内容更聚焦、评价方法更有效、评价结果更精准，更好地满足受污染耕地安全利用成效考核的需求。

7.1.4　评价依据

一是国家和地方政策文件。受污染耕地安全利用必须根据国家和地方政策进行，因此对受污染耕地安全利用效果进行评价也要依据国家和地方的政策开展。

二是技术规范及标准。受污染耕地安全利用技术措施的实施需严格按照相关技术规范及标准进行，相关技术规范及标准也是评价受污染耕地安全利用技术措施实施是否科学规范的依据。

三是检测监测结果。受污染耕地安全利用技术措施实施过程的检测和监测结果是对受污染耕地安全利用效果进行评价的重要依据，如农产品、土壤、灌溉水受污染的检测结果，农作物生长、土壤含水量变化的监测结果等。

7.2　评价的内容、指标、方法及流程

7.2.1　评价内容

1．重金属污染耕地农艺综合调控与原位钝化效果评价内容

面积完成情况：评价农艺综合调控与原位钝化项目面积完成数量、完成面积与合同规定或与实施方案计划面积相符的情况。

技术措施到位情况：评价轻中度重金属污染耕地农艺综合调控与原位钝化技术措施总体实施到位情况和各单项技术措施实施到位情况，包括重金属低积累作物种子、农艺综合调控与原位钝化所需各种材料、物资的来源，种子品质、实际用量等与合同规定或与实施方案的一致性；农艺综合调控与原位钝化技术措施实施的时间节点、实施方式、实施质量等与国家及省（区、市）主管部门公布的相应技术规程、合同规定或与实施方案要求的一致性。

对降低作物重金属含量的效果：根据实施单位和样品检测单位提供的作物样品检测结果，评价各实施单元所负责的区域实施农艺综合调控与原位钝化技术措施对降低作物

重金属含量的效果，降低作物重金属含量是否达到年度计划目标，项目结束时是否实现项目实施区域耕地安全利用或项目规定目标。

潜在环境及生态风险：主要有两个方面的内容，一是对农田土壤的理化性质、环境质量、微生物和生物学性质进行分析评价；二是对实施农艺综合调控与原位钝化技术措施区域周边环境的影响进行分析评价。

对作物生长发育及产量的影响：评价实施农艺综合调控与原位钝化技术措施对作物生长发育、作物生理生化指标变化、作物产量的影响。

技术经济性：评价在受重金属污染耕地实施农艺综合调控与原位钝化技术的实施费用（及成本）、投入效果比、亩均投入指数、劳动力投入指数、综合防控技术推广难易程度及农民可接受程度等问题。

社会效益：根据受污染耕地安全利用项目实施具体情况，对项目实施所产生的社会效益进行评价，具体内容包括人均纯收入水平、农业生产水平（人均农作物产量情况）、群众满意度、群众生态保护意识等。

2. 有机污染耕地安全利用效果评价内容

面积完成情况：评价有机污染耕地安全利用项目面积完成数量、完成面积与合同规定或与实施方案计划面积相符的情况。

技术措施到位情况：评价有机污染耕地安全利用技术措施总体实施到位情况和各单项技术措施实施到位情况，包括微生物修复技术、植物修复技术和微生物-植物联合修复技术、微生物降解-植物萃取-生态重建组合安全利用技术措施实施的时间节点、实施方式、实施质量等与国家及省（区、市）主管部门公布的相应的技术规程、合同规定或与实施方案要求的一致性。

对降低作物有机污染物含量的效果：根据实施单位和样品检测单位提供的作物样品检测结果，评价各实施单元所负责的区域实施有机污染耕地安全利用技术措施对降低作物有机污染物含量的效果，降低作物有机污染物含量是否达到年度计划目标，项目结束时是否实现项目实施区域耕地安全利用或项目规定目标。

潜在环境及生态风险：主要有两个方面的内容，一是对农田土壤的理化性质、环境质量、微生物和生物学性质进行分析评价；二是对实施有机污染物治理技术措施区域周边环境的影响进行分析评价。

对作物生长发育及产量的影响：评价实施有机污染物治理技术措施对作物生长发育、作物生理生化指标、作物产量的影响。

技术经济性：评价在受有机污染物污染耕地实施治理技术的实施费用（及成本）、投入效果比、亩均投入指数、劳动力投入指数、综合防控技术推广难易程度及农民可接受程度等问题。

社会效益：根据受污染耕地安全利用项目实施具体情况，对项目实施所产生的社会效益进行评价，具体包括群众满意度、群众生态保护意识。

3．种植结构调整效果评价内容

面积完成情况：评价受污染耕地种植结构调整项目面积完成数量、完成面积与合同规定或与实施方案计划面积相符的情况。

调整质量情况：主要有两个方面的内容，一是从作物、水产品生长均匀情况、疏密情况、病虫草危害情况等方面对作物及水产品长势进行分析评价；二是对产量状况进行分析评价。

田间设施建设到位率：评价排灌沟渠等田间设施建设和配套的情况。

产业链建设情况：评价种养加销产业链、产业发展前景、产业链持续性稳定性的情况。

效益情况：根据受污染耕地安全利用项目实施具体情况，从经济、生态、社会三个角度选取指标作为种植结构调整区评价体系，并根据效益指数及不同年份效益指数之间的对比进行效益情况的评价。

4．休耕效果评价内容

面积完成情况：评价受污染耕地休耕面积完成数量、完成面积与合同规定或与实施方案计划面积相符的情况。

技术与维护措施到位情况：依据合同规定和休耕实施方案，评价是否按照合同规定和休耕实施方案的技术措施维护耕地，在休耕期间对灌排沟渠、田埂、机耕道等农田基础设施和农田的维护、修整管护是否到位。

实施效果：根据合同和实施方案的规定，评价休耕后耕地质量提高是否达到合同和实施方案的规定。

效益情况：根据受污染耕地安全利用项目实施的具体情况，从生态、社会两个角度选取指标作为休耕效果评价体系，并根据效益指数及不同年份效益指数之间的对比进行效益情况的评价。

7.2.2 评价指标与评价标准

1．重金属污染耕地农艺综合调控与原位钝化效果评价指标及评价标准

重金属污染耕地农艺综合调控与原位钝化效果评价结合实施特点和技术特性，主要构建面积完成率、措施到位率、作物降 Cr/Cd/Hg/As（及其他重金属元素）达标率、潜在环境及生态风险评价、作物生长发育及产量影响评价、技术经济性评价、社会效益评价共 7 个方面的评价指标体系（表 7-1）。

表 7-1 重金属污染耕地农艺综合调控与原位钝化效果评价指标及评价标准

评价指标			评价标准
一级指标	二级指标		
面积完成率	治理单元面积完成总体情况		完成计划面积的100%，全部完成；完成计划面积的80%，大部分完成；完成计划面积的80%以下，完成情况较差
	完成面积与合同或实施方案规定面积相符情况		
措施到位率	重金属污染耕地农艺综合调控与原位钝化技术措施总体实施到位情况		技术措施100%到位，全部完成；技术措施整体到位90%以上且单项技术措施到位80%以上，完成情况较好；技术措施整体到位70%以上且单项技术措施到位60%以上，完成情况一般；技术措施整体到位70%以下或单项技术措施到位60%以下，完成情况差
	各单项技术措施实施到位情况		
作物降Cr/Cd/Hg/As（及其他重金属元素）达标率	作物降Cr/Cd/Hg/As（及其他重金属元素）总体达标率		作物重金属含量达标率≥计划目标的90%，安全利用效果好；计划目标的80%≤作物重金属含量达标率＜计划目标的90%，安全利用效果较好；计划目标的70%≤作物重金属含量达标率＜计划目标的80%，安全利用效果一般；作物重金属含量达标率＜计划目标的70%，安全利用效果较差
	作物降Cr/Cd/Hg/As（及其他重金属元素）单元素达标率		
潜在环境及生态风险评价	土壤性状分析	土壤有机质含量/（g/kg）	＞40，一级；30～40，二级；20～30，三级；10～20，四级；6～10，五级；＜6，六级
		土壤微生物	根据实验检测数据进行评价
		土壤理化性状	土壤粒度：黏粒（0.01～2 μm），粉粒（2～20 μm），细砂粒（20～200 μm），粗砂粒（200～2 000 μm）。土壤含水率：含水率＞20%或土壤相对湿度＞80%，土壤偏湿；土壤含水率在 15%～20%或土壤相对湿度在 60%～80%，土壤适宜；土壤含水率在 12%～15%或土壤相对湿度在 40%～60%，土壤轻旱；土壤含水率在 8%左右或土壤相对湿度在 20%～40%，土壤中旱；土壤含水率＜5%或土壤相对湿度＜20%，土壤重旱。土壤全氮含量：＜0.05%，突然严重缺氮，作物生长细弱，叶片呈浅绿色；0.05%～0.09%，土壤全氮含量较少；0.1%～0.19%，土壤氮素中等水平；0.2%～0.29%，氮素丰富，其作物生长粗壮，叶片深绿；＞0.3%，土壤全氮含量过剩。土壤全钾含量：土壤全钾含量为 0.3%～3.6%，一般为1%～2%。土壤盐渍化：非盐渍土，土壤含盐总量（干土重%）＜0.3，氯化物含量（以 Cl⁻%计）＜0.02，硫酸盐含量（以 SO_4^{2-}%计）＜0.1；弱盐渍土，土壤含盐总量（干土重%）0.3～0.5，氯化物含量（以 Cl⁻%计）0.02～0.04，硫酸盐含量（以 SO_4^{2-}%计）0.1～0.3；中盐渍土，土壤含盐总量（干土重%）0.5～1.0，氯化物含量（以 Cl⁻%计）0.04～0.1，硫酸盐含量（以 SO_4^{2-}%计）0.3～0.4
	措施环境影响	措施对土壤环境的影响	P_i/P_0[①]＜1，整个安全利用技术措施实施过程重金属元素较低，最佳状态；P_i/P_0＝1，安全利用技术措施实施前后重金属元素不变；P_i/P_0＞1，安全利用技术措施实施过程重金属元素含量增加，外源加入
		措施对作物的影响	稻米[②]含 Cd 量≤0.2 mg/kg，符合安全利用要求；稻米含 Cd 量＞0.2 mg/kg，未达到安全利用要求

评价指标		评价标准
一级指标	二级指标	
作物生长发育及产量影响评价	作物生长发育调查	第一类苗评定标准为植株健壮、密度均匀、高度整齐、叶色正常、花序发育良好、穗大粒多、结实饱满，没有或仅有轻微的病虫害和气象灾害，对生长影响极小、植株生长状况良好、预计可达到丰产年景的水平；第二类苗评定标准为植株密度不太均匀、有少量缺苗断垄现象、生长高度欠整齐、穗子、果实稍小，植株遭受病虫害或气象灾害较轻，作物生长状况较好或中等，预计可达到平均产量年景的水平；第三类苗评定标准为植株密度不均匀、植株矮小、高度不整齐、缺苗断垄严重、穗小粒少、杂草很多，病虫害或气象灾害对作物生长有明显的抑制，产生严重危害，预计产量很低，是减产年景③
	作物产量影响	安全利用技术措施实施后产量≥当地平均产量，安全利用技术措施实施能有效提高作物产量；当地平均产量的90%≤安全利用技术措施实施后产量＜当地平均产量，安全利用技术措施实施对作物产量的影响在正常范围内；当地平均产量的80%≤安全利用技术措施实施后产量＜当地平均产量的90%，安全利用技术措施实施稍微影响到作物产量；安全利用技术措施实施后产量＜当地平均产量的80%，安全利用技术措施实施效果不好
技术经济性评价	实施费用、投入效果、亩均投入、劳动力投入、推广难易程度	性价比≥性价比平均值，技术值得推广；0.9（收入等于投入的 90%）≤性价比＜性价比平均值，技术可推广；性价比＜0.9，不推广
社会效益评价	人均纯收入	数值越高越好。其中，群众满意度和群众生态保护意识度，评分在 90 分以上，社会效益好；80～90 分，社会效益较好；70～80 分，社会效益一般；70 分以下，社会效益较差
	人均农作物产量	
	群众满意度	
	群众生态保护意识	

注：① P_i/P_0 含义详见"重金属污染耕地农艺综合调控与原位钝化效果评价方法"。

　② "潜在环境及生态风险评价"中"作物"以稻米为例，其他作物及其评价标准见 GB 2762—2017。

　③ 国家气象局. 农业气象观测规范（上卷）[M]. 北京：气象出版社，1993.

2. 有机污染耕地安全利用效果评价指标及评价标准

有机污染耕地安全利用效果评价主要从面积完成情况、措施到位情况、降低作物有机污染物含量的效果评价、潜在环境及生态风险评价、作物生长发育及产量影响评价、技术经济性评价、社会效益评价 7 个方面构建评价指标体系（表 7-2）。

表 7-2 耕地有机污染修复效果评价指标体系及评价标准

评价类别	评价指标		评价标准
面积完成情况	治理单元面积完成总体情况		完成计划面积的 100%，全部完成；完成计划面积的 80%，大部分完成；完成计划面积的 80%以下，完成情况较差
	完成面积与合同面积或实施方案相符情况		
措施到位情况	安全利用技术措施整体到位情况		技术措施100%到位，全部完成；技术措施整体到位90%以上且单项技术措施到位80%以上，完成情况较好；技术措施整体到位70%以上且单项技术措施到位60%以上，完成情况一般；技术措施整体到位70%以下或单项技术措施到位60%以下，完成情况差
	安全利用单项技术措施到位情况		
降低作物有机污染物含量的效果评价	作物检测达标率		作物有机污染物含量达标率≥90%，安全利用技术措施实施效果好；80%≤作物有机污染物含量达标率<90%，安全利用技术措施实施效果较好；70%≤作物有机污染物含量达标率<80%，安全利用技术措施实施效果一般；<70%，安全利用效果较差
潜在环境及生态风险评价	土壤性状分析	土壤有机质含量/（g/kg）	>40，一级；30～40，二级；20～30，三级；10～20，四级；6～10，五级；<6，六级
		土壤微生物	根据试验检测数据进行评价
		土壤理化性状	土壤粒度：黏粒（0.01～2 μm），粉粒（2～20 μm），细砂粒（20～200 μm），粗砂粒（200～2 000 μm）。 常见土壤最优含水率：沙壤土12%～15%；轻黏壤土15%～17%；黄土19%～21%；中黏壤土21%～23%；重黏壤土22%～25%；黏土25%～28%；黑土22%～30%。 土壤全氮含量：<0.05%，突然严重缺氮，作物生长细弱，叶片呈浅绿色；0.05%～0.09%，土壤全氮含量较少；0.1%～0.19%，土壤氮素中等水平；0.2%～0.29%，氮素丰富，其作物生长粗壮、叶片深绿；>0.3%，土壤全氮含量过剩。 土壤全钾含量：土壤全钾含量为0.3%～3.6%，一般为1%～2%。 土壤盐渍化：非盐渍土，土壤含盐总量（干土重%）<0.3，氯化物含量（以 Cl$^-$%计）<0.02，硫酸盐含量（以 SO$_4^{2-}$%计）<0.1，作物生长正常；弱盐渍土，土壤含盐总量（干土重%）0.3～0.5，氯化物含量（以 Cl$^-$%计）0.02～0.04，硫酸盐含量（以 SO$_4^{2-}$%计）0.1～0.3，作物生长不良；中盐渍土，土壤含盐总量（干土重%）0.5～1.0，氯化物含量（以 Cl$^-$%计）0.04～0.1，硫酸盐含量（以 SO$_4^{2-}$%计）0.3～0.4

评价类别	评价指标		评价标准
潜在环境及生态风险评价	措施环境影响	措施对土壤环境的影响	$P_t/P_0<1$，整个修复过程较低，最佳状态；$P_t/P_0=1$，修复前后有机物不变；$P_t/P_0>1$，修复过程有机物含量增加，外源加入
		措施对作物的影响	
	环境影响度评价	人体健康影响度	$AS_{1i}>1$ 时，该污染物对健康有影响；$AS_{1i}<1$ 时，该污染物对健康无影响
		生态环境影响度	$AS_{2i}>1$ 时，污染物对生态环境有影响；$AS_{2i}<1$ 时，污染物对生态环境无影响
作物生长发育及产量影响评价	作物生长发育调查		根据调查情况进行判断
	作物生物生化变化		根据测定情况进行
	作物产量影响		安全利用技术措施实施后产量≥当地平均产量，安全利用技术措施实施能有效提高作物产量；当地平均产量的 90%≤安全利用技术措施实施后产量<当地平均产量，安全利用技术措施实施对作物产量的影响在正常范围内；当地平均产量的 80%≤安全利用技术措施实施后产量<当地平均产量的 90%，安全利用技术措施实施稍微影响到作物产量；安全利用技术措施实施后产量<当地平均产量的 80%，安全利用技术措施实施效果不好
技术经济性评价	实施费用、投入效果、亩均投入、劳动力投入、推广难易程度		性价比≥性价比平均值，技术值得推广；0.9（收入等于投入的 90%）≤性价比<性价比平均值，技术可推广；性价比<0.9，不推广
社会效益评价	群众满意度		评分在 90 分以上，社会效益好；80～90 分，社会效益较好；70～80 分，社会效益一般；70 分以下，社会效益较差
	群众生态保护意识		

注：AS_{1i}、AS_{2i} 含义详见"耕地有机物污染修复效果评价方法"。

3. 种植结构调整效果评价指标及评价标准

种植结构调整效果评价主要从面积完成率、产业链建设、潜在环境及生态风险评价、作物产量影响评价、田间设施建设到位率、经济效益、生态效益、社会效益 8 个方面构建评价指标体系（表 7-3）。

表 7-3　种植结构调整效果评价指标及评价标准

评价指标		评价标准
一级指标	二级指标	
面积完成率	措施完成情况	完成计划面积的 100%，全部完成；完成计划面积的 80%，大部分完成；完成计划面积的 80% 以下，完成情况较差
产业链建设	作物（水产品）长势 产业链建设	长势主要从死苗、缺苗、稀密、产量、经济效益等方面综合判定，产业链建设从完整性、生产能力稳定性、预期经济效益和市场需求方面判定

评价指标		评价标准
一级指标	二级指标	
潜在环境及生态风险评价	土壤生态风险	$P_i/P_0<1$，安全利用技术措施实施过程重金属元素较低，最佳状态；$P_i/P_0=1$，安全利用技术措施实施前后重金属元素不变；$P_i/P_0>1$，安全利用技术措施实施过程重金属元素含量增加，外源加入
	作物生态风险	农作物重金属元素生态风险评价见 GB 2762—2017
作物产量影响评价	作物产量影响	安全利用技术措施实施后产量≥当地平均产量，安全利用技术措施实施能有效提高作物产量；当地平均产量的90%≤安全利用技术措施实施后产量＜当地平均产量，安全利用技术措施实施对作物产量的影响在正常范围内；当地平均产量的80%≤安全利用技术措施实施后产量＜当地平均产量的90%，安全利用技术措施实施稍微影响到作物产量；安全利用技术措施实施后产量＜当地平均产量的80%，安全利用技术措施实施效果不好
田间设施建设到位率	数量	数量充足且无破损等质量差的表现，田间设施建设到位率高；数量一般且出现小面积破损，田间设施建设到位率中等水平；数量难以满足农业生产需要且出现大面积破损，田间设施建设到位率低
	质量	
经济效益	农作物单产	根据计算所得的效益指数进行评价：当年效益指数＞前一年效益指数，措施效益提升；当年效益指数＝前一年效益指数，措施效益稳定；当年效益指数＜前一年效益指数，措施效益下降
	单位面积纯收益	依据各地实际情况而定
	耕地生产率	
	农业劳动生产率	
	单位面积劳动力投入	
	单位面积使用的机械动力	
生态效益	耕地垦殖率	依据各地实际情况而定
	耕地负载	
	土壤有机质变化率	
	化肥施用强度	
	塑料薄膜使用强度	
社会效益	人均纯收入	数值越高越好。其中，群众满意度和群众生态保护意识度评分在90分以上，社会效益好；80～90分，社会效益较好；70～80分，社会效益一般；70分以下，社会效益较差
	人均农作物产量	
	人均耕作面积	
	群众满意度	
	群众生态保护意识	

4. 休耕效果评价指标及评价标准

休耕效果评价主要从面积完成率、措施到位率、实施效果、社会效益 4 个方面构建评价指标体系（表 7-4）。

表 7-4　休耕效果评价指标及评价标准

评价指标		评价标准
一级指标	二级指标	
面积完成率	面积完成总体情况	完成计划面积的100%，全部完成；完成计划面积的80%，大部分完成；完成计划面积的80%以下，完成情况较差
	完成面积与合同或实施方案规定面积相符情况	
措施到位率	休耕技术措施整体到位情况	技术措施100%到位，全部完成；技术措施整体到位90%以上且单项技术措施到位80%以上，完成情况较好；技术措施整体到位70%以上且单项技术措施到位60%以上，完成情况一般；技术措施整体到位70%以下或单项技术措施到位60%以下，完成情况差
	休耕技术措施单项到位情况	
实施效果	土壤酸碱度	<5.0，强酸性；5.0～6.5，酸性；6.5～7.5，中性；7.5～8.5，碱性；>8.5，强碱性
	土壤有机质	含量越高越好。当年有机质含量情况高于上一年度，表明措施有效，否则无效
	土壤有效态 Cd 含量	含量越低越好。当年土壤有效态 Cd 含量情况低于上一年度，表明措施有效，否则无效
	灌溉能力	灌溉设施数量充足且无破损等质量差的表现，灌溉能力强；数量稍不足且出现小面积破损，灌溉能力为中等水平；数量难以满足农业生产需要且出现大面积破损，灌溉能力低
	排水能力	排水设施数量充足且无破损等质量差的表现，排水能力强；数量稍不足且出现小面积破损，排水能力为中等水平；数量难以满足农业生产需要且出现大面积破损，灌溉能力低
社会效益	群众满意度	评分在 90 分以上，社会效益好；80～90 分，社会效益较好；70～80 分，社会效益一般；70 分以下，社会效益较差
	群众生态保护意识	

7.2.3　评价方法

1. 重金属污染耕地农艺综合调控与原位钝化效果评价方法

（1）评价面积完成情况

农艺综合调控与原位钝化面积完成率是指区域年度完成农艺综合调控与原位钝化的面积占合同或实施方案要求的面积任务目标的比例。

资料核实：根据任务区提供的重金属污染耕地农艺综合调控与原位钝化实施区域图、实施面积明细表（有农户、村、组签字）、政府有关部门监管台账或第三方监理台账、各阶段现场照片等有关资料分析核实实际完成面积。

现场核实：采取随机抽样法抽取样本，运用 GPS 定位、实地丈量方法，根据实施区域图和实施面积明细表现场测量、核实实施面积。

走访村组干部和农民：采取随机抽样法抽取样本（在实施面积明细表上的农户中随机抽取），走访村组干部和农民，了解核实重金属污染耕地农艺综合调控与原位钝化实施实际面积。

面积完成率计算公式如下：

$$A = B \times C/D \times 100\% \tag{7-1}$$

式中：A——重金属污染耕地农艺综合调控与原位钝化实施面积完成率，%；

B——任务区上报完成面积，亩；

C——抽样符合率，%；

D——合同或实施方案规定面积，亩。

（2）评价技术措施到位情况

重金属污染耕地农艺综合调控与原位钝化技术措施到位情况的评价内容包括技术措施实施面积到位率、实施时效、实施质量。

面积到位率，指在一定区域和一定时间内，按照技术规程，实施主体在实施某一项修复技术时，实际实施技术措施面积与任务面积之比。计算公式如下：

$$面积到位率 = 实际实施技术措施面积 \div 任务面积 \times 100\% \tag{7-2}$$

实施时效，指安全利用技术措施物资从出库至临田各环节所耗费的时间之和。

实施质量，指实施主体实施安全利用技术达到实施方案要求的状况，每项安全利用技术都有特定的质量评价指标，具体包括单项技术措施实施质量评价和多项技术措施实施质量综合评价。单项技术措施实施质量评价采用的评分方法包括自评和他评，满分是100 分。通过求取自评和他评的权重值并求取质量得分，可以评价实施区域或实施主体单项技术措施实施的质量。多项技术措施实施质量综合评价方法分两步：①用德尔菲法确定面积到位率、实施时效、实施质量三个评价因子的权重；②利用加法合成法求取多项技术的综合得分，公式如下：

$$X = \sum_{i=1}^{n} X_i \times W_i \tag{7-3}$$

式中：X——综合评分值；

X_i——单个指标评价值；

W_i——指标权重；

n——个数。

（3）对降低作物重金属含量的效果评价

主要评估安全利用实施方案规定的降低农产品重金属含量目标值、农产品重金属含量达标率、农产品重金属含量达标提高率等是否完成，评价依据样品检测结果进行。

达标率计算公式如下：

$$达标率 = 农产品检测合格率 / 计划目标合格率 \times 100\% \qquad (7\text{-}4)$$

达标提高率计算公式如下：

$$\begin{aligned} 达标提高率 = （本年度农产品检测合格率 - 上一年度农产品检测合格率）/ \\ 上一年度农产品检测合格率 \qquad (7\text{-}5) \end{aligned}$$

（4）潜在环境及生态风险评价

①土壤性状分析

样品采集：采用五点取样法，即先确定对角线的中点作为中心抽样点，再在对角线上选择 4 个与中心抽样点距离相等的点作为样点。

土壤有机质：土壤有机质含量的测定采用重铬酸钾氧化-油浴加热法。

土壤微生物：真菌数量测定采用马丁孟加拉红培养基，以平板表面涂抹法计数。具体步骤是，称取土壤鲜样 10 g，在无菌条件下用无菌水配成不同浓度梯度悬浮液，取稀释度为 10^{-2}、10^{-3}、10^{-4} 的土壤悬浮液各 1 mL，接种于盛有灭菌的马丁孟加拉红培养基的培养皿中，用无菌刮刀涂抹均匀。每个浓度 3 个重复，恒温（25℃）培养 5～7 天，选取每皿菌落数为 15～150 的 1 个稀释度统计菌落数，按下列公式计算真菌数量：

$$菌数（CFU/g）= 菌落平均数 \times 稀释倍数 \times 10 / 干土质量 \qquad (7\text{-}6)$$

放线菌数量测定采用高氏一号培养基，以平板表面涂抹法计数。具体步骤是，取稀释度为 10^{-3}、10^{-4}、10^{-5} 的土壤悬浮液各 1 mL 接种于盛有灭菌的高氏一号培养基，恒温（28℃）培养 7～10 天，按真菌数量测定方法和公式统计菌落数并计算放线菌数量。

细菌数量测定采用牛肉膏蛋白胨琼脂培养基，以平板表面涂抹法计数。具体步骤是，取稀释度为 10^{-6}、10^{-7}、10^{-8} 的土壤悬浮液各 1 mL 接种于盛有灭菌的牛肉膏蛋白胨琼脂培养基，恒温（28℃）培养 3 天统计菌落数，其余与放线菌数量测定方法相同。

土壤理化性状：土壤粒度组成采用 Malvern2000 型激光粒度仪测定；土壤含水量采用烘干法；全氮采用半微量凯氏法；全磷采用氢氧化钠碱熔-钼锑抗比色法；全钾采用碱熔-火焰光度法；土壤碳酸钙采用快速中和滴定法。其中，土壤粒度的评价标准为：黏粒（0.01～2 μm），粉粒（2～20 μm），细砂粒（20～200 μm），粗砂粒（200～2 000 μm）。

土壤含水量的计算公式如下：

$$土壤含水量（重量\%）=（原土重-烘干土重）/烘干土重×100\%$$
$$=水重/烘干土重×100\% \tag{7-7}$$

土壤全氮含量的评价标准：<0.05%，土壤严重缺氮，作物生长细弱，叶片呈浅绿色；0.05%~0.09%，土壤全氮含量较少；0.1%~0.19%，土壤氮素水平；0.2%~0.29%，氮素丰富，其作物生长粗壮、叶片深绿；>0.3%，土壤全氮含量过剩。

土壤全磷含量评价标准：我国土壤全磷含量一般在 0.1~1.5 g/kg，但多数土壤全磷含量在 0.1~0.2 g/kg。

土壤全钾含量评价标准：土壤全钾含量为 0.3%~3.6%，一般为 1%~2%。

表 7-5 我国土壤盐渍化评价标准[1]

土壤盐渍化程度	土壤含盐总量（干土重%）	氯化物含量（以 Cl⁻%计）	硫酸盐含量（以 SO_4^{2-}%计）	作物生长情况
非盐渍土	<0.3	<0.02	<0.1	正常
弱盐渍土	0.3~0.5	0.02~0.04	0.1~0.3	不良
中盐渍土	0.5~1.0	0.04~0.1	0.3~0.4	困难
强盐渍土	1.0~2.2	0.1~0.2	0.4~0.6	死亡
盐土	>2.0	>0.2	>0.6	死亡

②措施环境影响分析

措施对土壤环境的影响：土壤中某一重金属元素污染评价采用单因子污染指数法。这样可以直观得出安全利用技术措施实施前后土壤污染变化程度。

$$P_i = C_i / S \tag{7-8}$$

式中：P_i——污染物单因子指数；

C_i——实测浓度，mg/kg；

S——GB 15618—2018 中重金属元素（Cd、As、Pb、Hg 等）风险筛选值，mg/kg。

$P_i > 1$ 表示污染，$P_i \leq 1$ 表示未污染，P_i 值越大污染越严重。

措施对作物的影响：对代表性经济作物进行重金属元素检测，评价其是否达到 GB 2762—2017。

（5）对作物生长发育及产量的影响评价

①作物生长发育动态调查

水稻记载播种期、移栽（抛秧）期、返青期、分蘖始期、盛蘖期、孕穗期、齐穗期、黄熟期和收获期。自水稻分蘖始期起，每种模式定样 10 兜，每三天记载每兜茎蘖数至齐穗，分别于移栽（抛秧）期、盛蘗期、孕穗期、黄熟期每次 5 点、每点 10 蔸调查总苗数，测定株高；小麦主要记载播种期、出苗期、主叶期、分蘗期、越冬期（冬小麦）、返青期、起身期、拔节期、孕穗期、抽穗期、开花期、灌浆期、成熟期；玉米主要记载出苗期、拔节期、小喇叭口期、大喇叭日期、抽雄期、开花期、吐丝期和成熟期；马铃薯主要记载播种期、出苗期、收获期；油菜主要记载播种期、出苗期、移栽期、现蕾期、盛花期、收获期。

②干物质积累动态、叶面积和产量测定

水稻于移栽（抛秧）期、盛蘗期、孕穗期、黄熟期按 3 次重复取样，每次重复取 3 蔸，用长宽系数法测定叶面积，同时将稻株及时处理进行干物质测定；黄熟期按 3 次重复，每次重复 3 m² 取样，单收单晒过称测定稻谷产量；小黑麦于刈割期分 3 点取样，每点取 1 m² 测定鲜草量，同时留样进行干物质测定；油菜成熟期和马铃薯收获期按 3 点取样，每点取样 10 蔸，测定地上部分干物质和马铃薯块茎干物质，经济产量根据小区实产计算[2]。

③作物产量评价

以实施区域内的农户为统计对象，计算当年的亩产量（kg/亩）。此方法可避免将未进行农艺综合调控与原位钝化实施的农户计算进来，从而保证了数据的准确。

$$实施区域内当年亩产量 = \sum_{i=1}^{n} Y_i / n \qquad (7\text{-}9)$$

式中：Y_i——实施区域内第 i 个农户的当年农业总产量，kg/亩；

　　　n——实施总面积，亩。

以受污染耕地安全利用技术措施实施前 5 年农作物产量数据为依据，计算当地平均产量。

$$当地平均产量 = \sum_{j=1}^{5} Y_j / 5 \qquad (7\text{-}10)$$

式中：Y_i——当地（计算范围以村/镇/县为单位，根据项目实施具体情况而定）第 i 年年均产量，kg/亩。

比较实施区域内当年亩产量与当地平均产量：安全利用技术措施实施后产量≥当地平均产量，安全利用技术措施实施能有效提高作物产量；当地平均产量的90%≤安全利用技术措施实施后产量＜当地平均产量，安全利用技术措施实施对作物产量的影响在正常范围内；当地平均产量的80%≤安全利用技术措施实施后产量＜当地平均产量的90%，安全利用技术措施实施稍微影响作物产量；安全利用技术措施实施后产量＜当地平均产量的80%，安全利用技术措施实施效果不好。

（6）技术经济性评价

统计作物亩产、作物收购价格、修复剂每亩用量、修复剂价格（按市场平均价格计算）及人工施撒劳务费用，按以下公式计算农艺综合调控与原位钝化修复性价比：

$$（作物亩产×作物收购价格）/（人工每亩投入+修复剂每亩用量×修复剂价格） \quad （7-11）$$

（7）效益评价

①人均纯收入

一是以户为单位计算农艺综合调控与原位钝化实施区域户级人均纯收入，二是以村为单位计算村级人均纯收入。此方法可避免将未进行农艺综合调控与原位钝化实施的农户计算进来，保证了数据的准确。

$$户级人均纯收入=户总纯收入/农业人口数 \quad （7-12）$$

$$村级人均纯收入 = \sum_{i=1}^{n} Y_i / n \quad （7-13）$$

式中：Y_i——第 i 户的人均纯收入，元；

$\quad n$——总户数，户。

②人均农作物产量

一是以户为单位计算农艺综合调控与原位钝化实施区域户级人均农作物产量，二是以村为单位计算村级人均农作物产量。

$$户级人均农作物产量=户总作物产量/农业人口数 \quad （7-14）$$

$$村级人均农作物产量 = \sum_{i=1}^{n} Z_i / n \quad （7-15）$$

式中：Z_i——第 i 户的人均农作物，kg；

$\quad n$——总户数，户。

③群众满意度、群众生态保护意识

评估农户和经营主体对农艺综合调控与原位钝化工作的认可度。实施方法是对农户和经营主体进行问卷调查。

2. 耕地有机物污染修复效果评价方法

（1）评价面积完成情况

与"重金属污染耕地农艺综合调控与原位钝化评价面积完成情况"评价方法一致。

（2）评价技术措施到位情况

与"重金属污染耕地农艺综合调控与原位钝化评价技术措施到位情况"评价方法一致。

（3）对降低作物有机污染物含量的效果评价

与"重金属污染耕地农艺综合调控与原位钝化中降低作物重金属含量的效果评价"评价方法一致。

（4）潜在环境及生态风险评价

土壤性状分析、措施环境影响分析与"重金属污染耕地农艺综合调控与原位钝化中潜在环境及生态风险评价"方法一致。

环境影响度评价：采用多介质环境目标值评价对有机污染物进行评价，评价指标为人体健康影响度（AS_1）和对生态环境影响度（AS_2）[3]。

$$健康影响度\ AS_{1i} = C_i / (AMEG_{1i}) \qquad （7\text{-}16）$$

式中：C_i——污染物 i 的实测浓度，$\mu g/g$；

$AMEG_{1i}$——污染物 i 在环境介质中的健康目标值，$\mu g/g$。

当 $AS_{1i} > 1$ 时，该污染物对健康有影响；$AS_{1i} < 1$ 时，该污染物对健康无影响。

$$生态环境影响度\ AS_{2i} = C_i / AMEG_{2i} \qquad （7\text{-}17）$$

$$TAS_2 = \sum AS_2 \qquad （7\text{-}18）$$

式中：C_i——污染物 i 的实测浓度，$\mu g/g$；

$AMEG_{2i}$——污染物 i 在土壤中的环境目标值，$\mu g/g$；

TAS_2——多污染物对生态环境的总影响度。

当 $AS_{2i} > 1$ 时，该污染物对生态环境有影响；$AS_{2i} < 1$ 时，该污染物对生态环境无影响。

（5）作物生长发育及产量影响评价

与"重金属污染耕地农艺综合调控与原位钝化中作物生长发育及产量的影响评价"评价方法一致。

（6）技术经济性评价

与"重金属污染耕地农艺综合调控与原位钝化中技术经济性评价"评价方法一致。

（7）社会效益评价

群众满意度、群众生态保护意识：评价农户和经营主体对种植结构调整工作的认可度。实施方法是对农户和经营主体进行问卷调查。

3．种植结构调整评价方法

（1）面积完成情况

与"重金属污染耕地农艺综合调控与原位钝化评价面积完成情况"评价方法一致。

（2）产业链建设

①产业链整体情况

产品柔性：农产品对不同目标顾客或消费者需要的适应程度。

产品调整：农产品生产或加工计划为适应市场的调整灵活性。

成员合作能力：农产品新产品开发及创新能力、产业链成员利用电子化手段进行信息共享和交流、核心企业为上游生产农户提供技术指导和技术支持、产业链成员之间的信任程度。

②产业链发展前景

技术变革适应能力：产业链的技术创新能力和适应技术变革的能力。

产业适应能力：产业链对产业环境和国家产业政策的适应能力。

③产业链发展的持续性和稳定性

产业链管理成本：与产业链管理相关的成本，包括信息交流成本、库存成本、交付成本、销售成本等。

产业链资产情况：产品增值效率、现金周转天数、成本效益之间的比率。

在评价过程中利用德尔菲法，由专家根据上述信息对产业链进行打分[4]。

（3）潜在环境及生态风险评价

①土壤生态风险

采用土壤污染单因子指数评价方法对耕地安全利用技术措施实施前后单因子指数进行比较，可以直观得出技术措施实施前后土壤污染变化程度。

$$P_i = C_i / S \tag{7-19}$$

式中：P_i——污染物单因子指数；

C_i——实测浓度，mg/kg；

S——GB 15618—2018 中重金属元素（Cd、As、Pb、Hg 等）风险筛选值，mg/kg。

$P_i > 1$ 表示污染，$P_i \leqslant 1$ 表示未污染，P_i 值越大污染越严重。

②作物生态风险

对代表性作物进行重金属元素检测，评价其是否达到 GB 2762—2017。

（4）作物产量影响评价

以安全利用技术措施实施区域内的农户为统计对象，计算年均亩产量（kg/亩）。此方法可避免将未进行种植结构调整实施的农户计算进来，保证了数据的准确。

$$户级年均亩产量 = 年总产量/耕作面积 \tag{7-20}$$

$$村级年均亩产量 = \sum_{i=1}^{n} Y_i / n \tag{7-21}$$

式中：Y_i——第 i 户年均亩产量，kg/亩；

　　n——村级总户数，户。

以种植结构调整实施前 5 年农作物产量数据为依据，计算当地平均产量。

$$\overline{Y} = \sum_{i=1}^{5} Y_i / 5 \tag{7-22}$$

式中：Y_i——第 i 年年均亩产量，kg；

　　$\overline{Y}$——当地平均亩产量，kg。

（5）田间设施建设到位率

主要由专家通过现场考察方式，评价田间设施是否能满足种植结构调整的需要，以及满足的程度（充分满足、较好满足、基本满足、不能满足）。专家评估主要采取德尔菲法，具体步骤如下：

- 选择咨询专家组，一般以 10～30 人为宜；
- 设计调查表，进行专家组问卷调查；
- 回收调查表并进行统计处理，以此统计结果为依据制作第二轮调查表，这样循环往复直至调查数据趋于一致；
- 统计数据；
- 整理最终的调查报告并得出结论[5]。

（6）经济效益

耕地生产率计算公式如下：

$$\text{耕地生产率} = \text{农业总产值（万元）} / \text{耕地面积（亩）} \tag{7-23}$$

耕地生产效益计算公式如下：

$$\text{耕地生产效益} = \text{作物单产} \times \text{种植面积} \times \text{作物市场单价} - \text{单位面积生产成本} \times \text{种植面积} \tag{7-24}$$

农业劳动生产率计算公式如下：

$$\text{农业劳动生产率} = \text{农业总产值（万元）} / \text{农业从业人口（含雇用农业劳动力，人）} \tag{7-25}$$

单位面积劳动力投入计算公式如下：

$$\text{单位面积劳动力投入} = \text{农业从业人口（含雇用农业劳动力，人）} / \text{耕地面积（亩）} \tag{7-26}$$

农作物单产计算公式如下：

$$\text{农作物单产} = \text{农作物总产量（t）} / \text{耕地面积（亩）} \tag{7-27}$$

单位面积使用的机械动力计算公式如下：

$$\text{单位面积使用的机械动力} = \text{农机总动力（kW）} / \text{耕地面积（亩）} \tag{7-28}$$

（7）生态效益

耕地垦殖率计算公式如下：

$$耕地垦殖率=耕地面积/农用地面积 \times 100\% \qquad (7-29)$$

耕地面积指可以用来种植农作物、经常进行耕锄的田地，包括熟地、当年新开荒地、连续撂荒未满三年的耕地和当年的休闲地（轮歇地）。农用地面积指直接或间接为农业生产所利用的土地，包括耕地、园地、林地、牧草地、养捕水面、农田水利设施用地，以及田间道路和其他一切农业生产性建筑物占用的土地等。

耕地负载计算公式如下：

$$耕地负载=总农业劳动力（人）/耕地面积（亩） \qquad (7-30)$$

土壤有机质变化率为土壤中有机质含量的变化比率。

化肥施用强度计算公式如下：

$$化肥施用强度=化肥施用折纯量（kg）/耕地面积（亩） \qquad (7-31)$$

塑料薄膜使用强度计算公式如下：

$$塑料薄膜使用强度=塑料薄膜覆盖面积/耕地面积 \times 100\% \qquad (7-32)$$

（8）社会效益

人均纯收入计算公式如下：

$$人均纯收入=总纯收入（元）/农业人口数（人） \qquad (7-33)$$

人均农作物产量计算公式如下：

$$人均农作物产量=粮食总产量（t）/总人口（人） \qquad (7-34)$$

人均耕作面积计算公式如下：

$$人均耕作面积=耕地面积（亩）/总农业劳动力（人） \qquad (7-35)$$

群众满意度、群众生态保护意识：评估农户和经营主体对土壤有机物污染修复工作的认可度。实施方法是对农户和经营主体进行问卷调查。

（9）效益评价

根据经济、生态、社会三方面的效益指标进行综合效益的评价，对数据标准化进行处理。

因所选取的指标具有正向指标和逆向指标两种不同的性质，即原始数据越大、对农用地利用效益越好的为正指标，而原始数据越小、对农用地利用效益越好的为逆指标[6]，因此采用极差标准化方法对原始数据进行标准化处理：

$$Z_i = \frac{X_i - \min X_{ij}}{\max X_j - \min X_j} \times 100 \qquad (7\text{-}36)$$

$$Z_i = \frac{\max X_j - X_i}{\max X_j - \min X_j} \times 100 \qquad (7\text{-}37)$$

式（7-36）为正向指标标准化计算公式，式（7-37）为负向指标标准化计算公式。式中：$i \leq j \leq n$，

　　Z_i——第 i 个样本的标准化值；

　　X_i——第 i 个样本对应的统计值；

　　$\min X_j$——j 个样本中的最小值；

　　$\max X_j$——j 个样本中的最大值。

按照式（7-36）、式（7-37）进行标准化处理后，采用因子分析法确定指标权重。运用 SPSS 软件计算样本的因子载荷矩阵，包含主成分因子载荷、方差贡献率和累计贡献率，并确定最终的主成分个数。根据 SPSS 软件因子分析得到的结果，利用每一个主成分的贡献率和每一个因子在该主成分中的因子载荷量之积的累加来确立该因子对总信息量的影响。

$$W_i = \frac{\sum_{i=1}^{n} D_j \times E_{ij}}{\sum_{i=1}^{n}\sum_{j=1}^{n} D_j \times E_{ji}} \qquad (7\text{-}38)$$

式中：W_i——指标 i 的权重；

　　i 和 j——指标和主成分；

　　n——指标或主成分个数；

　　D_j——方差贡献率；

　　E_{ji}——因子载荷量，需要用绝对值进行计算。

运用综合指数法将各指标量化值与各指标权重相乘求和，得到评价对象的综合评价指数。

$$F = \sum_{i=1}^{n} C_i \times W_i \qquad (7\text{-}39)$$

式中：F——效益评价综合值；

　　W_i——第 i 项指标的权重；

　　C_i——指标赋分分值；

　　n——指标个数。

4．休耕评价方法

（1）面积完成情况

与"重金属污染耕地农艺综合调控与原位钝化评价面积完成情况"评价方法一致。

（2）评价技术措施到位情况

与"评价重金属污染耕地农艺综合调控与原位钝化技术措施到位情况"评价方法一致。

（3）实施效果评价

土壤样品检测：检测土壤样品的酸碱度、有机质、有效态 Cd 含量，确定土壤的相关质量情况，并通过对不同年际数据的对比评价休耕前后或休耕期间耕地质量的变化情况。

现场考察：主要用于对耕地土壤灌溉能力、排水能力的评价。通过现场考察，评价灌溉基础设施、排水设施是否能满足复耕的需要，以及满足的程度（充分满足、较好满足、基本满足、不能满足），灌溉、排水基础设施设施日常维护是否到位，并由专家进行评价。专家评价主要采取德尔菲法，具体步骤为选择咨询专家组，一般以 10～30 人为宜；设计调查表，进行专家组问卷调查；回收调查表并进行统计处理，以此统计结果为依据，制作第二轮调查表，这样循环往复直至调查数据趋于一致；统计数据；整理最终的调查报告，得出结论。

（4）社会效益评价——群众满意度、群众生态保护意识

评价农户和经营主体对治理式休耕工作的认可度。实施方法是对农户和经营主体进行问卷调查。

7.2.4 评价流程

1．评价方案制定

制定评价实施方案，明确评价对象、评价内容、评价方法等内容，报有关管理部门审议通过后实施。

2．制定评价指标

根据地方政府有关部门关于受污染耕地安全利用的相关文件要求，分别制定受污染耕地安全利用工作评价、效果评价两部分评价指标。

3．资料收集和分析

根据工作评价、效果评价的各项指标内容制定收集资料清单，根据评价工作的需要和要求，全面收集受污染耕地安全利用项目区域管理部门和实施单位基本情况及工作台账资料，对资料进行分类整理、审查和分析（表 7-6）。

表 7-6　受污染耕地安全利用效果评价资料收集清单

类别	资料清单
图件	地理位置图、地形图、地表径流图、污染范围图、超风险范围图（风险评估）、项目实施范围图
调查报告	人员访谈记录、土壤现场采样照片、采样工作量清单、现场土壤采样记录及样品流转记录、质量控制表、检测报告、实验室资质证明材料、场地土壤理化性质
合同协议资料	项目招投标文件、管理部门与各项目实施主体及监理机构、样品检测机构签订的合同、实施方案变更协议等
实施方案	受污染耕地安全利用项目实施行政区受污染耕地安全利用实施方案及各单项工作实施方案；各实施主体实施方案
监理资料	监理方案、监理日志、监理记录、监理报告
组织实施资料	施工期的组织方案、进度计划、物资购买和使用记录、农产品检测报告、现场记录和台账等
验收资料	验收报告、验收会材料、质量保障方案等
其他资料	各级政府部门签订的责任状；与受污染耕地安全利用相关的文件，如所在地用地规划、环境功能区划、相关环境保护规划和行政规范性文件；实施面积统计表等

4. 现场调研

（1）现场考评

根据各项目区的具体工作安排和承担单位实施进度，对承担单位项目实施地点进行现场评价、勘察、询查，核实所掌握的有关信息资料。选取典型的受污染耕地安全利用技术实施区域，对安全利用技术措施落实情况进行综合评价。

通过现场考评，可直接看到受污染耕地安全利用技术措施实施效果，获取有效信息，避免存在资料后期补造、"润色"和伪造等风险。

现场考评应注意：①自主选择考察区域，这是为防止政府或实施主体提前准备，考察到所谓的"形象工程"，避免影响评价的客观真实性；②善于发现问题，现场及时总结，要从细节入手，对于发现的问题要及时反馈给政府和实施主体，同时将问题记录下来以便于日后评价工作的总结；③时效性，受污染耕地安全利用项目的实施与农时紧密结合，现场调研评价方法也应与农时紧密结合，一方面避免给相关政府部门和实施主体增加不必要的麻烦，另一方面可以保证评价结果的准确性。

（2）问卷调查

问卷调查的主要内容为对实施主体负责人、项目管理人员、项目技术人员、项目实施区域基层干部、农户和监管、监理人员等开展问卷调查，以评价基层干部和群众对受污染耕地安全利用项目实施的满意度。

问卷调查评价方法是与社会群众联系最为广泛、最为密切的方法，该评价方法的优势也正在于此。通过对上述多类群体的问卷询问，可找到社会群众最关心的问题，同时可以了解到项目在实施过程中遇到的难题，从而推动项目的有力实施。

问卷调查评价方法在使用时有两方面要求：①调查对象的广泛性，调查不能只针对政府人员，或者实施主体的施工人员，或者农户，而是应追求调查对象的多样化，从多个角度得到不同群体对项目的认识，了解项目实施多方面的问题；②保证调查情况的真实性，主要是应尽可能地避免政府或实施主体的"安排调查"，调查时尽可能地深入农户家庭。

5. 资料审查

根据评价工作的需要和要求，对收集的基础信息资料、调研所获得的资料及调查问卷进行分类整理、审查和分析。

资料审查评价方法的优势有以下三点：

第一，施工记录翔实。表7-6中，关于施工的资料众多，如监理日志、组织实施资料类别中的物资购买和使用记录、现场记录和台账等。评价机构可通过这类施工记录资料核查是否按时、按量、按质施工，同时可与现场考察情况作对比分析，检验施工记录资料的准确度。

第二，综合多方评价报告。评价机构所审查的资料当中，涉及政府自评报告、实施主体自评报告、第三方监理对第三方治理企业的评价报告、验收报告等众多评价报告性质的资料，一方面可从多角度反映受污染耕地安全利用效果，另一方面可作为第三方评价机构年度评价的参考依据。

第三，其他类型资料充足。图件、合同协议、实施方案等其他类型资料也是效果评价的重要依据。

资料审查的要求有以下三点：

第一，注意各资料内容的准确衔接。所谓准确衔接，于受污染耕地安全利用而言，具体指实施时间、实施主体、实施区域、施用物资数量和质量、物资品牌、资金使用等信息的资料记录是否一致。

第二，资料审查要细致。资料多会导致审查任务重，但也应审查细致，具体要求为资料是否齐全、资料内相关信息是否记录到位、不同资料的相同信息是否一致等。

第三，资料审查人员需具备多方面的专业素养。在条件允许的情况下，最好委派多名生产人员针对不同类型的资料进行审查，否则资料审查人员需具备多方面的专业素养并熟悉相关技术规程，从而可以对施工记录资料中各安全利用技术是否准确实施做出正确判断。

6. 样品分析

样品分析方法，可通过最直接的农产品、土壤检测数据反映受污染耕地安全利用项目的实施效果。样品分析方法主要采用两种方式，一是跟踪抽样，对样品进行分析；二是数据复合，从样品检测实验室随机抽取 2%的农产品样品送第三方检测机构复检。

样品分析方法的最大优势在于其数据的说服力。农产品、土壤样品的检测数据是反映受污染耕地安全利用项目实施效果最客观的数据。正因此，评价方法具有重要性，所以该方法的使用要求也最为严格。一是检测机构要有独立性。要避免检测机构与实施主体直接接触，禁止"暗箱操作"，一方面是为保证数据的真实性，另一方面是对所有实施主体负责，保证项目实施的可信度，以免引发社会群众的不满情绪，造成不良的社会舆论。二是采样应具有科学性。采样是样品分析方法的第一步，也是最关键的一步，因此需要严格按照相关技术要求落实。

7．专家咨询

专家咨询法，即汇总评价报告和工作调研中的重点、难点问题，组织 1～2 次专家研讨会，辅以多次网络或电话咨询等形式的讨论。

专家咨询法的优势在于保证了评价结果的专业性。该方法也要求所咨询的专家来自多个研究领域。受污染耕地安全利用效果评价是一项涉及多领域、多学科的评价机制，从企业管理到土壤生态学、从农业经济学到农学，不仅研究领域广泛，而且参与的研究机构也很广泛。因此，在咨询专家的选择上，应注意研究领域和研究机构来源的宽泛性，组织涵盖经作、粮油、蔬菜、水产养殖、土肥、农化、生态、环保、农经、财会等专业的专家，根据评价方案确定的指标体系、评价标准和评价方法，依据收集的基础资料、调研掌握的信息、检测数据及地方政府和实施单位提供的自评报告，对工作实施情况进行全面的定量、定性分析和综合分析，形成评价结论。

8．报告编制

根据收集到的基础资料、调研掌握的信息、检测数据资料和项目实施单位总结报告及专家评价意见，对安全利用项目各项工作实施效果和工作组织情况进行评价，撰写评价报告，报告内容包括分数评定、工作实效评价、安全利用各个单项工作效果评价、实施效益、经验与模式总结、问题与建议和评价结论等。

7.2.5　评价技术路线

根据评价内容和评价工作流程，受污染耕地安全利用效果评价技术路线如图 7-1 所示。

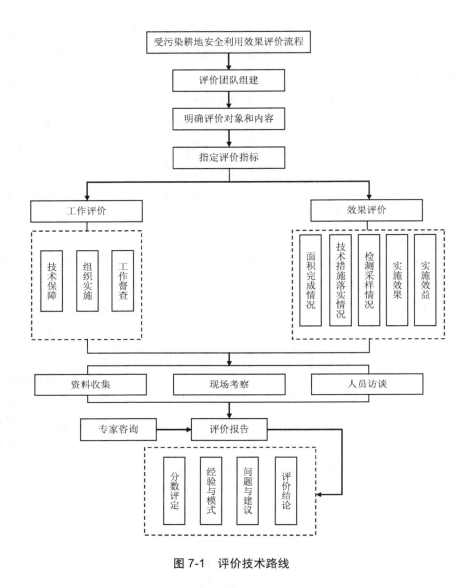

图 7-1 评价技术路线

7.3 评价的组织实施

7.3.1 评价的团队组织

组建一个素质高、人数充足的评价团队是确保按时、保质完成评价工作的重要前提和组织保障。

受污染耕地安全利用效果评价是一项复杂的系统工程，相应地，评价团队的组成也要注意两个兼顾：一是多学科、多专业人员兼顾，人员组成要与受污染耕地安全利用多学科的特点相适应，组建一支涵盖多学科、多专业的人员队伍，主要包括农业环保、土肥、生物、经作、粮油、饲料、水产养殖、农产品加工、经济类等学科专业；二是多类型人员兼顾，理论分析、技术操作、现场调研、数据统计、报告编写等分工协作，共同完成评价工作。

7.3.2　评价的保障措施

1．人员保障

专业性：效果评价要想达到理想的目标，必须有专业知识过硬的评估人才，评价人员要由各有关专业人员组成。

独立性：这是开展评价工作的前提。评价机构在评价过程中充当了连接政府与公众的桥梁纽带，保持评价机构的独立性和客观性十分必要。评价的独立性可避免利益关系的操作，形成良性循环。影响评价独立性的主要因素包括评价组织与被评对象的利益关系（尤其是经济关系）、评价组织及其人员能力和素质、监督有效与否。因此，要保证评价的独立性，一是评价组织要尽可能避免与被评对象的利益关系，特别是评价主体是具有营利性质的专业公司时，前提是避免其与被评对象的直接经济利益关系；二是评价机构不仅需要具备相关的专业评价能力，更要有社会责任感和公民的价值取向，要求评价工作人员具有专业精神、社会道德感和客观负责的态度[7]。

2．保密制度

参与评价工作的评价单位要严守保密纪律，评价团队成员要做好评价数据的保密工作，遵守评价工作的保密规定。

3．公正性保障制度

评价对象及相关部门（单位）不得干扰阻挠评价工作的开展，对敷衍应付评价活动、利用职权影响评价结果等行为，一经查实依法依规严肃处理，并公开通报。

评价方在开展评价过程中，严禁干扰评价对象的正常工作，严禁参与任何可能影响评价公正性的活动，对相关违规行为经查证属实的，不再委托其从事评价工作。

评价组织方积极协助评价机构开展评价工作，被评价方应积极配合，向评价机构提供相关资料，如实说明项目/工作实施的有关情况、实施过程中存在的突出问题，并提出相关建议。

7.3.3　评价的时间计划

为确保评价工作的有序进行，要做好评价工作实施的时间计划。时间计划包括效果评价各项主要工作实施和完成的时间节点。

7.4 评价成果

效果评价的核心目的是"以评促改",实现"事前评估预判,事中评估整改,事后评价成效",对受污染耕地安全利用项目的实施起到引导、监管、督促、评价的作用。评价方通过提供评价报告,为受污染耕地安全利用工作提供科学指导。

1. 成果形式

根据收集到的基础资料、调研掌握的信息、检测数据和项目实施单位总结报告及专家咨询意见,对受污染耕地安全利用各项工作实施效果和工作组织情况进行评价,撰写评价报告。

根据评价组织单位需要,评价报告分为几种类型,从时间上可分为编制阶段性评价报告和编制终期评价报告,从内容上可分为编制综合评价报告和编制专项评价报告。

2. 评价报告大纲

评价报告内容主要分为七个部分,分别为安全利用项目背景、效果评价工作简况、受污染耕地安全利用项目实施情况、组织实施与保障情况、评分情况、评价结论、存在的主要问题与下一步工作建议。

参考文献

[1] 席军强,杨自辉,郭树江,等. 不同类型白刺沙丘土壤理化性状与微生物相关性研究[J]. 草业学报,2015,24(6):64-74.

[2] 叶桃林,李建国,胡立峰,等. 湖南省双季稻主产区保护性耕作关键技术定位研究Ⅰ.稻田不同保护性耕作种植模式作物生长发育状况与经济效益评价[J]. 作物研究,2006(1):34-39.

[3] 何丽莉. 辽阳蔬菜种植和畜禽养殖区土壤有机污染状况及评价[J]. 广州环境科学,2011,26(1):41-43.

[4] 戴化勇,王凯. 农业产业链综合绩效的评价研究——以南京市蔬菜产业链为例[J]. 江西农业学报,2006(5):199-202.

[5] 杜占江,王金娜,肖丹. 构建基于德尔菲法与层次分析法的文献信息资源评价指标体系[J]. 现代情报,2011,31(10):9-14.

[6] 胡赛,蒲春玲,汪霖,等. 基于熵值法的乌什县农用地利用效益评价研究[J]. 中国农业资源与区划,2016,37(3):111-115,142.

[7] 张飘飘. 响应式的建构:政府绩效第三方评估的优化路径——以昆明市评估实践探索为例[J]. 佳木斯大学社会科学学报,2019,37(5):55-59.

第8章

受污染耕地安全利用典型案例

本章介绍了浙江大学对浙江省某地重金属污染农田的修复模式，利用品种筛选、钝化阻控、叶面肥抑制及联合修复技术等手段开展了从小区到大田的全过程受污染土壤治理修复。

8.1 某市受污染耕地现状

本案例受污染耕地所在城市为浙江省辖县级市，研究区域属亚热带季风气候，年平均气温 17.5℃。全年降雨量较为充沛，但雨量的季节变化和年际变化、地域差异都很大，季节降雨量分布呈单峰型，春季雨量多、梅雨量大，夏秋冬季雨量少，年总降雨量平均为 1 424 mm。该市耕地面积为 16.63 万 hm^2，其中水田为 14.43 万 hm^2，农作物以水稻、玉米、大豆、油菜、马铃薯等为主导品种，建有多个蔬菜基地。

污染耕地的重金属污染主要来自工业"三废"排放、大气干湿沉降、化肥农药等农用化学品的施用、垃圾填埋场的淋滤等。基于 GIS 软件技术绘制的重金属污染评价结果图显示，每种重金属在土壤中的含量受不同因素的影响，如 Cr 和 Ni 在土壤中的含量主要受到土壤母质和长期施肥、污灌等结构性因素的影响；Cu 污染程度较轻，主要受垃圾填埋场、城市污水和固体废物的影响；土壤 Pb 含量受城市生活的影响。2014 年，该市国土局的调查数据显示，以 Cd、Hg、Cu、As、Zn 等为调查区主要污染物，以中度和重度污染为基准，全市共圈出污染区 35 处，面积为 506 km^2，占调查区面积的 9.4%。对本地产的大米样品中的 Cd 进行检测的结果显示，本地产大米存在一定程度的 Cd 污染情况（稻米超标率为 12.5%）。家酿黄酒中也检测出 Cd，这与原产地大米中 Cd 的含量分布情况一致。因此，有必要加强大米中 Cd 的监测，采取相应防控措施。

针对受污染土壤，该市出台了相应的方案，要求预防为主、保护优先、风险管控、分类管理，以改善土壤环境质量为核心，以保障农产品质量安全和公众健康为出发点，实施分类别、分用途、分阶段的管理，严控新增污染，逐步减少存量，形成"政府主导、企业施治、市场驱动、公众参与"的土壤污染防治机制，促进土壤资源永续利用。

8.2 安全利用试点修复工作概况

8.2.1 安全利用耕地试验区简介

试验区（图 8-1）总面积约 100 亩。在修复过程中，成立了副市长挂帅，以农林、环保、国土、农办、水务、财政等部门为成员的工作领导小组，出台了一系列相关配套政策，并对研究示范区农户进行直接或间接的政策扶持。工作办公室设在农林局，农林局授权土肥站具体负责项目实施。建立了以浙江大学环资学院为技术支撑单位，土肥站与试验区块农户参加的技术团队，具体负责项目方案制定、研究示范、总结推广等工作；明确各方职责，技术支撑单位全面负责项目基础资料的调查分析、土壤及植物样品的采集检测、技术方案的制定落实及治理效果的评价等具体实施工作；种植大户负责田间技术和管理措施的落实；土肥站负责落实试验区块及技术支撑，牵头协调项目实施过程中出现的问题，指导督促各方保质、保量地完成目标任务。

图 8-1　试验区研究区域范围

　　试验区内的土壤类型为水稻土类潴育型水稻土亚类培泥砂田土属冲积培泥砂田。土壤 pH 为 5 左右，呈强酸性；土壤有机质为 20 g/kg 左右，肥力较低；土壤有效磷含量小于 10 mg/kg，属于缺磷水平土壤；土壤速效钾含量小于 80 mg/kg，属于缺钾水平土壤。总体而言，试验区土壤属于强酸性低肥力缺磷缺钾砂性农田土壤。

　　前期对试验区糙米、土壤样品中重金属 Cd 和 As 的总量及有效态含量进行了基础调查，并采用 Surfer 9.0 绘图软件对调查区域内的糙米和土壤重金属含量进行插值分析（图 8-2），生成重金属可能空间分布情况，实现重合度在 85% 以上，对糙米和土壤重金属高含量或

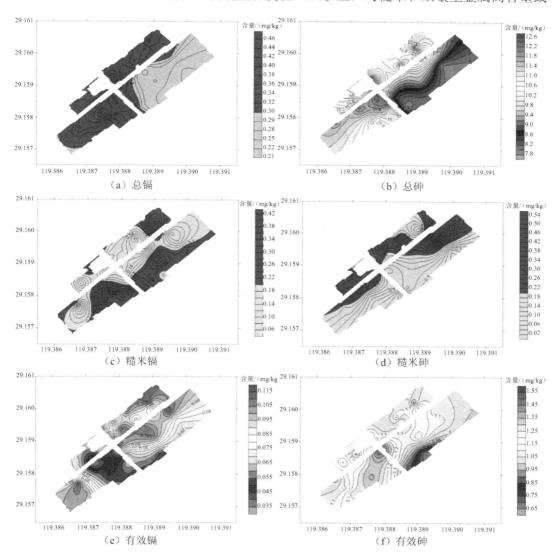

图 8-2　试验区糙米和土壤中 Cd、As 的总量及有效态含量空间分布情况

有效性较高的区域进行重点治理。如图 8-2 所示，土壤总镉含量为 $0.30\sim0.45\ mg/kg$，总砷为 $17.7\sim58.7\ mg/kg$。根据《土壤环境质量 农用地土壤污染风险管控标准（试行）》中的土壤污染风险筛选值（pH≤5.5 的水田，Cd 为 $0.3\ mg/kg$、As 为 $30\ mg/kg$），土壤中 Cd 存在一定程度的超标；同时，土壤重金属含量超标评价分级标准（单项评价指数）中土壤中 Cd 评价等级（$1<P_i\leq2$）属于警戒线；土壤总砷含量低于 GB 15618—2018 限定值。对比《食品安全国家标准 食品中污染物限量》（GB 2762—2012）（Cd 和 As 含量限值均为 $0.2\ mg/kg$），糙米中 Cd 和 As 存在一定程度的污染；同时，存在土壤重金属不超标、糙米重金属超标的问题，或土壤重金属超标、糙米重金属不超标的问题。总体而言，研究区土壤存在一定程度的重金属 Cd 和 As 复合污染问题。根据试验区基础调查中的糙米和土壤样品重金属分布情况，对污染严重区域在后期应进行重点关注和治理。

8.2.2 安全利用耕地试验区污染源解析及防控措施情况

前期走访当地农户和有关人员了解到，数十年前当地在种植苗木时引入城市垃圾作为肥料，由于年限较久，无法知晓当时引入的城市垃圾中重金属的含量情况，前期种植苗木所引入的城市垃圾可能对该地土壤造成潜在的重金属污染问题。对试验区水稻生长过程中的灌溉水进行采样分析，结果表明水体中 As 含量为 $0\sim0.78\ \mu g/L$，Cd 含量为 $0\sim0.02\ \mu g/L$，灌溉水中 As 和 Cd 含量都较低。

另外，查阅国内外发表的土壤重金属污染源解析文献资料发现，通过研究土壤中重金属的相关性可以推测重金属的来源是否相同，并初步判定土壤重金属的来源。如果重金属含量有显著的相关性，说明其同源的可能性较大，否则来源不止一个。为了解试验区内土壤中重金属元素的来源情况及元素之间的关联性，采用 SPSS 22.0 统计分析软件分别对试验区调查土壤及各分层土壤中重金属含量之间的相关性作统计分析，结果如表 8-1～表 8-4 所示。

表 8-1 调查区土壤重金属之间的相关性

元素	As	Cd	Cr	Cu	Ni	Pb	Zn
As	1	−0.137	0.326*	0.322	0.312	0.723**	0.381*
Cd		1	0.512**	0.621**	0.544**	0.179	0.556**
Cr			1	0.957**	0.952**	0.719**	0.844**
Cu				1	0.929**	0.719**	0.903**
Ni					1	0.700**	0.873**
Pb						1	0.765**
Zn							1

注：**和*分别表示在 $P<0.01$ 与 $P<0.05$ 水平上显著相关，下同。

表 8-2　调查区 0～20 cm 土壤重金属之间的相关性

元素	As	Cd	Cr	Cu	Ni	Pb	Zn
As	1	−0.096	0.478**	−0.032	0.608**	0.518**	0.470**
Cd		1	0.085	0.493**	0.209	0.185	0.221
Cr			1	0.494**	0.858**	0.909**	0.805**
Cu				1	0.530**	0.567**	0.722**
Ni					1	0.950**	0.839**
Pb						1	0.851**
Zn							1

表 8-3　调查区 20～40 cm 土壤重金属之间的相关性

元素	As	Cd	Cr	Cu	Ni	Pb	Zn
As	1	−0.116	0.530**	0.282	0.671**	0.579**	0.576**
Cd		1	0.071	0.277	0.053	0.105	0.167
Cr			1	0.745**	0.922**	0.965**	0.849**
Cu				1	0.730**	0.789**	0.839**
Ni					1	0.962**	0.883**
Pb						1	0.920**
Zn							1

表 8-4　调查区 40～60 cm 土壤重金属之间的相关性

元素	As	Cd	Cr	Cu	Ni	Pb	Zn
As	1	0.070	0.572**	0.259	0.700**	0.644**	0.601**
Cd		1	0.133	0.447**	0.131	0.187	0.307
Cr			1	0.672**	0.915**	0.944**	0.864**
Cu				1	0.581**	0.680**	0.785**
Ni					1	0.965**	0.895**
Pb						1	0.943**
Zn							1

　　根据相关文献，As、Cr 和 Ni 是受控于成土母质的元素组合，Cd 和 Pb 是受人为污染影响较强的元素，Cu 来源于地质成因的比例比较大，Zn 受控于土壤中锰氧化物黏粒。从以上 4 个表中土壤重金属的相关性可以看出，调查土壤和分层土壤中 As 和 Cr、Ni、Zn 达到 1% 的显著正相关水平，调查土壤、表层和深层土壤中的 Cd 都与 Cu 达到 1% 的显著正相关水平。统计分析结果表明，试验区土壤中 As 和 Cd 均可能来源于成土母质，是由地质成因造成的，虽然总量不高，但是因为当地土壤 pH 为 5 左右，属于强酸性，故造成土壤中 As 和 Cd 的有效性较高，影响了粮食的安全生产。

8.2.3 受污染土壤安全利用技术方案

研究团队制定了详细的污染农田土壤安全利用技术方案，并通过专家评审得到了充分认可和肯定。

1. 小区示范

（1）低吸收 Cd/As 的水稻品种筛选试验

根据研究团队前期研究和国内其他相关研究，收集了当地及周边市售晚稻品种 29 个，包括当地广泛种植的甬优系列和秀水系列水稻品种，开展了低吸收 Cd/As 的水稻品种筛选试验。试验采取完全随机区组设计，每个试验小区面积为 30 m² [6 m（长）× 5 m（宽）]，每个品种设 3 个重复，在相同的土壤条件、水肥农艺调控管理（水稻生育期进行淹水管理）措施下进行田间试验，通过测试土壤中的重金属全量、有效态含量及不同化学提取形态重金属含量的组成，对应水稻籽粒中重金属 Cd 含量等，综合分析试验结果并从中筛选效果最好的 1～2 个低吸收镉的水稻品种，为后续田间治理示范提供了品种参考。

（2）钝化稳定修复剂产品应用效应试验

选择石灰、钙镁磷肥、生物质炭、腐熟有机肥等碱性材料开展降低土壤重金属有效性效应验证试验。试验采取完全随机区组设计，每个试验小区面积为 30 m² [6 m（长）× 5 m（宽）]，设石灰、钙镁磷肥、生物质炭、腐熟有机肥及空白对照（不施任何碱性物质）共 5 个处理，每个处理设 4 个重复，在相同的土壤条件、同样的水肥农艺调控管理措施保持一致下进行田间试验，通过测试土壤中的重金属全量、有效态含量及不同化学提取形态重金属含量组成，对应水稻籽粒中重金属含量等，综合分析试验结果并从中筛选钝化稳定化效果最好的 1 个碱性物质产品，为后续田间治理示范提供产品参考。

（3）重金属超富集植物试验

根据前期研究区土壤重金属Cd、As的空间污染分布情况，选择5种超富集植物研究不同程度污染情况下超富集植物对污染土壤修复效应。试验采取完全随机区组设计，每个试验小区面积为 30 m² [6 m（长）× 5 m（宽）]，每个处理设 4 个重复，同时通过综合优化水肥农艺管理调控措施进行田间试验，通过测试土壤中重金属 Cd/As 全量、有效态含量及不同化学提取态 Cd/As 含量组成，对应植株中重金属含量及吸收富集情况等，综合分析试验结果并从中筛选适合高吸收超富集植物的不同污染土壤水平及水肥管理措施，为后续田间治理示范提供参考。

（4）新型叶面肥抑制作物重金属吸收的效应试验

在前期研究的基础上，以硅基、硒基等主要成分的作物叶面生理阻隔剂为重点，进行作物 Cd、As 污染生理阻隔的阻隔剂配方优化和性能提升研究。试验选取前面筛选的低吸收重金属水稻品种 2 种，开展完全随机区组设计，每个试验小区面积为 30 m²[6 m（长）× 5 m（宽）]，设硅基叶面肥、硒基叶面肥、同时含硅硒基叶面肥及空白对照（不施任何叶面肥）共 4 个处理，每个处理设 4 个重复，在相同的土壤条件、同样的水肥农艺调控管理措施保持一致下进行田间试验，通过测试土壤中重金属全量、有效态含量及不同化学提取形态重金属含量组成，对应水稻籽粒及叶片中重金属 Cd、As 含量等，综合分析试验结果并从中筛选抑制重金属 Cd、As 效果最好的 1 个叶面肥产品，为后续田间治理示范提供产品参考。

2. 田间治理示范

（1）低吸收 Cd 的水稻品种采购及引种示范

采购前期田间试验筛选出来的低吸收 Cd 的水稻品种 400 kg，研究农田重金属 Cd 污染土壤上种植低吸收 Cd 水稻品种的栽培技术及优化水肥（水稻生育期进行淹水管理）综合调控措施，开展 15 亩面积的大田低吸收 Cd 的水稻品种引种示范，最终形成低吸收 Cd 水稻品种的栽培技术规范，并提出相应的水肥综合调控管理措施。

（2）低吸收 As 的水稻品种采购及引种示范

采购前期田间试验筛选出来的低吸收 As 的水稻品种 400 kg，研究农田重金属 As 污染土壤上种植低吸收 As 水稻品种的栽培技术及优化水肥（水稻生育期进行水分落干管理）综合调控措施，开展 15 亩面积的大田低吸收 As 的水稻品种引种示范，最终形成低吸收 As 水稻品种的栽培技术规范，并提出相应的水肥综合调控管理措施。

（3）Cd 钝化稳定修复剂产品采购及应用示范

采购前期田间试验筛选出来的 Cd 钝化效果最好且经济的钝化剂产品 2 t，研究 Cd 钝化稳定修复剂产品的施用技术及优化水肥（水稻生育期进行淹水管理）综合调控措施，开展 15 亩面积的大田 Cd 钝化稳定修复剂产品的应用示范，从而分析通过 Cd 钝化稳定修复剂产品来降低土壤 Cd 有效性的效果，最终形成 Cd 钝化稳定修复剂产品的施用技术规范（包括施用时间、施用量、施用次数等）。

（4）As 固化/钝化稳定修复剂产品采购及应用示范

采购前期田间试验筛选出来的 As 钝化效果最好且经济的钝化剂产品 2 t，同时研究 As 固化/钝化稳定修复剂产品的施用技术规范及优化水肥（水稻生育期进行水分落干管理）综合调控措施，开展 15 亩面积的大田 As 固化/钝化稳定修复剂产品的应用示范，从而分析通过 As 固化/钝化稳定修复剂产品来降低土壤 As 活性的效果，最终形成 As 固化/钝化稳定修复剂产品的施用技术规范（包括施用时间、施用量、施用次数等）。

（5）碱性物质采购及碱性物质降低 Cd 有效性示范

采购前期田间试验筛选出来的 Cd 有效性降低效果最好且经济的碱性物质 1 000 kg，同时研究碱性物质产品的施用技术及优化水肥综合调控措施，开展 20 亩面积的大田碱性物质降低土壤 Cd 有效性应用示范，从而分析通过调酸来降低土壤 Cd 有效性的效果，最终形成碱性物质的施用技术规范（包括施用时间、施用量、施用次数等）。

（6）对所有投入品进行检测分析

对所有采购来的 Cd 钝化稳定修复剂产品、As 钝化稳定修复剂产品、碱性物质、新型叶面肥等开展每年 20 个批次的检测分析，分析其中的物质组成、投入品中的重金属 Cd/As 等的含量，为后续投入品田间试验数据分析和讨论提供参考与依据。

（7）新型叶面肥抑制作物重金属吸收的应用示范

通过前期田间试验筛选最佳重金属吸收抑制效果的新型叶面肥，研制所选新型叶面肥，开展 5 亩面积的大田新型叶面肥抑制作物重金属吸收的应用示范，依据应用示范效果，开展推广应用此项技术。

（8）高吸收植物应用示范

通过前期田间试验，摸索了 As 高吸收植物蜈蚣草和 Cd 高吸收植物东南景天发挥最佳吸收富集效果的土壤污染水平及相关农艺调控措施，便于开展 As 高吸收植物蜈蚣草和 Cd 高吸收植物东南景天的应用示范，分别开展 5 亩面积的大田应用示范，通过应用示范探索植物修复的农田土壤重金属治理和修复模式。

8.2.4　受污染土壤安全利用效果简介

通过在试验基地 3 年的研究与示范，研发并筛选出水稻低 Cd 和低 As 积累品种修复技术、土壤重金属污染钝化技术和叶面阻隔技术及其组合模式。

1. 适用于轻度 Cd-As 复合污染农田的低积累水稻/油菜安全利用技术

田间试验和验证过程中筛选出的甬优 538、甬优 12 和 Y 两优 9918 等为高产低 Cd 吸收水稻品种，甬优 1540、甬优 538、甬优 12 和天优华占等为高产低 As 吸收水稻品种，而甬优 538 和甬优 12 是高产且能同时低吸收 As 和 Cd 的水稻品种。油菜中浙油 50、中双 11 号、沪油 039、油研 10 号、华油 2790、徽油杂 1 号、高油 605、浙杂 903、浙双 3 号和浙油 51 等都对 Cd 和 As 具有低吸收性能。

2. 适用于轻中度 Cd 污染农田的"低积累作物+土壤钝化"安全利用技术

种植低 Cd 吸收水稻品种甬优系列，当年施用钙基钝化剂可以显著降低籽粒中的 Cd 含量（下降幅度 87.6%）并达标；种植低 Cd 吸收水稻品种秀水系列，施用硅基钝化剂和钙基钝化剂均能显著降低籽粒中的 Cd 含量，下降幅度分别达 66.4% 和 94.8%，且低于 Cd 的限值。

3. 适用于轻度 As 污染农田的"低积累作物+叶面阻隔"安全利用技术

田间试验选择 6 种叶面肥，通过筛选得出钼硒利安是一种对水稻 As 吸收具有阻隔作用的叶面肥。

4. 适用于轻中度 Cd-As 复合污染农田的"低积累作物+叶面阻隔+土壤钝化"安全利用技术

水稻种植过程中施用新型调理剂（200 kg/亩），种植筛选出的低 Cd 和低 As 积累水稻品种（甬优 538），在水稻生长分蘖期、抽穗期、灌浆期分 3 次喷施硒基叶面肥（80 mL/亩），水稻生育期淹水处理，成熟期糙米中无机 As 的含量范围为未检出～0.12 mg/kg，而 Cd 的含量范围为 0.04～0.19 mg/kg，平均含量为（0.14±0.05）mg/kg，糙米中 Cd 和 As 含量低于食品中污染物的限定标准值。

8.2.5　受污染土壤安全利用过程监测

在本项目实施过程中，通过一些照片记录了田间试验和示范过程，并且定期采集示范区的土壤样品和植物样品进行检测，部分关键样品送具有 CMA 检测资质的单位进行测定，测试结果准确可靠（图 8-3、图 8-4）。田间试验与示范过程记录完整、真实、清晰，内容包括试验处理、试验日期及试验过程相关照片等，测试数据和结果详见 8.3 节。

（a）浸种　　　　　　　（b）调理剂称量与施用　　　　　　　（c）稻米研磨

图 8-3　低积累水稻品种试验过程

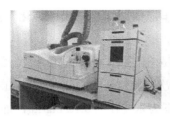
（a）ICP-MS

（b）石墨炉原子吸收分光光度计

（c）CHN 元素分析仪

（d）微波消解仪

（e）原子吸收分光光度计

（f）原子荧光分光光度计

图 8-4　分析使用相关仪器设备

8.3　受污染耕地安全利用的途径

8.3.1　重金属 Cd/As 低积累水稻品种筛选

2016 年 6—10 月，在试验基地通过小区试验验证研究团队前期已筛选的低重金属吸收水稻品种的适应性及稳定性，同时考虑种植试验区本地常规水稻品种，初步筛选对重金属 As/Cd 具有低积累性能的水稻品种。

1. 材料与方法

试验地点：在试验区块 1 中 1～10 处田块进行水稻品种筛选小区试验，田块土壤 pH 为 4.62，土壤总镉和总砷含量分别为 0.21 mg/kg 和 13.25 mg/kg。

试验材料：收集当地及周边市售晚稻品种 29 个，其中包括当地广泛种植的甬优系列和秀水系列水稻品种。

试验设计：试验小区设置面积为 30 m²（6 m × 5 m）；小区间作 20 cm 宽的隔离埂，埂高约 20 cm，并采用塑料膜铺埂；试验晚稻品种 29 个，每个品种 3 个重复，试验总面积约 5 亩。

试验过程及样品采集：2016 年 6 月 28 日育苗，8 月 5 日开始移苗，按照当地常规管理方法进行施基肥、灌溉、喷药等；待到 10 月底各水稻品种陆续成熟，分别采集各水稻品种稻谷，测试糙米中 As、Cd 的含量（图 8-5）。

图 8-5　水稻低累积品种筛选试验（87 个小区）

2．结果分析

水稻长势及产量：根据水稻近成熟期长势可以看出，水稻品种中浙优 1 号、甬优 1540、甬优 538、甬优 12 和 Y 两优 9918 等水稻结实率相对较高，其稻谷重量分别为 13.10 kg/30 m²、13.00 kg/30 m²、13.00 kg/30 m²、12.93 kg/30 m² 和 12.73 kg/30 m²，而秀水 519、越之梦极品和梦之 S 长势较差，结实率相对较低（图 8-6、图 8-7）。

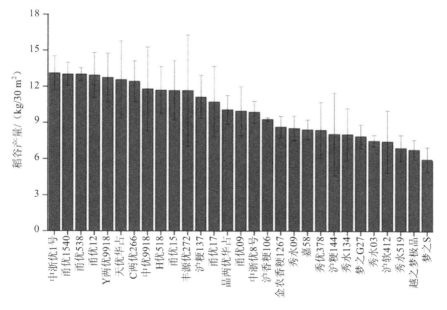

图 8-6　各水稻品种稻谷产量

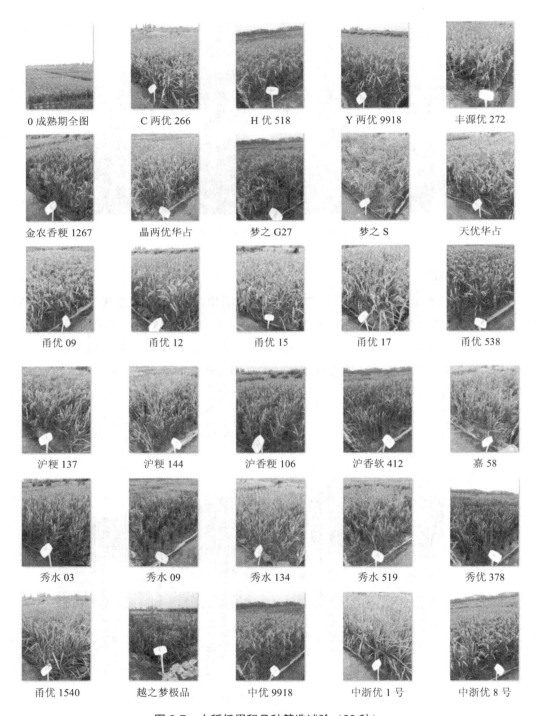

图 8-7 水稻低累积品种筛选试验（29 种）

　　水稻糙米中 Cd 的含量：从供试的 29 种水稻品种糙米中 Cd 含量的测定结果可以得出（图 8-8），糙米中 Cd 含量最高的是中浙优 8 号，达 0.586 mg/kg；Cd 含量最低的是越之梦极品，含量为 0.067 mg/kg；依照食品中污染物限量标准，共有 14 种水稻品种糙米中的 Cd 含量低于限值（0.2 mg/kg）；结合水稻稻谷产量，筛选出甬优 538、甬优 12 和 Y 两优 9918 等为高产低 Cd 吸收水稻品种，而中浙优 1 号、中浙优 8 号和晶两优华占为高 Cd 吸收水稻品种，不宜在此地种植。

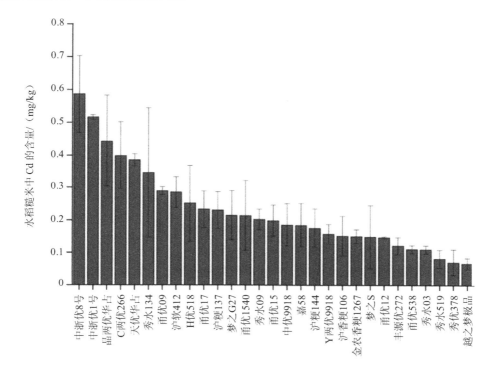

图 8-8　低累积水稻品种稻米中 Cd 含量

　　水稻糙米中 As 的含量：从供试的 29 种水稻品种糙米中 As 含量的测定结果得出（图 8-9），糙米中 As 含量最高的是越之梦极品，达 0.312 mg/kg；As 含量最低的是甬优 15，含量为 0.028 mg/kg；依照食品中污染物限量标准，共有 24 种水稻品种糙米中 As 含量低于限值 0.2 mg/kg；结合水稻稻谷产量，筛选出甬优 1540、甬优 538、甬优 12 和天优华占等为高产低 As 吸收水稻品种，而 3 种引进的日本水稻品种——越之梦极品、梦之 S 和梦之 G27 为高 As 吸收水稻品种，此地不宜种植。

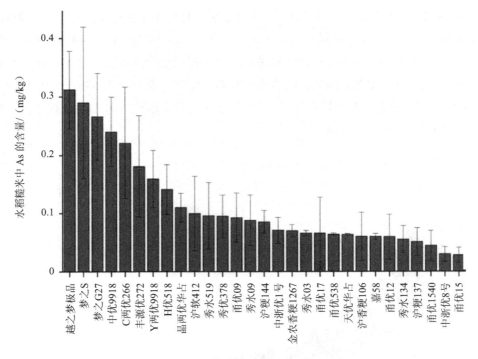

图 8-9 低累积水稻品种稻米中 As 含量

低吸收 As/Cd 水稻品种：由以上 29 种水稻品种产量、糙米中 As/Cd 含量可以发现，甬优 538 和甬优 12 是高产且能同时低吸收 As/Cd 的水稻品种。

8.3.2 重金属低积累油菜品种筛选和大田示范

在试验基地通过小区试验，验证前期已筛选出的低吸收 As/Cd 油菜品种的适应性及稳定性，同时考虑种植试验区本地油菜品种，初步筛选出对重金属 As/Cd 具有低积累性能的油菜品种，并进行大田示范。

1. 材料与方法

试验地点：在试验区块 2 中 2～7 处田块进行油菜品种筛选小区试验，田块土壤 pH 为 5.20，土壤总 Cd 和 As 含量分别为 0.21 mg/kg 和 14.14 mg/kg，有效态 Cd 和 As 含量分别为 0.10 mg/kg 和 0.92 mg/kg；区块 3 和区块 4 大田种植浙油 51 进行示范。

试验材料：当地及周边市售油菜品种 10 个，分别为浙油 50、中双 11 号、沪油 039、油研 10 号、华油 2790、徽油杂 1 号、高油 605、浙杂 903、浙双 3 号和浙油 51。

试验设计：试验小区设置面积为 30 m^2（6 m × 5 m）；小区间做 20 cm 宽的隔离沟；试验油菜品种 10 个，每个品种 3 个重复，田块其他多余小区种植油菜品种浙油 51，试验总面积约 2 亩；区块 3 和区块 4 大田种植浙油 51 作示范研究。

试验过程及样品采集：2016 年 10 月初直播油菜，11 月底开始移苗，按照当地常规管理方法进行施基肥、灌溉、喷药等；2017 年 5 月底收获油菜，分别采集各油菜品种油菜籽，实验室风干、研磨、消煮，分析测试籽粒中 As 和 Cd 含量。

2. 结果分析

油菜籽粒中 Cd 和 As 含量：不同油菜品种中重金属 Cd 和 As 含量如图 8-10 所示，10 种油菜籽粒中 Cd 的平均含量范围为 0.016～0.034 mg/kg、As 的平均含量范围为 0.004～0.009 mg/kg，显著低于食品中污染物限量标准 0.1 mg/kg（Cd）和 0.5 mg/kg（As）的最高限定值，即选种油菜品种油菜籽粒中重金属 Cd 和 As 含量不超标。

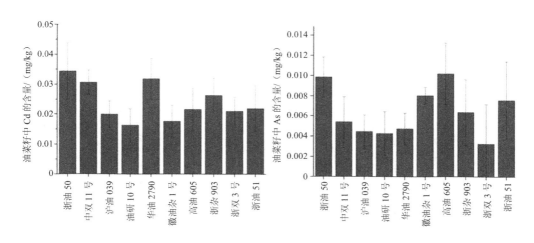

图 8-10　不同油菜品种中 Cd 和 As 的含量

大田示范区油菜籽中的重金属含量：大田示范种植当地油菜品种浙油 51（图 8-11），采集油菜及对应土壤样品 21 对，油菜籽中总镉的含量范围为 0.022～0.066 mg/kg，平均值为 0.037 mg/kg；而油菜籽总砷的含量范围为 0～0.045 mg/kg，平均值为 0.010 mg/kg。总体来看，大田示范油菜籽中重金属 Cd 和 As 的含量都低于食品中污染物限量标准（Cd 0.1 mg/kg，As 0.5 mg/kg）。因此，在此试验区种植浙油 51 可以使农产品达到安全生产。由于试验区土壤砂粒含量高，土壤保肥能力相对较差，大田示范试验中浙油 51 的最高产量为 164 kg/亩。

8.3.3　小麦种植区土壤重金属钝化小区试验及大田示范

1. 试验地点与材料

钝化试验小区位于试验基地区块 2 中 2～5 田块中，田块土壤 pH 为 5.31，土壤总镉

图 8-11　油菜品种筛选小区及大田示范试验

和总砷含量分别为 0.29 mg/kg 和 19.87 mg/kg。试验选取 5 种钝化材料，分别为新型土壤调理剂、铁基生物炭、猪粪生物炭、有机肥、钙基材料。基肥选用当地普遍使用的三宁复合肥料，作物种植期间使用尿素作为追肥。

2. 试验设计

试验小区块面积为 30 m²（6 m×5 m），共计 28 个区块，按照随机区组排列。小区间设置 50 cm 保护行，在两排中间设置 1.5 m 的排水沟，两侧设置宽 60 cm、高 40 cm 的隔离梗。新型土壤调理剂设置高、低两个用量（T-1 为 100 kg/亩，T-2 为 200 kg/亩），铁基生物炭设置高、低两个用量（TB-1 为 100 kg/亩，TB-2 为 200 kg/亩），猪粪生物炭设置高、低两个用量（MB-1 为 100 kg/亩，MB-2 为 200 kg/亩），有机肥设置一个用量（OM 为 300 kg/亩），钙基材料设置一个用量（L 为 200 kg/亩），另外还设置了空白对照区块。所有钝化材料一次性施加，并与表层 10～15 cm 的土壤混合均匀，材料施加后一个月左右开始种植第一季作物（冬小麦）。2016 年 11 月底，在试验区同时进行了重金属污染土壤原位钝化修复示范，示范面积约为 50 亩，主要目标污染物是重金属 Cd 和 As，种植当地常规小麦，考察不同钝化材料对两种重金属的钝化效率，施用的钝化材料及用量为钙基钝化剂 100 kg/亩和 200 kg/亩、硅基钝化剂 100 kg/亩和 200 kg/亩。在 2017 年 5 月小麦收获前采集植物样品，分析对应小麦籽粒中的重金属含量，综合分析不同钝化剂的效果并筛选高效经济的钝化材料，为后续大面积农田修复推广做准备（图 8-12）。其他田间管理同当地农作管理习惯保持一致。

图 8-12 示范区小麦生长情况

3．结果分析

新型土壤调理剂（T）和钙基性材料（L）施加后能够显著提高土壤的 pH，与该区原始土壤 pH（5.31）相比分别增加了 32.2%和 43.4%；对比 T-1 和 T-2 可以发现，至小麦成熟期土壤 pH 分别达 6.54 和 7.51。因此，对于土壤调理剂而言，高剂量的施加对提高农田 pH 效果更为显著。钙基性材料和新型土壤调理剂对土壤有效态 Cd 的钝化效果较明显，至小麦成熟期，钙基材料（L）和新型土壤调理剂（T-2）分别使土壤有效态 Cd 含量下降了 93.8%和 81.0%。随着土壤 pH 的提高，有效态 Cd 的钝化率呈明显增大趋势。统计分析结果表明，土壤 pH 提高值与有效态 Cd 含量呈很好的正向相关（R^2=0.831）。

从图 8-13 和图 8-14 中可以看出，不同处理对小麦籽粒中 Cd 含量的变化降低不明显，但对 As 含量有不同程度的降低。其中，施用新型土壤调理剂（T-2），小麦 As 含量由 0.32 mg/kg 降至 0.21 mg/kg，下降幅度为 35.9%；施用钙基材料（L），小麦 As 含量由 0.32 mg/kg 降至 0.19 mg/kg，下降幅度为 40.6%。对比食品中污染物限量标准中 Cd、As 的限定标准值发现，小麦中 Cd 的含量超过限值 0.1 mg/kg，而小麦籽粒中 As 的含量远低于限值 0.5 mg/kg。

大田示范区小麦籽粒中 Cd 的含量低于食品中污染物限量标准限定值（0.1 mg/kg），这可能是因为试验小区本身土壤中的 Cd 含量较高。钙基钝化材料在高添加比例时对小麦籽粒中 Cd 含量降低幅度最大；与此相反的是，硅基钝化剂在低添加水平时对小麦籽粒 Cd 的吸收为抑制作用，在高添加水平时反而促进小麦对 Cd 的吸收。对小麦籽粒中 As 含量的测定结果表明，小麦籽粒中 As 的含量较低，显著低于国家食品标准中 As 的限定标准（0.5 mg/kg）。因此，大田示范结果表明，通过施用钙基钝化剂可以降低小麦中的 Cd 含量，该试验区小麦生产总体上是安全的。

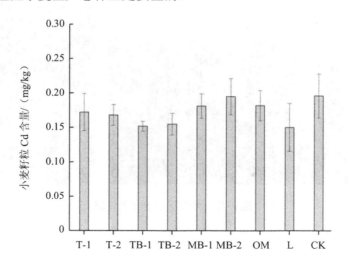

图 8-13　不同钝化材料对小麦籽粒中 Cd 含量的影响

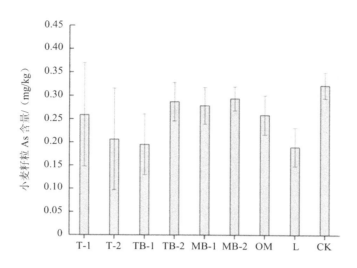

图 8-14 不同钝化材料对小麦籽粒中 As 含量的影响

8.3.4 低积累水稻种植小区土壤重金属钝化试验及大田示范

采用麦稻轮作的方式，水稻种植小区处理与上一轮小麦种植钝化处理一致，于 2017 年 6 月初进行单季稻（中早 39）的移栽。按照当地常规管理方法进行施基肥、灌溉、喷药等。按照水稻的生长期，分别于拔节期（7 月）、灌浆期（8 月）、成熟期（9 月）采集土样和植株样。水稻生长情况及采样情况如图 8-15 所示。

图 8-15 水稻不同生长阶段现场采样

1. 水稻种植小区钝化实验结果

从图 8-16 中可以看出，新型土壤调理剂（T）和钙基材料（L）对于水稻籽粒 Cd 含量的降低非常明显，而对水稻 As 吸收的降低不太显著。其中，施用新型土壤调理剂（T-2），水稻 Cd 含量由 0.43 mg/kg 降至 0.20 mg/kg，下降幅度为 54.2%；施用钙基材料

（L），水稻 Cd 含量由 0.43 mg/kg 降至 0.16 mg/kg，下降幅度为 62.4%。试验结果表明，施用钙基钝化材料能够在一定程度上降低作物中的 Cd 含量，有利于作物的安全生产。由于中早 39 对 As 具有高积累特性，小区试验中施用的新型调理剂及钙基材料对 As 有一定的钝化效果，但仍然高于食品中污染物限量标准，说明早稻品种中早 39 与钝化材料配施不能解决水稻 As 污染问题。因此，在大田示范中种植的水稻品种为低 As 吸收水稻品种。

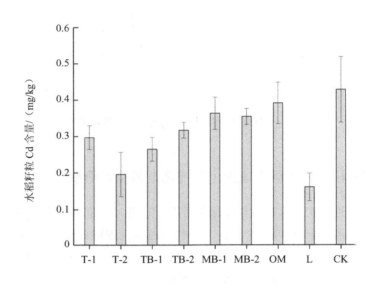

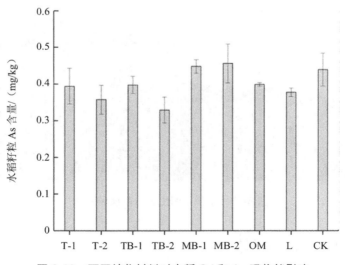

图 8-16 不同钝化材料对水稻 Cd 和 As 吸收的影响

2.水稻种植大田钝化试验结果

当季小麦及油菜收获后,对示范区土壤进行改良调节土壤酸碱性及钝化土壤重金属活性等,按 200 kg/亩施入新型土壤调理剂等,并于 2018 年 6 月底种植甬优 538、秀水 519 和甬优 15 等水稻品种,10 月中旬采集水稻及对应土壤样品。

（1）试验区水稻土壤中有效 Cd、As 含量变化

相比对照,当年施用钙基钝化剂、硅基钝化剂或连续施用钙基钝化剂后显著降低了土壤中有效态 Cd 含量。对比两种低积累水稻品种发现,相比对照,施用硅基钝化剂和钙基钝化剂后,甬优区前期有效态 Cd 分别下降了 55.5%和 65.2%,后期有效态 Cd 分别下降了 81.1%和 75.9%;秀水区前期有效态 Cd 分别下降了 77.4%和 79.9%,后期有效态 Cd 分别下降了 67.3%和 16.2%。由于后期种植甬优的土壤中有效态 Cd 含量相对秀水区更低,因此甬优水稻种植效果可能更好,但仍需要进一步分析作物中的重金属含量以确定最佳的钝化剂-低积累水稻品种组合,以实现该区域农作物安全生产。

（2）试验区钝化材料对水稻中 Cd、As 含量的影响

相比对照,对于种植甬优水稻品种,当年施用钙基钝化剂可以显著降低籽粒中 Cd 含量 87.6%,并低于食品中污染物限量标准,但施用其他钝化剂后,虽然也能显著降低籽粒中的 Cd 含量,但均超过限值;对于秀水水稻种植区域,施用硅基钝化剂和钙基钝化剂均可显著降低籽粒中的 Cd 含量,下降幅度分别达 66.4%和 94.8%,且低于 Cd 的限值。钙基钝化材料已获得专利授权。总体而言,联合钝化剂和低吸收水稻品种秀水 519 可以实现该区域水稻的安全生产。

除去对照,所有处理下水稻籽粒中 As 的含量均未超标（参照 GB 2762—2012 中规定的糙米无机砷限值 0.2 mg/kg）。对于甬优水稻种植区域,当年施用腐殖酸肥效果最好,可以显著降低籽粒中 As 含量 65.0%,并达标;对于秀水水稻种植区域,施用硅基钝化剂和钙基钝化剂均可显著降低籽粒中的 As 含量,下降幅度分别达 36.4%和 80.9%,且低于 As 的限值。研究结果初步表明,施用钝化剂和种植甬优、秀水水稻可以实现该区域水稻的安全生产（图 8-17、图 8-18）。

8.3.5　低积累作物-新型叶面肥抑制水稻重金属吸收试验

叶面喷施硅基和硒基叶面肥料能有效减轻或控制重金属污染农田对农产品可食部分的污染,是保障农产品质量安全、促进我国农业可持续发展的重要措施。

1.材料与方法

试验地点:2016 年 7—11 月,在试验区块 1 中 1～3 处田块进行水稻品种筛选小区试验,田块土壤 pH 为 5.79,土壤总镉和总砷含量分别为 0.23 mg/kg 和 12.55 mg/kg。

图 8-17　试验基地大田示范区水稻长势

图 8-18　试验基地水稻采样

试验材料：供试硅基叶面肥（Y1、Y2、Y3）和硒基叶面肥（Y4、Y5、Y6）；供试水稻品种为秀水 09。

试验设计：选择硅基叶面肥和硒基叶面肥；试验晚稻品种 1 个（秀水 09），设置 6 个处理和 1 个空白试验，每个处理 4 个重复。试验小区设置面积 30 m²（6 m×5 m）；小区间做 20 cm 宽的隔离埂，埂高约 20 cm，并采用塑料膜铺埂。

试验过程及样品采集：水稻播种于 2016 年 7 月 14 日，移苗于 8 月 23 日；分别于水稻生长分蘖期、抽穗期、灌浆期各喷施一次叶面肥；栽培管理方法为基肥、灌溉、喷药等，全部按照当地习惯操作进行；11 月 4—5 日采集成熟水稻籽粒，分析测试糙米中 Cd、As 含量（图 8-19）。

图 8-19　叶面阻隔小区试验（28 个小区）

2．结果分析

水稻糙米中 As 含量：通过喷施不同叶面肥处理水稻后，对照组糙米中的 As 含量为 0.133 mg/kg，而喷施硅基叶面肥（Y1、Y2、Y3）和硒基叶面肥（Y4、Y5、Y6）后，水稻糙米中的 As 含量分别为 0.187 mg/kg、0.111 mg/kg、0.135 mg/kg、0.121 mg/kg、0.107 mg/kg 和 0.127 mg/kg，糙米中 As 含量低于 0.2 mg/kg（GB 2762—2012）；施用叶面肥 Y5 显著降低了糙米中的 As 含量，但施用叶面硅肥 Y1 却显著增加了糙米中的 As 含量。因此，硒基叶面肥 Y5 可以作为一种降低糙米中 As 含量的叶面阻隔剂（图 8-20）。

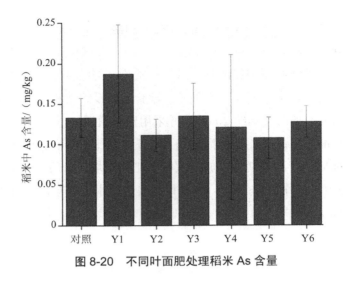

图 8-20 不同叶面肥处理稻米 As 含量

水稻糙米中 Cd 含量：通过喷施不同叶面肥处理水稻后，对照组糙米中的 Cd 含量为 0.182 mg/kg，而喷施硅基叶面肥（Y1、Y2、Y3）和硒基叶面肥（Y4、Y5、Y6）后，水稻糙米中的 Cd 含量分别为 0.212 mg/kg、0.221 mg/kg、0.189 mg/kg、0.189 mg/kg、0.191 mg/kg 和 0.209 mg/kg；叶面肥 Y1、Y3 和 Y6 处理使糙米中 Cd 含量超过食品中污染物限量标准（GB 2762—2012）；施用这 6 种叶面阻隔剂不能降低糙米中的 Cd 含量，反而使糙米中的 Cd 含量有所增加。叶面肥对水稻 Cd 吸收无显著影响，稻米中的 Cd 含量低于 0.2 mg/kg。因此，仅种植水稻秀水 09 即可使糙米中的 Cd 含量低于限值（图 8-21）。

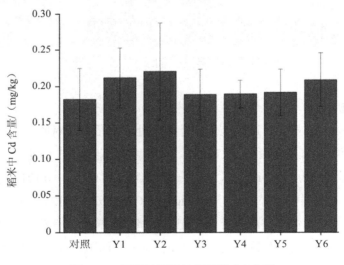

图 8-21 不同叶面肥处理稻米 Cd 含量

8.3.6　超富集重金属植物大田示范

1. 材料与方法

利用高富集植物对土壤中重金属的吸收能力，选择高粱、向日葵、苎麻、金银花、蜈蚣草种植于试验区（图 8-22），并于成熟期和收获期采集试验基地高富集植物及对应土壤样品共 5 对，分析测定植物及土壤重金属含量。

图 8-22　试验基地高富集植物长势

2. 试验结果

各重金属累积植物的根际土壤 Cd 浓度均有一定程度的下降；高粱茎、向日葵茎 Cd 浓度下降，向日葵根、苎麻茎和根、金银花茎、蜈蚣草茎和根 Cd 浓度上升；高粱籽 Cd 浓度达 0.6 mg/kg。成熟期的高粱、向日葵、金银花对 Cd 有一定的富集作用，其茎和根的 Cd 浓度高于根际土壤 Cd 浓度，但高粱、向日葵在收获后不再表现出对 Cd 的富集作用，而金银花收获后对 Cd 的富集系数增加。

高粱茎和根、向日葵茎和根、苎麻茎和根、金银花茎中 As 浓度均上升。其中，高粱籽 As 浓度达 16.1 mg/kg，与其茎、根部 As 浓度相当。蜈蚣草成熟期富集系数为 0.33、0.52，收获后富集系数为 0.93；成熟期转运系数为 0.77（茎）、057（根），收获后转运系数为 0.98；蜈蚣草并未明显表现富集 As 和将 As 转移至地上部分的特点；成熟期的蜈蚣草 As 含量明显高于其他植物，收获后这一差距减小。

总体来看，高粱作物生物量大，一年两熟，且对重金属 Cd 和 As 的富集总量相对较高，是较好的 Cd 和 As 富集植物。

3. 受污染作物秸秆有效处置

研究团队针对污染作物秸秆和高富集植物残体开展相关技术研发，将收获后的作物秸秆和植物残体移出田间（图 8-23），并通过热解或焚烧技术研究植物中重金属的固定情况（图 8-24）。对热解炭和焚烧渣进行 BCR 连续提取以探究其中 As 的存在形态：对于 As 而言，热解炭中酸可溶态显著降低约 50%，焚烧渣中酸可溶态达到约 400 mg/kg。热解炭中残渣态的As所占比例明显大于焚烧渣中残渣态的As。由此可知，热解处置更易于固定底渣中的 As。通过添加不同材料研究其对东南景天的钝化试验，从图 8-25 中可以看出，加入添加剂后使重金属更容易富集于灰渣中，添加剂使重金属易于富集于飞灰中而不是底灰中；高岭土可以作为提高灰渣中重金属回收率、控制烟气中重金属排放的最有效添加剂。

图 8-23　富集植物样品采集及实验处理

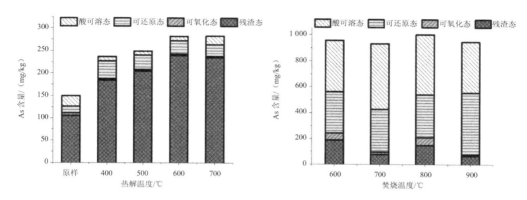

图 8-24　热解（左）和焚烧（右）对 As 形态转化的影响

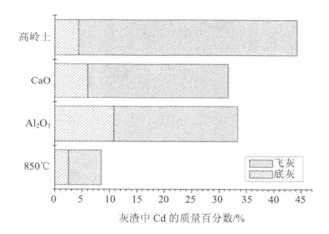

图 8-25　添加钝化剂对东南景天中 Cd 分配的影响

8.3.7　轻中度 Cd-As 复合污染农田"低积累作物+叶面阻隔+土壤钝化"安全利用技术

1. 双季稻大田示范修复效果

2018 年当季小麦及油菜收获后对示范区土壤进行改良，调节土壤酸碱性及钝化土壤重金属活性等。按 200 kg/亩施入新型土壤调理剂和碱性材料等，并于 2018 年 6 月底种植甬优 538、秀水 519 和甬优 15 等水稻品种，在水稻生长分蘖期、抽穗期、灌浆期分 3 次喷施硒基叶面肥（80 mL/亩），对比空白处理，甬优 538 成熟期土壤有效态 Cd 含量为 0.01～0.08 mg/kg，对照土壤有效态 Cd 含量为 0.17 mg/kg，甬优 15 水稻区土壤有效态 Cd 含量为 0.11 mg/kg，秀水 519 水稻区土壤有效态 Cd 含量为 0.05 mg/kg；对照空白处理，添加土壤调理剂使土壤有效态 Cd 含量下降 52%～94%，平均下降 70.6%。

2. 单季稻种植大田示范修复效果

2019年4月6日，按100 kg/亩的用量施加土壤调理剂"丰收延"，然后机械耕作混匀土壤，待调理剂与土壤重金属钝化稳定一段时间后，于4月15日撒播早稻品种"中早39"。田间管理按照当地农作习惯进行施肥、灌水和喷药等。另外，在水稻生长的分蘖期（5月29日）、拔节期（6月26日）和灌浆期（7月18日）分别采用无人机喷施硒基叶面肥。待早稻成熟后，于7月26日按照水稻种植田块分布情况，现场采集水稻稻谷样品22个。具体操作过程如图8-26所示。

施调理剂　　　　　　　　耕作　　　　　　　　　播种

水稻长势　　　　　　　喷施叶面肥　　　　　　稻谷采集

图8-26　具体操作过程

修复结果显示，施用土壤调理剂和叶面肥处理后，示范区糙米中总镉的含量范围为0.027～0.18 mg/kg（检测限 0.001 mg/kg），平均含量为 0.13 mg/kg；糙米中无机砷的含量范围为未检出～0.19 mg/kg（检测限 0.03 mg/kg），平均含量为 0.13 mg/kg，示范区内糙米中总镉和无机砷的含量全部低于食品中污染物限量标准（GB 2762—2012），检测结果由第三方提供，真实可靠，该技术模式可以实现轻中度Cd-As复合污染稻田种植水稻的安全生产。

8.4　受污染耕地安全利用的技术模式

1．组合技术模式内涵

稻田土壤中Cd和As的转化行为有很大差异。针对轻度Cd-As重金属复合污染稻田土壤，可采用低Cd和低As吸收水稻品种；针对轻中度Cd污染农田，可采用低Cd积累水稻联合土壤钝化修复技术；针对轻度As污染农田，可采用低As积累联合叶面阻隔吸收技术；针对中度Cd-As复合污染农田，可采用"低积累作物+叶面阻隔+土壤钝化"联合修复技术模式，即采用Cd和As低积累特性水稻品种（甬优538等），配合新型土壤调理剂或硒基叶面肥施用，在保证水稻生长期淹水的条件下，可显著降低土壤中Cd的生物有效性，实现轻中度Cd-As复合污染土壤的安全利用。

2．模式特点

通过单项技术或组合技术能够在轻中度 Cd-As 复合污染的土壤进行水稻安全生产，这是一种结合农艺管理措施的安全利用技术。

3．模式流程

该技术模式有 3 个要点。①低 Cd 和 As 水稻品种的筛选，即筛选出同时对 Cd 和 As 低积累的当地水稻品种。②钝化阻控：在水稻种植前 15 天一次性施用新型土壤调理剂，机械耕匀，轻中度Cd-As污染土壤施用量为100～200 kg/亩；在水稻生长分蘖期、抽穗期、灌浆期分 3 次喷施硒基叶面肥，用量为 60～80 mL/亩。③水分管理：水稻全生育期保持稻田有水层，成熟期落干晒田。

4．适宜范围和注意事项

适宜范围：轻中度 Cd-As 复合污染的稻田，通常稻米 Cd 和无机砷含量高于 0.2 mg/kg。

注意事项：按照操作流程实施，可根据土壤污染程度的不同，适当调整钝化阻控剂的用量和次数（图 8-27）。

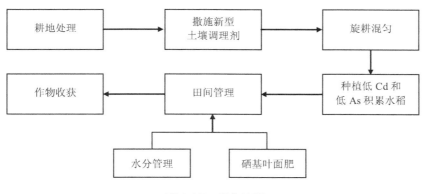

图 8-27　操作流程

5. 投资估算

新型土壤调理剂材料费用为 600 元/亩，硒基叶面肥材料费用为 50 元/亩，低 Cd 和低 As 积累水稻种子成本与当地品种相当，农田管理模式基本同当地常规。

8.5 技术安全性

8.5.1 土壤理化性质状况改善情况

试验区试验前后土壤理化性质变化情况如表 8-5 所示。试验前期调查土壤样品 pH 分别为 5.20 和 5.01，施用土壤调理剂后（200 kg/亩）土壤 pH 显著增加，平均值为 6.74。因此，通过施用新型土壤调理剂可以显著提升土壤 pH，同时随着土壤碱度的提高，土壤有效态 Cd 的含量下降，减少了作物对 Cd 的吸收。同时，试验后也显著增加了土壤有效磷、速效钾、阳离子交换量（CEC）的含量，但对土壤总碳的影响并不显著。

表 8-5　试验前后土壤理化性质变化情况

参数		pH	总碳/ （g/kg）	有效磷/ （mg/kg）	速效钾/ （mg/kg）	CEC/ （cmol/kg）
2016 年	最小值	4.69	6.03	1.37	25.18	4.55
	最大值	5.83	11.79	9.99	79.17	7.78
	平均值	5.20	8.77	5.14	47.27	6.27
	方差	0.26	1.99	3.31	19.28	1.30
2017 年	最小值	4.52	4.03	5.27	42.08	5.13
	最大值	7.73	10.69	22.79	173.70	6.76
	平均值	5.01	7.08	12.84	85.29	6.05
	方差	0.59	2.16	6.78	44.07	0.66
2018 年	最小值	5.15	7.25	5.95	94.20	6.38
	最大值	8.53	11.30	17.04	187.90	9.06
	平均值	6.74	8.73	11.13	120.23	8.28
	方差	0.79	1.62	4.10	35.23	1.02

8.5.2　治理措施对土壤二次污染的情况分析

试验采用的钝化材料中重金属含量情况如表 8-6 所示。从表中可以看出，材料中重金属的含量都在有机肥料和有机-无机复混肥料限定范围之内。因此，试验材料中相关重金属含量符合相关标准。

表 8-6　试验材料中重金属含量情况　　　　　　　　单位：mg/kg

重金属	钙基材料	调理剂	生物炭	限量值 1[①]	限量值 2[②]
Cd	0.35±0.08	0.35±0.03	0.74±0.08	3	10
As	9.23±0.57	8.75±0.24	7.59±0.18	15	50
Cr	7.55±1.24	13.17±0.32	33.88±2.20	150	500
Pb	2.37±0.28	2.53±0.14	2.82±0.22	50	150

注：①有机肥料执行 NY 525—2011 标准；
　　②有机-无机复混肥料执行 GB 18877—2002 标准。

将 2018 年采集土壤样品对比试验前期两次基础土壤样品调查重金属含量，数据分析如表 8-7 所示。从表中可以看出，对比试验前期调查土壤样品，2018 年水稻示范收获后土壤中重金属 Cd、As、Cr、Cu、Pb 和 Zn 含量无显著变化，所有重金属总量在测定值标准偏差之内。因此，所采取的治理措施对试验区土壤无二次污染问题。

表 8-7　2016 年和 2018 年调查土壤中重金属含量对比分析　　　　单位：mg/kg

参数		Cd	As	Cr	Cu	Pb	Zn
2016 年	最小值	0.12	2.86	14.36	8.40	20.39	46.55
	最大值	0.55	11.33	37.72	17.89	35.07	85.99
	平均值	0.27	8.44	27.80	13.67	29.40	70.03
	方差	0.09	2.09	5.06	2.20	3.55	9.28
2018 年	最小值	0.20	5.75	19.48	7.46	8.88	47.57
	最大值	0.35	8.34	40.53	15.75	38.24	81.34
	平均值	0.26	6.87	29.56	12.28	29.17	67.69
	方差	0.04	0.74	5.04	1.75	5.00	7.68

8.6 效益评价

8.6.1 生态效益

经过 3 年的治理，测定示范区内稻米中 Cd 和 As 的含量，未出现稻米 Cd 和 As 含量超标的情况；示范区富集植物区用来吸收土壤 As 和 Cd。因此，项目区受污染农田安全利用率可以达到 95%以上，并且对照空白处理，示范区土壤有效态 Cd 含量平均下降46%，对照区分蘖期水稻茎叶中 As 和 Cd 的含量分别为 1.034 mg/kg 和 0.843 mg/kg，处理后水稻茎叶中 As 和 Cd 的平均含量分别下降51%和64%。成熟期，对照空白处理，添加土壤调理剂使土壤有效态 Cd 含量下降 52%～94%，有效态 Cd 含量平均下降 70.6%；糙米中的 Cd 含量下降 42%～88%，平均下降57.6%；对照区水稻糙米中无机 As 和 Cd 的含量分别为 0.08 mg/kg 和 0.33 mg/kg，糙米中的 Cd 含量下降 42%～88%，平均下降57.6%，糙米中 Cd 和 As 含量低于食品中污染物的限定标准值；土壤中重金属 Cd 和 As 的总量无显著变化（表 8-8）。

表 8-8　试验区水稻植株重金属及土壤有效态 Cd 含量

处理	水稻茎叶		有效态 Cd
	As/（mg/kg）	Cd/（mg/kg）	Cd/（mg/kg）
对照	1.034	0.843	0.070
处理 1	0.746	0.140	0.026
处理 2	0.809	0.398	0.017
处理 3	0.627	0.611	0.028
处理 4	0.409	0.360	0.044
处理 5	0.178	0.251	0.023
处理 6	0.476	0.145	0.015
处理 7	0.281	0.193	0.061

本项目试验前期对研究区内土壤重金属调查表明，基础调查土壤中总镉和总砷含量分别为 0.12～0.55 mg/kg 和 2.86～11.33 mg/kg，土壤 Cd 和 As 平均含量分别为 0.27 mg/kg和 8.44 mg/kg。2018 年水稻试验期结束后对大田土壤采样分析结果表明，土壤中总镉和总砷含量分别为 0.20～0.35 mg/kg 和 5.75～8.34 mg/kg，土壤 Cd 和 As 平均含量分别为

0.26 mg/kg 和 6.87 mg/kg。对比 2016 年和 2018 年土壤重金属 Cd 和 As 平均含量，试验结束后，土壤 Cd 和 As 含量平均分别下降 3.7% 和 18.6%。总体上，试验后所测土壤重金属 Cd 和 As 含量低于试验前期调查土壤最低值。

8.6.2　经济效益

在本项目治理过程中，几种钝化材料均能在一定幅度上提高产量，所有处理对小麦产量平均提高 14.41%，其中，土壤调理剂处理平均增产 18.25%，铁基生物炭处理平均增产 11.30%，猪粪生物炭处理平均增产 9.8%。施用钙基性材料后小麦产量由 369 kg/亩增长至 463 kg/亩，增产率最高（表 8-9）。

表 8-9　试验区小麦平均产量和增产率

处理	CK	T-1	T-2	TB-1	TB-2	MB-1	MB-2	OM	L
产量/（kg/亩）	369.44	422.22	451.85	425.93	396.3	403.7	407.41	411.11	462.96
增产率/%	—	14.20	22.30	15.30	7.30	9.30	10.30	11.30	25.30

注：T 为新型土壤调理剂；TB 为铁基生物炭；MB 为猪粪生物炭；OM 为有机肥；L 为钙基性材料（下同）。

对于试验区种植水稻而言，所有材料施加后同未做处理相比均提高了产量，水稻产量提高范围在 3.9%～8.8%，平均提高 5.83%，其中施用有机肥后，水稻产量由 303 kg/亩提升至 437 kg/亩，提高了 8.8%。结合水稻的产量可以看出，随着新型土壤调理剂和猪粪生物炭剂量的增加，其产量也会增加。试验结果表明，在项目区的重金属污染农田中施用钝化材料能够在一定程度上提高作物的产量（表 8-10）。

表 8-10　试验区水稻平均产量和增产率

处理	CK	T-1	T-2	TB-1	TB-2	MB-1	MB-2	OM	L
产量/（kg/亩）	303	322	324	315	316	320	322	330	315
增产率/%	—	6.40	6.90	3.90	4.30	5.80	6.40	8.80	4.10

试验区土壤砂粒含量高，土壤保肥能力相对较差，大田示范试验中浙油51产量为164 kg/亩，所有处理中油菜产量与对照处理无明显差异。

8.6.3 社会效益

本项目执行期间组织现场考察一次，某市政协组织实地考察了试验区，同时浙江省耕肥局相关领导也莅临现场考察。项目试验过程中未收到投诉，在一定程度上得到了社会公众的肯定（8-28）。

图 8-28　浙江省耕肥局及某市政协一行莅临现场